URBAN
FURNITURE
Product System Construction and
Design Research

城市家具
产品系统构建
与设计研究

吴智慧　匡富春　著

中国林业出版社
·北京·

图书在版编目（CIP）数据

城市家具：产品系统构建与设计研究 / 吴智慧，匡富春著 . -- 北京：中国林业出版社，2023.6
ISBN 978-7-5219-2196-0

Ⅰ . ①城… Ⅱ . ①吴… ②匡… Ⅲ . ①城市公用设施—研究 Ⅳ . ① TU998

中国版本图书馆 CIP 数据核字（2023）第 083615 号

策划编辑：杜　娟
责任编辑：杜　娟　王思源
书籍设计：北京美光设计制版有限公司

出版发行：中国林业出版社
　　　　　（100009，北京市西城区刘海胡同7号，电话 83223120　83223553）
电子邮箱：cfphzbs@163.com
网　　址：www.forestry.gov.cn/lycb.html
印　　刷：北京中科印刷有限公司
版　　次：2023年6月第1版
印　　次：2023年6月第1次印刷
开　　本：710mm×1000mm　1/16
印　　张：17.5
字　　数：370千字
定　　价：120.00元

    城市家具是伴随着城市发展而形成的一种集工业设计与环境设计于一体的新型景观工业产品，它以独特的功能贯穿于人们生活的方方面面，为方便人们高效、舒适的城市或户外生活而服务。近年来，随着我国城市化进程的不断加速，城市面貌发生了翻天覆地的变化。但相对于城市发展的速度和趋势而言，城市家具相对落后，其产品体系还不够健全。虽然，该领域越来越为国内学者所重视，得出了一些关于城市家具应如何有效地规划、制作、设计，以及如何配合空间的营造、美化环境等方面的理论原则。但从本质属性上来看，城市家具属于一种工业产品，它既需要起到完善城市空间的使用功能、提升空间品质的作用，更重要的是满足人们不同的行为需求。因而，本书从工业设计的视角出发，进行了如下研究。

    ①构建了城市家具产品系统的理论体系，明确了有关城市家具的内涵、特性、历史及发展趋势；同时，从城市家具是户外休闲行为的承载者、用户需求的体现者、城市公共空间的塑造者、社会文化的传承者等4个角度，重点论述了城市家具的基本功能。

    ②通过对城市家具现有产品的实地调研，运用分类学、产品设计等相关学科的理论，从产品的功能、基本属性、结构方式、材料、风格等方面出发，对产品进行了重新分类与整合，建立了城市家具的产品系统及其分类体系。

    ③以城市家具公共休闲产品为例，对城市居住区和商业步行街2个典型空间中的产品功能性设计现状进行了实地调研，明确了不同场所中现有产品的主要类型、空间配置方式等方面的问题；通过对产品使用者及其使用行为的观察与统计，分析了不同类型的产品和空间形式对用户群体的构成、使用行为、使用规律等方面的影响；同时，运用用户访谈的形式，就现有产品的用户使用感受、意见和建议展开探讨，总结了公共休闲产品在设计上存在的主要问题和不足之处。

    ④通过对城市家具公共休闲产品与户外休闲行为需求之间关系的研究，探讨了用户休闲行为发生的物质环境和心理环境条件、用户休闲行为的类型及其特点，建立了公共休闲产品用户群体的层次化结构。同时，从必然性、自发性、社会性3种用户休闲行为中，进一步抽取出坐憩行为、观望行为、

独处行为、交谈行为和合作娱乐行为等5种典型的产品使用行为进行深入分析，探索了隐藏在行为背后的用户行为需求；并根据各项不同需求之间的相互关系，建立了公共休闲产品的用户需求层次模型，该模型将使用者的需求概括性地分为必须要满足的基本需求和可以选择性满足的需求两大需求层次。在此基础上，针对用户的舒适性需求、安全性需求、领域性需求、审美需求、环境宜人性需求、社会交往与合作娱乐需求，分别提出了相应的设计策略。

⑤结合Kano、QFD和TRIZ理论的各自特点和优势，将三者有机地融入传统工业设计流程中，建立了以满足用户需求为目标的城市家具公共休闲产品功能性的设计方法。该方法通过设计概念形成、设计矛盾定义和设计矛盾解决等阶段，分别解决了"要什么""做什么"和"怎么做"的问题，使设计研发人员能够将获取的用户需求信息，充分、准确地转化为产品设计信息，为设计提供了一种有效的集成化支持工具。同时，为了验证理论的有效性，以青岛奥林匹克主题公园为具体设计对象进行了公共休闲产品的设计实践。

本书是在博士论文《城市家具产品系统构建及其公共休闲产品的功能性设计研究》（匡富春，2015）的内容基础上完成的。在本书的撰写过程中，还援引和参考了相关领域的研究论文、著作、研究成果以及国内外相关企业等的部分产品资料。本书的出版，承蒙南京林业大学和中国林业出版社的筹划与指导，在此特表示衷心的感谢！

由于时间所限，本书难免还有不足之处，敬请广大读者批评指正。

著者

2023年3月

目录
Contents

第3章 城市家具产品的系统构建与分类 47

第4章 城市家具公共休闲产品的调研与分析 95

第5章 城市家具公共休闲产品的用户行为需求与设计策略　139

第1章
绪论

1.1 研究背景

    城市家具是伴随着城市发展而形成的一种集工业设计与环境设计于一体的新型景观工业产品，是完善城市功能，满足人们在城市公共空间中生活需求，提高人们生活质量与工作效率所必不可少的一类产品。城市家具（urban furniture），顾名思义就是指在城市公共空间中，为方便人们健康、舒适、高效的公共性户外活动而设置的一系列相对于室内家具而言的器具与设备。"城市家具"这个名称非常贴切地诠释了人们对于赖以生存的城市公共空间的热爱，蕴含着人们对户外生活的向往和憧憬，他们希望在城市公共空间中能享受到如家一般的温馨、舒适和便捷。城市家具是一个广义的概念，产品种类繁多，不仅包括人们日常生活中使用频繁、接触较多的公共休闲产品（如休憩坐具、休闲廊亭等）、健身游乐产品（如健身器、游乐设备等）、公共卫生产品（如垃圾箱、公共厕所等），还包括便捷服务产品（如服务商亭、电话亭、邮筒等）、信息标识产品（如视觉导向、信息张贴栏、广告牌等）、交通产品（如候车亭、自行车停放装置等）、照明产品等。

    如果说室内家具除了要满足居民进行休闲、娱乐、交往等室内生活的需求外，其风格、造型等方面的选择和搭配还体现着主人的审美情趣、文化修养等，那么城市家具在满足人们户外休闲娱乐生活需求的同时，还体现着一个空间、一个城市乃至一个国家的文化、历史、艺术。良好的城市形象是一个城市的名片，城市以其所特有的方式把居民凝聚成自身城市特色文化的统一体，并能够引起异乡者和后来人的追慕与向往。但随着全球化和工业化进程的深入，文化的趋同现象日益突出，现代文化正以惊人的速度冲击甚至取代各种具有特色和个性的民族和地域文化，原本城市中富有更多人文气息的情感空间被各种"没有地域特色的建筑""没有文化特色的工业化产品"所取代，许多场所成为一种失去 "特质"和"灵魂"的空间。而城市家具同样面临着这样的问题，各种产品犹如城市中一张散落的网，不仅以其孤立的相貌占据着独自的空间，缺乏整体的内在联系，而且程式化严重，产品无法起到配合或辅助空间场所精神的作用，有的甚至给人们的视觉感受与实际使用带来困扰，这也就失去了作为城市家具存在的意义。

    据统计，目前我国城镇化水平已从1978年的12.5%提高到2021年的64.72%。同时，随着人们的物质和精神文明不断提高，在未来的城镇化发展过程中，城市的发展将进入以提升质量为主的转型发展新阶段。近年来，城市公共基础设施建设已受到各地政府和社会的关注，城市市政公用设施投资逐年上升，城市家具也已进入快速发展时期。设计者逐步开始注重人在城市公共空间环境中的主体地位，重新审视人与空间和自然之间的关系、历史与地域特征的价值以及如何有效解决现今城市存在的"空洞化"和"冷漠化"，形成具有人文意象的城市空间。虽然城市家具在产品的功能性、艺术性和文化性等方面取得了一定的进步，但同西方发达国家相比，我国城市家具无论在开发的广度还是深度方面都相差甚远，至今尚未形成一个完善的理论体系，制约了城市未来的全面发展。

1.2 研究目的与意义

城市家具同建筑、绘画、音乐一样，伴随着人类的文明而诞生，并因文明程度和社会机制的发展而发展，它以独特的功能贯穿于我们户外生活的方方面面，为方便人们高效、舒适的户外生活而服务。现阶段，虽然城市家具越来越为国内学者所重视，类似的诸如对城市街道坐具、环境设施、户外休闲家具等方面的研究已经在景观设计、城乡规划等学科展开，并得出了一些关于城市家具应如何有效配合空间的营造、美化环境等方面的理论与方法。但从本质属性上来看，城市家具属于一种工业产品，设计与生产的每一件产品都是由人使用的，它不仅需要以形态、数量的变化完善城市空间的使用功能、提升空间品质，更重要的是满足人们的需求，提高户外生活的质量与效率。因此，基于现代工业设计理念的城市家具设计是一种回归设计起点的途径，也是现代化工业发展的客观要求，具有重要的理论与实践意义。

首先，工业设计为城市家具提供了行之有效的设计方法。工业设计是工业时代的产物，是融合自然科学与社会科学，综合技术、艺术、人文、环境等因素的系统工程，其本质在于通过系统的思想与方法，创造一个"人—自然—社会"相协调的良好系统，提升人们的生活品质。从某种意义上讲，这种系统工程的设计思想为城市家具提供了一种行之有效的设计方法。它可以从整体上、全局上把握人、产品、环境、文化等诸多要素之间的关系，使之处于一个动态的平衡状态，不仅可以满足人们健康、舒适、高效的户外生活的要求，而且将为城市带来前所未有的统一感和秩序感，提升城市的整体形象，增强产品的亲切感、归属感和文化认同感，延续城市的历史文脉。

其次，工业设计可以提升城市家具的美学品质。城市家具作为城市公共空间氛围营造的参与者和场所精神的体现者，必然具有美学品质，需要与公众的审美价值取向、城市地域民俗文化及其所处空间的特性等方面相适应，这就对城市家具提出了更为苛刻而具体的要求。而工业设计作为一种重要的艺术存在形式，除了满足人们基本的使用需求外，在提升产品的美学品质、满足人们的审美情感等更高层次需求上，也有其他艺术形式无法比拟的独特地位。现代工业产品具有的美学品质不是单纯为了追求美而在产品的装饰上大做文章，而是融合了造型、材料、技术、工艺等方面所体现出来的一种功能美、形式美、艺术美的综合体。这种基于工业设计的城市家具审美营造方法将不仅是一种视觉感受，更重要的是通过艺术的形式实现产品与用户、产品与环境、产品与文化等多元关系之间的审美情感互动，满足人们的审美要求。

第三，工业设计可以提升城市家具的人性化需求价值。自"机器中心论"之后，现代工业设计逐渐开始强调人的核心价值，其认为设计的目的是人而非产品，任何产品形式存在均须以人为基本的出发点，设计应从动机、人体工程学、美学、环境、文化等方面综合考虑，使人们在获得物质功能的同时追求更多的精神功能。就城市家具而言，工业设计这种以人为中心的设计哲学正是现代人们所追求和崇尚的，因而只有将人的生理、心理、情感等需求注入产品的功能造型、材料结构等方面的设计中，才能从真正意义上提升城市家具的人性化需求价值，否则即便是再美观、再新奇的工业设计都是无用的。

第四，工业设计可以提高城市家具的质量与经济效益。就目前而言，国内大多数的城市家具生产企业仍然保留着半手工化的痕迹，由于缺乏工业化的设计和管理，对产品的质量与经济效益影响很大。而工业设计可以通过对产品的功能、材料、结构、加工工艺、装配、后期维护和管理等各项技术经济指标进行全面系统的设计，在"技术"和"经济"之间谋求一个平衡点，力求在一定功能和技术的要求下，采用不同的设计方案和加工方法降低生产成本，使技术与经济之间得到合理的协调，提高产品的技术经济性能。

1.3 相关研究现状

1.3.1 城市家具的相关研究

（1）城市家具的系统设计

鲍诗度在《城市家具系统设计》一书中，以建筑学和景观建筑的理论为主，借助实用美学、社会科学等相关理论对城市家具的概念、功能、设计要素、产品系统等内容进行了分析总结，并结合相关设计案例，提出了城市家具系统设计的构想、原则和时代意义。钟蕾在《城市公共环境设施设计》一书中，借助对天津城市街道设施现状的分析及对策研究，系统论述和阐述了城市环境设施设计的理论及方法，并分别从城市的自然生态性、人文性、地域性、人性化等多角度论述和研究，针对这些要素如何运用到城市环境设施的设计进行了清晰的阐述。安秀在《公共设施与环境艺术设计》一书中，结合艺术设计的相关理论，对公共设施的概念、创意思维、创意方法、设计素材及设计流程等内容进行了详细阐释。薛文凯和陈江波在《公共设施设计》一书中，结合课题训练与设计案例，从公共设施设计概述、设计的分类、产品化设计、材料与工艺、色彩运用、无障碍设施设计、公共设施的创新设计等方面，对公共设施设计理论和设计方法进行了介绍。张焱在《公共设施设计》一书中，强调公共设施设计不只是功能设计、景观设计，同样也是文化设计，具有体现城市文化特征、延续民众生活传统的文化功能。

（2）城市家具的人性化设计

现阶段，很多学者也就城市家具的人性化的设计原则提出了自己的看法。陆沙骏在《城市户外家具人性化设计》中，系统地分析了城市户外家具人性化设计的内涵、影响因素等内容，并提出了人性化设计的原则与方法。朱妍林通过对城市家具在环境艺术系统中的空间价值、信息价值、审美价值等内容的研究，提出了系统化、功能实用性、人性化、形式美、经济环保等设计原则。刘建通过对城市户外家具的含义、分类、作用、设计因素等内容的分析，为了更好地满足人们户外活动诸多功能上的要求，丰富城市的户外生活，凸显城市人文特征，提出了功能为本、人性化、与环境协调、生态性和可持续性的设计原则。张小燕通过对现代城市公共设施中人性化设计相关内容的探讨，提出了合理性原则、功能性原则、以人为本原则、形式美原则、整体性原则、个性化原则和可持续性原则等产品人性化设计的基本原则。韩旻玥针对老年人的心理、生理、行为特点，深入细节设计，提出了基于老龄化社会的公共设施设计策略。连峰和韩春梅根据马斯洛提出的需求层次理论，提出城市户外家具人性化的思想内容，探讨了城市公共设施人性化设计应遵循的原则。

（3）城市家具与城市环境

罗璇基于互动设计理念，论述了城市公共家具与社会、文化、使用者、景观环境之间的互动关系和设计原则。王鑫从如何为生活在城市的人们创造良好的景观环境、丰富城市文化内涵、提升城市环境品质、增强人们对生活环境文化的认同感和心理的归属感角度，论述了城市CI作为城市家具形象系统化设计的方法和指导依据。毛颖根据色彩学、美学、环境艺术学等多个学科的相关原理，结合调研及实践等手段，总结归纳出了有关城市家具色彩的一些影响因素、设计原则、设计方法和步骤。易涛分析了城市公共设施对城市形象硬件和软件方面的塑造，以及城市形象战略对城市公共设施设计思路和表现形式的影响和要求，并探讨了基于城市形象的城市公共设施设计思路与对策，总结出了基于城市形象的城市公共设施设计流程和方法。付予通过对城市家具场所适应性系统的内在条件（功能、造型、色彩、材料与工艺、尺度与布局）的分析，归纳总结出整体性、人性化、生态型、特色化的产品场所适应性设计原则。曲畅从如何提高街道公共环境设施的设计品质、使之更具有系统性及整体性并与所在街区环境相协调的角度论述了产品的设计。鲍诗度主编的《中国环境设计·城市街道家具》是第四届中国环境设计国际学术研讨会论文集，收录了论文34篇，该论文集主题明确，以专业的视角和城市街道家具的定位，探讨了环境设计中城市街道家具相关的各个领域的研究与进展，让城市家具管理与实施的相关部门、专业设计机构更好地了解该行业在国内外的先进技术、管理经验等，对我国城市建设和城市家具设计具有一定指导意义。

（4）城市家具与地域文化

张焱以公共设施设计特征为基础，分析了公共设施设计过程中所涉及的区域文化因素的构成及其对产品设计实践的重要影响。陈堂启阐述城市文化特点及构成要素，结合问卷调查的统计结果对天津城市公共设施的人文化设计提出建议及对策。卢洁以湖湘地域文化为基础，探讨长沙公共设施设计如何通过造型、装饰、材质、色彩等设计要素展现湖湘文化的特征。谢和朋提出了城市家具设计中可以利用对地域文化符号的分解转化、打散再构、置换构成及有效结合外来文化等方法实现对产品的创新性设计。周橙旻、郑茜、吕九芳通过对南京本土物质及非物质文化元素与形态的分析，提出了图案的化繁为简、保留其古意，色彩的提取糅合，情感的升华，金箔文化元素色彩的创新运用等设计策略。

（5）城市家具与工业设计

谢娜提出了工业设计的构思方法在景观设施设计中的应用价值，并结合相关设计案例，论述了定向设计法、反向设计法、组合设计法和借鉴设计法等4种适用于景观设施设计的工业设计构思方法的应用。张东初、裴旭明基于对工业设计的分析，提出了城市公共设施的设计应该充分体现其系统性、功能性、装饰性和经济性。佟强结合城市公共设施的现状，分析了工业设计在公共设施建设中的特征、内涵及必要性。陈敏从工业设计的角度探索城市公共设施设计的新理念：注重人性化设计，为公共设施注入"人文关怀"；注重自然环境和人文环境与城市公共设施设计的结合；注重整体性，公共设施应与整体环境协调。

（6）城市家具的规划建设与设计

鲍诗度等著的《城市家具建设指南》，以城市公共空间中的各类交通管理、照明、路面铺装、信息服务、公共交通服务、公共服务的各类设施为对象，明确了城市家具的定义、设施种类、系统分类方法，重点针对设施种类最多、设置条件和技术最为复杂的道路空间的城市家具展开研究，内容涵盖城市家具系统工程规划、设计、施工、养护、管理，提出开展城市家具系统建设工作的总体指导方针和原则、建设多主体统筹协作办法、建设目标与流程、系统设计要点与综合布点技术标准、系统建设实施过程中的要点和问题指导等。与此同时，中国标准化协会及其城市家具分会组织相关单位编制和发布了城市家具系列行业团体标准，主要有T/CAS 368—2019《城市家具 系统建设指南》、T/CAS 369—2019《城市家具 系统规划指南》、T/CAS 370—2019《城市家具 系统设计指南》、T/CAS 371—2019《城市家具 单体设计指南》、T/CAS 372—2019《城市家具 布点设计指南》、T/CAS 373—2019《城市家具 维护管养指南》，分别针对城市家具系统建设、系统规划、系统设计、单体设计、布点设计、维护管养等提出了方向性指导原则与技术要求。

1.3.2 公共休闲产品的相关研究

李超从"人—产品—环境"的系统观入手，分析了公共座椅在使用过程中的空间因素和主体因素对产品设计的影响，并在此基础上提出了可以更好地满足人们户外活动诸多功能上的要求，丰富城市的户外生活，凸显城市人文特征的设计原则和要求。张冉从艺术设计学的角度出发，通过对现代城市公共休闲空间包容性、易识别性、形态性、区域性、氛围性等特点的分析，提出了以人为本的原则、社会性原则、无障碍性原则、社会系统性原则等设计策略。张贤富采用设计因缘的分析法，探寻人、公共休闲坐具和环境三者之间的相互关系。张胜轩在通过对城市与街道的产生与发展、城市与街道空间关系以及国内外坐具发展历史研究的基础上，结合中国传统造物文化、现代设计思潮、现代科学技术，提出了街道坐具设计的原则与形式法则。杨韬通过对室外公共坐具的产品造型与使用者和使用环境之间关系的研究，提出了色彩与材质的装饰性及工艺美、文化与设计元素互融性等产品造型设计理念。

由此可见，现阶段国内许多城市规划、景观、艺术等领域的研究者以建筑学和景观建筑的理论为主，借助美学、设计心理学、社会科学等多视角对城市家具的设计进行相关研究，从城市、空间环境的视角来看待城市家具，将其视为城市环境的附属物并以此展开讨论，虽然得出了一些关于城市家具如何有效地配合空间环境氛围营造、方便人们生活方面的解决方法和设计原则，但由于研究的出发点是环境而不是人。因此这些研究成果对如何真正满足人们对城市家具的功能性需求仍缺乏深入的探讨。此外，虽然也有部分学者从人的角度展开了产品人性化设计的研究，但相对而言，其研究大多流于表面，并没有从更深层次地揭示人们在公共休闲活动中的真正需求。

1.4 研究内容与方法

1.4.1 研究内容

城市家具作为城市景观和人类户外活动必不可少的元素之一，不仅需要在视觉造型、装饰等方面配合景观氛围的营造，更重要的是体现产品的本质属性，即满足人们对功能的需求。因此，本研究主要围绕以下方面进行了深入研究。

（1）城市家具概述

作为城市公共空间中必不可少的产品，城市家具虽体量较小，但却发挥着越来越重要的作用，成为联系人与城市环境的桥梁与纽带，不仅维持着城市功能的正常运转，而且成为城市文明、城市文化的象征。

因而，本研究通过文献研究、类比推理等相关方法，在收集、整理、分析国内外城市家具产品设计的相关书籍及文献资料的基础上，首先，阐述了城市公共空间的概念和类型，并从物质性、主体性、公共性和多样性等方面重点分析了城市公共空间的基本特征；其次，阐释了城市家具的基本内涵及其在现代公众生活中所体现出的城市家具是户外活动的承载者、城市家具是用户需求的体现者、城市家具是城市公共空间的塑造者、城市家具是社会文化的传承者等基本特性；最后，结合相关文献资料，从国外和国内两个角度，明确了城市家具的形成与发展历史，为后续研究打下坚实的理论基础。

（2）城市家具产品的系统构建与分类

目前，城市家具发展水平在世界各国存在明显差异，在欧美、日本等发达国家，由于工业化程度较高，经济实力雄厚，在城市家具设计中投资比较大，产品的建设较为完善。而我国对城市家具的研究随着近年来城市建设的不断发展才逐步展开，目前城市家具分类体系尚不够完善。

因此，为了能使研究具有清晰的脉络和一定的深度，本研究首先参考国内外相关的分类方法，并根据我国的具体情况，从产品的功能、基本属性、设置形式、结构方式、材料等方面构建了城市家具产品的分类体系；然后，依据产品功能的分类体系，从公共休闲产品、健身游乐产品、公共卫生产品、便捷服务产品、信息标识产品、交通产品及照明产品7个方面，对每一类产品的类型、现有国家相关的设计标准等内容进行了分类系统研究。

（3）城市家具公共休闲产品的调研与分析

城市家具公共休闲产品作为人们户外活动的承载者和城市公共空间景观氛围营造的参与者，随着现代户外休闲理念的深入人心，发挥着越来越重要的作用。公共休闲产品主要指供人们公共性户外活动之用的，具有坐靠、凭倚功能的功能性产品，它遍布于我们户外生活的方方面面，为方便人们高效、舒适的户外生活而服务，是人们日常生活中接触最多的一类城市家具。

因而，为了更加深入地了解我国现有城市家具公共休闲产品的设计和使用现状，本研究首先以上海、南京、青岛3个地区的城市居住小区和商业步行街2个典型空间的公共休闲产品作为调查样本，对不同空间中现有产品的设置类型、空间配置方式、用户群体构成、用户使用行为模式等方面的内容进行深入调研，并通过用户访谈的形式，就用户的使用感受、意见和建议等方面展开访谈。其次，根据实地调研和用户访谈的相关资料，整理、分析现有产品在功能性设计上存在的问题和不足，并结合国外公共休闲产品设计的先进经验，总结现有产品设计滞后的原因。

（4）城市家具公共休闲产品的用户行为需求与设计策略

随着现代人们的生活节奏变得越来越快，工作压力越来越大，生活空间越来越小，人们亲近自然、放松心情的需求越来越强烈，越来越多的人开始由室内走向户外，静静享受慢生活带来的乐趣，追求精神上的轻松自在舒适。

因而，本研究追根溯源，从使用者的角度出发，探讨分析城市家具公共休闲产品与用户行为需求之间的内在联系。具体而言，首先从公共休闲产品与户外休闲行为的关系角度出发，探讨了户外休闲行为发生的物质环境和使用者的心理环境；结合不同案例，将公共休闲产品中用户行为类型简化分为必要性活动、自发性活动、社会性活动3种类型，并阐述了不同环境条件对用户休闲行为产生的不同影响。其次，从必然性、自发性、社会性3种用户行为类型中，进一步抽取出坐憩行为、观望行为、独处行为、交谈行为和合作娱乐行为5种典型的产品使用行为进行深入分析，以期掌握人们在使用产品时所体现出的行为规律，继而探索隐藏在行为背后真正的用户需求。再次，根据各项不同需求之间的相互关系，建立产品的用户需求层次模型，使之更好地体现用户的需求。最后，针对用户的舒适性需求、安全性需求、领域性需求、审美需求、环境宜人需求性、社会交往需求，分别提出了相应的设计策略。

（5）基于Kano、QFD和TRIZ集成应用的城市家具公共休闲产品功能性设计方法的构建与实践

随着社会物质文明和精神文明的不断提高，人们对城市家具的设计赋予了更多的诉求，其不仅需要满足城市居民进行休闲、娱乐、交往等户外生活的需求，而且在产品造型、风格、配置等方面需要起到完善空间功能、塑造空间氛围、传承空间文化的作用。而传统基于设计者天赋、灵感、经验的直觉思维创新方法，由于缺乏系统性和通用性，已远远不能满足现代产品设计需求。

因而，本研究利用Kano、QFD和TRIZ等工业设计理论与方法，建立了以满足用户需求为目标的城市家具公共休闲产品功能性设计方法。具体而言，首先从Kano、QFD和TRIZ 3个基本理论角度出发，详细阐述了每个理论的概念、特点、优势等内容；其次，根据Kano、QFD和TRIZ理论在产品设计中的不同侧重点和优势，将三者有机地融入了传统工业设计流程中，通过设计概念形成、设计矛盾定义和设计矛盾解决等阶段，分别解决了"要什么""做什么"和"怎么做"的问题，为公共休闲产品的功能性设计提供了一种有效的集成化支持工具，使设计研发人员能够将获取用户需求充分、准确地转化为产品设计信息，并快速选择到适合的产品设计方法，在提升用户满意度的基础上提高设计效率。然后，为了验证该理论的可行性和有效性，以青岛奥林匹克主题公园为具体项目进行公共休闲产品的设计实践。

1.4.2 研究方法

研究方法和手段是决定课题成败的关键因素之一，本研究采用了以下几种研究方法和手段。

（1）实地调查研究

立足现实，以北京、上海、杭州、南京、青岛以及美国纽约、华盛顿、费城、新奥尔良等国内外城市家具配置较为完善的城市为基点进行实地调研，明确了国外城市家具的产品系统、分类及设计发展的现状等问题，并对上述城市典型场所中现有城市家具的功能、人机尺寸及空间配置方式等方面进行分类研究和测绘，力求获得更多的第一手资料。在此基础上，根据调查和搜集到的资料及前期在北京、上海、南京等国内城市的调研成果，运用分类学、产品设计等相关学科的知识，对我国城市家具产品体系各构成要素进行研究，建立城市家具产品系统及分类体系。

（2）文献收集与整理

本研究主要运用了文献收集与整理的方法，根据所确定的研究方向和对象，大量收集国内外现阶段关于城市家具公共休闲产品设计、环境行为心理学、城市公共空间设计、工业设计方法与理念等相关领域的图片、期刊、杂志、硕博士论文及优秀设计作品等研究成果，深入了解研究的现状及发展趋势。

（3）归纳与演绎

在研究的过程中，运用了分析整理、归纳总结或演绎推理等方法，对收集到的城市家具相关历史文献和前人的研究成果进行系统的研究分析，从理论上明确城市公共空间、城市家具产品的内涵、性质、特征，使用者、城市家具、城市公共空间三者之间的关系，隐藏在使用者各种外在行为表现背后的深层次心理情感需求，不同产品功能配置方式的优缺点，现有产品的使用现状等相关问题。

（4）观察、访谈及问卷调查法

①观察法

根据所研究的公共休闲产品的目标使用场所，以第三者的姿态，置身于所观察的现象和群体之外，通过图片、文字、影响等方式记录产品使用者休闲行为发生的整个过程，观察并记录被调查对象的使用行为方式、行为持续时间以及人们在产品使用过程中所表现出来的某些特殊行为反应、表情和现象等相关信息，发现具体的细节信息，并在此基础上，对现象做出相应的解释和分析，归纳出用户的使用行为习惯、常规需求、深层次心理诉求、现有产品在设计中存在的问题等相关信息，寻找一些有趣的、现有产品缺失的用户需求作为新产品设计的突破点。

②访谈法

按照提前设计好的访谈提纲，通过个别访问或集体交谈的方式，系统而有计划地收集资料，使设计人员与访谈对象实现互动性交流。访谈对象既可以在特定使用地点的用户群体中随机选取，在其使用产品的过程中就用后感受、不满意之处、意见建议等方面的内容进行深入探讨，以求获得用户的主要使用诉求、潜在需求、现有产品在功能性设计中存在的主要问题等。

③问卷调查法

针对研究对象和分析内容拟定相应的问卷调查，并就此向目标人群进行抽样调查，以此作为参照对研究内容进行评估。在基于Kano、QFD和TRIZ理论集成应用的产品功能性设计实践中，采用问卷评估的方法来获得公众对于Kano需求问卷调查中产品各种问题的态度和观点，并形成相应的评价量表，从而能够在具体的设计过程中加以解决。

（5）量化研究方法

在基于Kano、QFD和TRIZ理论集成应用的产品功能性设计实践中，利用量化研究方法，对具体设计项目中用户Kano类别的提取和归类，结合问卷调查的数据，使用SPSS 18.0、Excel等软件，对问卷调查的内部信度和效度进行检验，并对得到的每个用户需求项的Kano类别进行统计分析，采用"取最大值"的原则，分别计算出基本型需求、期望型需求、魅力型需求、无关型需求、相反型需求和问题型需求所占的比例，由此确定每项需求最终的Kano归属类别，以此作为产品功能性设计的切入点。

（6）计算机辅助设计

结合实际设计案例，利用CAD、3D MAX等计算机辅助设计软件，以验证和说明基于Kano、QFD和TRIZ的集成设计理论在产品功能性设计中的可行性和有效性。

图1-1 研究技术路线
　　　框架图

本研究的技术路线，如图1-1所示。

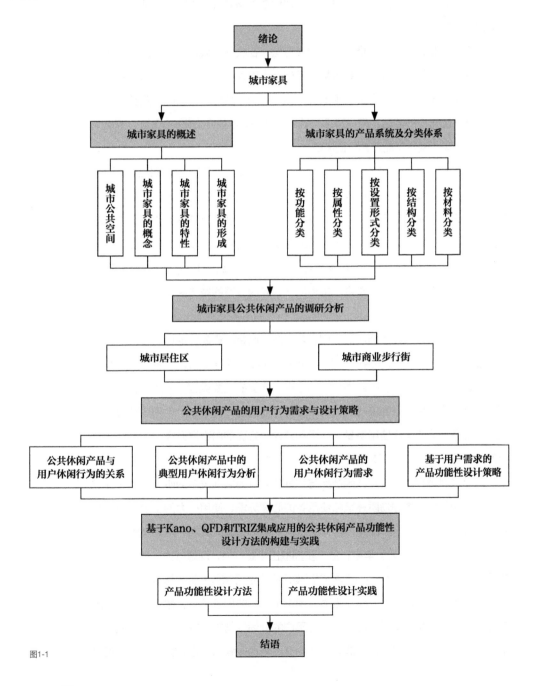

图1-1

1.6 研究创新点

本研究根据工业设计的相关理论与方法，对城市家具产品系统及其功能性设计进行了系统的研究，为产品的设计提供理论依据与参考。创新点主要从以下几方面得以体现。

①通过文献研究、类比推理法等相关方法，在收集、整理、分析国内外城市家具产品设计的相关书籍及文献资料的基础上，构建了一套完善的城市家具产品系统的理论体系，明确了有关城市家具产品的内涵、特性、历史脉络及其发展趋势，并从产品与户外活动、用户需求、城市公共空间和社会文化4个角度，重点阐述了城市家具的基本功能及其价值所在。

②以工业设计的视角出发，以北京、上海、杭州、南京、青岛以及美国纽约、华盛顿、费城、新奥尔良等国内外城市家具配置较为完善的城市为基点进行了实地调研，首先明确了国内外相关城市家具的产品系统及其分类方法。在此基础上，结合前期的调研成果和搜集到的文献资料，运用分类学、产品设计等相关学科的知识，从产品的功能、基本属性、设置形式、结构方式、材料等方面出发，对产品进行了重新分类整合，构建出一套较为完善的城市家具产品系统及其分类体系。

③以城市家具公共休闲产品为例，对上海、南京、青岛等地区的城市居住区和商业步行街2个典型空间中的产品功能性设计现状进行了深入调研。通过实地调研法、观察法，分析了不同类型空间中现有产品的主要类型、空间配置方式、用户群体构成、用户行为模式、使用规律等方面问题；同时，运用用户访谈的形式，就现有产品的用户使用感受、意见和建议等方面的内容展开探讨，总结了现有产品在设计上存在的主要问题。

④通过对城市家具公共休闲产品与户外休闲行为之间关系的研究，首先探讨了户外休闲行为发生的物质环境和使用者的心理环境、使用行为的主要类型及其特点，建立了公共休闲产品用户群体的层次化结构模型。其次，从必然性、自发性、社会性3种用户行为类型中，进一步抽取出坐憩行为、观望行为、独处行为、交谈行为和合作娱乐行为5种典型的产品使用行为进行深入分析，探索了隐藏在行为背后的用户需求。然后，根据各项不同需求之间的相互关系，建立了公共休闲产品的用户需求层次模型。最后，针对用户的舒适性需求、安全性需求、领域性需求、审美需求、环境宜人性需求、社会交往与合作娱乐需求，分别提出了相应

的产品功能性设计策略。

⑤提出了基于Kano、QFD和TRIZ理论集成应用的产品功能性设计方法。该方法通过设计概念形成、设计矛盾定义和设计矛盾解决等阶段，分别解决了"要什么""做什么"和"怎么做"的问题，为休闲产品的功能性设计提供一种有效的集成化支持工具，使设计可以迅速准确地找到切入点，在兼顾用户需求的基础上最大限度地提高产品的设计效率。同时，为了验证该方法的有效性，以青岛奥林匹克主题公园为具体项目，进行了公共休闲产品的功能性设计实践。

本章参考文献

杜良晖. 城市公共空间的生存与发展: 公共空间设计中与人有关的一些导则浅谈[J]. 小城镇建设, 2003(3): 17.

匡富春, 吴智慧. 基于现代工业设计的城市家具设计理念研究[J]. 包装工程, 2013(8): 39-42.

王世福. 城市特色的认知和路径思考[J]. 规划师, 2009, 25(12): 17-21.

王战, 潘世伟, 屠启宇, 等. 国际城市蓝皮书: 国际城市发展报告(2014)[M]. 北京: 社会科学文献出版社, 2014.

朱媛. 回归设计的起点[D]. 杭州: 浙江大学, 2007.

鲍诗度, 王淮梁, 孙明华, 等. 城市家具系统设计[M]. 北京: 中国建筑工业出版社, 2006.

钟蕾, 罗京艳. 城市公共环境设施设计[M]. 北京: 中国建筑工业出版社, 2011.

安秀. 公共设施与环境艺术设计[M]. 北京: 中国建筑工业出版社, 2007.

薛文凯, 陈江波. 公共设施设计[M]. 北京: 水利水电出版社, 2012.

张焱. 公共设施设计[M]. 北京: 水利水电出版社, 2012.

陆沙俊. 城市户外家具的人性化设计研究[D]. 无锡: 江南大学, 2004.

朱妍林. 论环境艺术系统中的城市家具设计[D]. 芜湖: 安徽工程大学, 2012.

刘建. 城市户外家具设计的研究[D]. 长沙: 中南林业科技大学, 2007.

张小燕. 城市公共设施中的人性化设计研究[D]. 济南: 山东轻工业学院, 2009.

韩旻玥. 基于老龄化社会的城市公共设施的研究[D]. 武汉: 湖北工业大学, 2012.

连锋, 韩春明. 浅谈城市公共设施设计的基本原则[J]. 科技经济市场, 2007(1): 32-33.

罗璇. 基于互动设计理念的城市公共家具研究[D]. 长沙: 中南林业科技大学, 2009.

王鑫. 结合城市CI对城市景观家具的地域性创作研究[D]. 西安: 西安建筑科技大学, 2007.

毛颖. 城市家具的色彩设计研究[D]. 重庆: 重庆大学, 2009.

易涛. 城市公共设施与城市形象相关性研[D]. 长沙: 中南林业科技大学, 2010.

付予. 城市家具的场所适应性设计研究[D]. 长沙: 中南林业科技大学, 2012.

曲畅. 城市街道公共环境设施设计导则编制研究[D]. 哈尔滨: 哈尔滨工业大学, 2012.

张焱. 我国公共设施设计中的区域文化差异性研究[D]. 南京: 南京艺术学院, 2009.

陈堂启. 城市公共设施人文化设计的文化发掘和设计[D]. 天津: 天津科技大学, 2009.

卢洁. 长沙城市公共设施设计的湖湘文化特征研究[D]. 长沙: 湖南师范大学, 2010.

谢和朋. 地域文化符号影响下的城市家具设计[J]. 黎明职业大学学报, 2009(3): 39-42.

周橙旻, 郑茜, 吕九芳. 基于南京地域文化传承的公共家具设计探究[J]. 家具与室内装饰, 2011(12): 11-13.

谢娜. 基于工业设计构思方法的城市景观设施设计表达[D]. 长沙: 中南林业科技大学, 2011.

张东初, 裴旭明. 从工业设计看城市公共设施的设计[J]. 城市问题, 2003(3): 21-24.

佟强. 城市公共设施的工业设计改造[J]. 黑龙江交通科技, 2006(5): 115, 117.

陈敏. 从工业设计的角度探索城市公共设施设计[J]. 大众文艺, 2011(19): 64-65.

李超. 城市户外公共座椅设计研究[D]. 无锡: 江南大学, 2008.

张冉. 现代城市公共休闲空间座椅设计[D]. 南昌: 南昌大学, 2010.

张贤富. 城市公共休闲空间坐具的设计因缘研究[D]. 长沙: 湖南工业大学, 2011.

张胜轩. 城市街道坐具设计研究[D]. 北京: 北京林业大学, 2009.

杨韬. 室外公共坐具造型设计研究[D]. 昆明: 昆明理工大学, 2010.

王雅方. 用户研究中的观察法与访谈法[D]. 武汉: 武汉理工大学, 2009.

郑忠国, 童行伟, 赵慧. 高等统计学[M]. 北京: 北京大学出版社, 2012.

吴智慧. 科学研究方法[M]. 北京: 中国林业出版社, 2012.

鲍诗度. 中国环境设计·城市街道家具[M]. 北京: 中国建筑工业出版社, 2015.

鲍诗度, 宋树德, 王艺蒙, 等. 城市家具建设指南[M]. 北京: 中国建筑工业出版社, 2019.

匡富春. 城市家具产品系统构建及其公共休闲产品的功能性设计研究[D]. 南京: 南京林业大学, 2015.

第2章
城市家具的概述

2.1 城市公共空间

2.1.1 城市公共空间的概念

（1）空间

空间既是一个相对概念，其是与时间相对的一种物质客观存在形式，由长度、宽度、高度、上下、前后、左右、大小、位置等表现出来。空间又是一个抽象概念，其内涵是无界永在，无界是指空间中的任何一点都是任意方位的出发点，永在是指空间永远出现在当前时刻，其外延是一切物件占位大小和相对位置的度量。空间，即"物质存在的一种形式，具有广延性和伸张性的特点，就宇宙而言，空间是无限的，无边无际；而就每一个具体的事物而言，空间又是有限的"。

人类对空间的认识最早可以追溯到公元前300年，古希腊数学家欧几里得（Euclid，公元前330—前275，被称为"几何之父"）建立了角和空间中距离之间联系的法则（现称为"欧几里得几何"），他认为空间是无限、等质的，是构成世界的基本单元之一。古希腊哲学家亚里士多德（Aristotle，公元前384—前322）建立了人类历史上第一个比较完整的时空理论体系，把空间定义为一切场所的总和，是具有方向和质的特性。而法国思想大师亨利·列斐伏尔（Henri Lefebvre，1901—1991）在都市学研究著作《空间的生产》中提出了著名的空间生产理论，他认为随着人类进入现代社会，资本主义再生产的不断扩大，城市空间不得不转变为一种空间的生产，土地、空中甚至光线都已经成为一种生产资料，加入商品生产的过程中。他认为我们所生存的空间有物质空间（自然空间）、精神空间、社会空间。列斐伏尔在《空间的生产》中将空间分为3种形式：空间实践、空间再现、再现空间。

①空间实践：指空间自身的实践，即空间的生产和再生产。空间既是实践行为的具体场所；也是一种具体的实践产物。比如城市道路、广场、建筑室内、工作场所、生活场所的生产，这是一种具体化的社会生产经验的空间，也是实际存在的可以被感知到被测量的空间。因而，也是"感知的空间"。

②空间再现：又称空间表征，即现实中的空间被抽象化为各种概念。它是运用物象、形象、语言等符号系统来赋予空间以价值和寓意，实现某种意义的象征或表达的文化实践活动；也是指特定的社会实践空间所凝聚的构想性、观念性和

象征性的意识形态空间。因而，又称"构想的空间"。

③再现空间：又称表征空间，即通过构想出相应的空间语言符号系统来干预和控制现实空间的建构。它是将抽象化的空间概念或理念运用到实际的空间建构中去，从而实现构想的空间对现实空间建构的干预和控制。比如艺术家根据某种空间艺术理念创作一个空间中展开的艺术作品；或解构主义建筑家用反对现代主义秩序的空间观念去建筑一个具有解构色彩的建筑和空间等。因而，又称"生活的空间"。

空间实践是反映空间的物质特性；空间再现则是表示精神层面的想象空间；再现空间则是将物质性与精神性相结合，是物质与想象完美结合的空间形式。因此，空间实践、空间再现、再现空间在逻辑上是呈现递进关系，即一个从"实践—概念/经验/知识—再实践"的过程，空间实践可以看成实践，空间再现则可以看成是概念/经验/知识，而再现空间则是指根据空间再现（即所形成的空间概念/经验/知识）进行再实践的过程，通过将概念/经验/知识中的空间概念/规划/规定性来指导空间的再生产。

由此可见，人们对空间的认知是一个漫长的过程，是基于自身不同目的而形成的一种多维度的概念，缺乏普遍性，但这并不妨碍我们对城市空间的进一步探讨，因为城市空间有它自身的特性。

（2）城市空间

根据德国建筑师罗伯·克瑞尔（Rob Krier）在《城市空间》一书中的解释，城市空间（urban space）主要指在城市范围内，由建筑物、构筑物（景观绿化、城市家具、标志物等）及各种界面（地面、水面）等实体共同界定、围合而成的一种空间形式。城市空间虽然从其表象上来看是由城市各组成要素构成的一种三维空间形式，但其实质却是一个极其复杂的聚居综合体，是在特定自然、政治、经济和历史等因素相互作用下形成的物化形态，其形成和发展都存在内在的空间秩序和发展模式，具有物质、社会、文化等多重属性。

城市空间是城市社会、经济、政治、文化等要素的运行载体，各类城市活动所形成的功能区则构成了城市空间结构的基本框架。它们伴随着经济的发展，交通运输条件的改善，不断地改变各自的结构形态和相互位置关系，并以用地形态来表现城市空间结构的演变过程和演变特征。同时，城市空间又是城市中社会、经济、文化、政治等各种活动的综合结果。它可以是由人们通勤、交往、休憩模式等形成的社会生活空间，也可以是由基础设施和生态环境形成的城高支撑空间，还可以是由行政管理区划形成的职能空间，等等。

现代城市是一个有活力和动力的有机体，它是在一定空间范围内不断演变和发展的。城市在发展过程中，职能分化带动形态的分化形成城市内部空间布局，各个功能区有机地构成城市整体。城市空间形态和城市空间结构所描述的都是城市空间的样貌特征。

城市空间形态是指一个城市的全面实体组成，或实体环境以及各类活动的空间结构和形式。广义可分为有形形态和无形形态两部分。有形形态主要包括城市区域内城市布点形式、城市用地的外部几何形态、城市内各种功能地域分异格局以及城市建筑空间组织和面貌等。

城市空间结构一般指城市地域结构，是指构成城市的具有各种功能及其相应的物质外貌的功能分区，又称城市内部结构。一般可分为工业区、居住区、商业区、行政区、文化区、旅游区和绿化区等。研究城市地域结构，必须结合研究自然环境、经济结构、人口结构、交通网络、城市物质要素和建筑空间的复杂关系，特别是要仔细研究城市的动态发展、预测城市发展过程中的各种问题，才能提出合理的城市规划。

（3）城市公共空间

美国学者简·雅各布斯（Jane Jacobs，1916—2006）认为，城市中最富有活力的地方就是城市的公共活动空间。城市公共空间（urban public space）是指由城市中的建筑物、构筑物、树木、室外分隔墙等垂直界面和地面、水面等水平界面围合，由环境小品、使用者、使用元素等组合而成的城市空间。它们是从大自然中分隔出来的，是较小的具有一定限度性的为人们城市生活使用的空间，主要包括城市的街道、广场、公园与绿地等，它犹如建筑内的公共空间。

"公共"是一种相对于"私用"而言的概念，从社会学角度出发，城市公共空间可以理解为城市中不同人群可以自由使用的一种公共价值领域的空间形式；地理学将其定义为一个有意义的地点，是社会群体进行社会生活实践的反应；美国城市规划学者奥斯卡·纽曼（Oscar Newman）认为从人们的行为活动和城市环境出发，城市公共空间主要指用于城市居民娱乐、消遣、社交等用途的公共场所；而我国许多学者则将城市公共空间定义为包括自然风景、广场、道路、公共绿地和休闲空间在内的城市外部开放空间。

城市公共空间是指城市或城市群中，在建筑实体之间存在着的开放空间，是城市居民进行公共交往，举行各种活动的开放性场所，其目的是为广大公众服务。城市公共空间主要包括城市广场、商业广场、道路、街道、公园、户外空间、停车场以及山林、水系等自然环境。从根本上说，城市公共空间是人类社会生活、活动的场所，是集节庆、交往、休息、健身、娱乐、文化等功能于一体的，多层次、多含义、多功能的共生系统，是城市实质环境的精华、多元文化的载体和独特魅力的源泉。

城市公共空间狭义的概念是指那些城市居民日常生活和社会生活使用的室外空间，包括街道、广场、居住区、户外场地、公园、体育场所等。城市公共空间广义的概念可以扩大到公共设施用地的空间，如城市中心区、商业区、城市绿地等。城市公共空间由建筑物、道路、广场、绿地与地面环境设施等因素构成。它除了有功能要求之外，其数量与城市性质、人口规模等有密切关系。

城市给人最强烈、最直观的印象来自它给人们的视觉感受，那些富有特色的街道、广场、建筑以及独具个性的艺术景观、公共场所、公共建筑群等，常常让人流连忘返。城市有形的物质文化积淀、无形的精神特质、多姿多彩的市民生活将共同构筑城市环境空间的活力。随着城市化进程的发展，城市的空间构成与区域划分越来越丰富、显示出各自不同的环境特征，如步行街、文化广场、居住社区、交通路口等，并与周边环境呈现各种联系，形成了不同风格的小区域。它们独具个性的公共空间，意境隽永的公共艺术与浓厚的人文气息，常常引起人们的关注并留下深刻的记忆。而与之相匹配的各种卫生与休息服务设施虽然量小、不起眼，然而在陶冶大众情操，在昭示和传扬城市风采中，却默默地以特有的气质发挥作用，并以其自身的造型、色彩、质地、肌理丰富着城市的环境，以尺度、位置的变化满足人们室外活动的需求。

从一定意义上说，城市的公共空间很大部分是由点和线两种类型构成的。点是指供线路上的车辆和人们停留的一些节点，如公共汽车站道路交汇处、绿化休息场所等。线包括一系列人流与车流的路线网，如街道、人行道、台阶、小巷等，引导人们的行动，为车辆通行提供方便，有助于人们在行动中确定方向、辨识道路。点与线在环境中相辅相成，共同作用，不同的环境由不同的物质构成。如以人行道为主体的环境空间，以路面、道路绿化、残疾人通道、路标、交通信号、人行天桥等为主体，成为以线为主的环境系统。但仅有线不够，还需为在线上活动的人们提供方便，如卫生系统的公共厕所、饮水器、洗手池、垃圾箱等；休息系统的公共座椅、挡风避雨的凉亭廊道；服务系统的街头售货亭等，为人们提供着各种服务。公共卫生与休息服务设施与城市环境各个区域的关系，应该是有机的、积极的、恰当的，体现其实用功能与场所审美功能的统一，而不是硬性的添加和堆砌。在其公共服务的过程中产生与公众思想及行为的交流、共鸣，而不是与环境的不和谐。

2.1.2 城市公共空间的类型

城市公共空间作为城市必不可少的一种空间形式，所涉及的空间类型广泛，由于其在城市中所处位置、空间性质的不同，产生了具有不同功能的空间类型，造就了丰富的空间脉络和序列。同时，随着城市的不断发展，城市公共空间多种功能的实现通常并非以单一的空间形态存在于城市中，在使用中由于其所处位置和功能的差别存在许多的重叠和弹性。城市公共空间的构成要素种类多、形态异、分布广，包括街道、广场、公园、绿地、运动场等，是城市物质环境巨系统中重要的分系统。城市公共空间总的发展趋势是功能多样化、形态多元化，只有适应于不同使用需求的多样性，才能为使用者提供多种选择的机会。各类公共空间承载着诸如交通、交往、休憩、散步、观赏、健身、娱乐、餐饮、展示、教化、节庆等多种功能。因此，按照城市公共空间不同的功能属性，主要将其分为以下5种类型，见表2-1。

（1）街道空间

街道空间是现代城市中最为常见的一种线性公共空间，其功能主要是满足人们通行、娱乐、购物及信息交流等社会活动的需求（图2-1）。街道空间随着城市的形成而产生，其最初只是为了便于人们交通和交往而在建筑与建筑之间留下的一些线性空间。随着现代城市的不断发展，街道的空间形态、功能特性都有了进一步发展，人们在此漫步、娱乐、购物、交谈，成为一种与公众日常生活紧密相关的空间形式。

街道是公共空间的重要组成部分，它承载着城市交通和社会生活的双重功能。街道空间包括道路、街巷、河滨等。一般而论，线性空间具有"动"和"续"的特质，人们在这种穿越的过程中，实现了交通、购物、交往、安全和认知等活动。而河滨区域更是一座城市最有活力的地方。

但过去，许多城市尤其是一些特大城市都不同程度地遭到交通拥堵"城市病"的侵扰。在交通规划分配街道空间时，往往优先考虑车行，而将人行空间置

表2-1　城市公共空间的类别及其典型空间形式

类别	典型空间
街道空间	轴线大道、步行街、商业街
广场空间	集会广场、纪念广场、交通广场、休闲广场
绿地空间	道路交通绿地、建筑及宅旁绿地
公园空间	城市公园、植物园、游乐公园
建筑物及其周围空间	建筑顶层或底层绿化步行道、楼宇连廊、露台

图2-1 街道空间

图2-2 广场空间

图2-1

于末位；经常采用拓宽马路，建造立交桥的方式，甚至允许小轿车占用人行道停车，使步行环境更为恶化，致使街道生活消失。在现代城市中，步行街区成为承载丰富的公共空间，成为城市中人们信息、物质、文化交换的中心。因此，为更好地适应低碳城市和低碳生活的要求，应将各类空间中的步行道、楼宇间的空中连廊、地下通道等连接成步行系统，建设步行商业街、步行文化街、步行休闲街，并在步行街区中设置完善的服务设施，如座椅、报刊亭、小卖亭、室外餐饮等，重视舒适、安全、便捷的现代步行环境的建设。

（2）广场空间

广场空间是维持城市生机的重要器官，是最具有公共性、最富艺术魅力、也最能反映现代城市文明的城市公共空间之一（图2-2）。根据意大利《都市暨建筑百科》中的定义，广场空间是由城市建筑、道路等构筑物包围界定出的一块可提供多种功能的、供公众使用的、非限定使用的城市公共空间。

图2-2

广场空间一般包括广场、公园、停车场等，具有"静"与"终"的特质，也是人们停留下来，在其中进行活动时间较长的公共空间。而现代城市中的广场和公园的"迷你化"，便是高密度的城市中心满足市民公共活动需求的见证。广场作为城市的公共开放空间，不仅是城市居民的主要休闲活动场所，也是市民文化的传播场所，更代表着一个城市的形象，它集中反映社会文化，并且包含了更多的社会生活内容，也更具有时代特征和区域文化特征。

（3）绿地空间

绿地空间是指在城市空间中以植物、水体、土地等自然形态存在的非建筑用地空间，具有改善与保持生态环境，塑造城市风貌，提供休闲、娱乐场地等多种功能（图2-3）。在现代社会，绿地空间已不再只是抒发情感、表达哲理、为少数贵族服务的私家苑囿，而是更侧重于突出公众的参与性和城市环境的协调性。

城市绿地是指用以栽植树木花草和布置的配套设施，基本上由绿色植物所覆盖，并赋以一定的功能与用途的场地。其通常也是指城市专门用以改善生态、保护环境、为居民提供游憩场地和美化景观的绿化用地。城市绿化能够提高城市自然生态质量，有利于环境保护；提高城市生活质量，调试环境心理；增加城市地景的美学效果；增加城市经济效益；有利于城市防灾，净化空气；等等。

广义的城市绿地指城市规划区范围内的各种绿地，包括六大类型：公共绿地，即各种公园、游憩林荫带；居住区绿地；交通绿地；附属绿地；生产防护绿地；位于市内或城郊的风景区绿地，即风景游览区、休养区、疗养区等。此外还包括城市水面、道路广场以及其他性质用地中的绿地。狭义的城市绿地指面积较小、设施较少或没有设施的绿化地段，区别于城市绿地面积较大、设施较为完善的"公园"。

绿道是一种线型的绿色开敞空间，通常沿着河滨、溪谷、山脊、风景道路等自然城市绿地和人工廊道建立，内设可供行人和骑车进入的景观游憩线路，连接主要的公园、自然保护区、风景名胜区、历史古迹和城乡居住区等，有利于更好地保护和利用自然、历史文化资源，并为居民提供充足的游憩和交往空间。其

图2-3

图2-3 绿地空间

中，城市绿道主要连接城市里的公园、广场、游憩空间、风景名胜、历史古迹和居民区等，是城市生态网络系统的重要组成部分，集环保、运动、休闲、旅游等功能于一体，是一种能将保护生态、改善民生与发展经济完美结合的有效载体。

（4）公园空间

公园空间是城市中最具价值的公共空间，它一方面可为未来的城市发展提供必要的空间支持；另一方面可为城市居民游览、观赏、休闲甚至体育运动提供场所；同时还兼具防灾减灾、美化环境等功能（图2-4）。

公园从车行和步行交通线中分离出来，是一个尺度宜人、远离噪声，围合而有安全感的室外开放空间。公园在市民公共生活中的作用也越来越明显，它像一个个点一样遍布城市中心。城市需要综合性的市民公园，也需要街区的小公园。一些小公园可能在你上班的路上、回家的路上，还可能在你吃午餐附近的地方，它一个独有的特征是：由一块空地或被遗忘的空间发展起来，包括小型活动空间、儿童游乐空间、会见朋友的交谈空间、午餐休息空间等。现代公园在很大程度上已不再只是作为个人与自然交流的环境，而是已经成为有助于公众休闲、健康，引导公民意识和增加其自然常识的环境。

（5）建筑物及其周围空间

人类出于保护自身的需要，建造了房屋建筑物，进而是城市。这种独立于自然的空间产生于围合，就是人们常说的："围合产生了空间"。房屋建筑物的产生在满足人们对于容纳自身的空间需要的同时，也使室内空间独立于室外空间。因此，为了满足人们生产或生活的需要，建筑空间除了包括墙、地面、屋顶、门窗等围成建筑的内部空间之外，还有运用各种建筑主要要素与形式所构成的外部空间，它是建筑物与周围环境中的树木、山峦、水面、街道、广场等形成的外部空间，即建筑物及其周围空间。

随着建筑和规划水平的不断提高，现代建筑中出现了顶层或底层的绿化步行道、楼宇之间的连廊、建筑物周围的花园、露台等过渡性公共空间，这些空间逐渐成为都市人们亲近自然、舒缓身心、交往娱乐的重要场所（图2-5）。

图2-4 公园空间

图2-4

图2-5 建筑物及其周围
　　　空间

图2-5

2.1.3 城市公共空间的特性

我国古代哲学家老子曾说过，"一个容器的精华在于空"。从某种意义上来说，作为容纳人生活和活动的容器，城市的精华正如容器一般，也正在于空。这里的"空"也就是指由点、线、面、体等实体部分界定或围合而成的虚空间，即城市公共空间。城市公共空间是城市的"起居室"和"橱窗"，为城市带来了活力与色彩，使城市生活更具多样性和丰富性。城市公共空间作为一种以人为主体的，为城市公众各种休闲、娱乐、交往活动提供必要支持的空间形式，随着现代社会公众活动的多样性与复合性，呈现出以下特性。

（1）城市公共空间的物质性

城市公共空间为城市必不可少的一种空间形式，其首要特性即物质性。一方面，它是由建筑实体构件围合、限定形成的一种三维空间形式，是城市空间中最易识别、最具活力、最富魅力的部分；另一方面，城市公共空间也是人们社会活动发生的物质载体，直接影响大众的行为与心理。人是一种复杂的社会动物，人与人之间的交往、集会、游憩等一系列行为活动就成为人们日常生活中不可或缺的生理和心理需求，而现代科技创造了丰富的物质，在公共空间中这些要素经过整合、重构，形成了人们生活中必不可少的物质空间，承载着丰富的公共性社会活动。

（2）城市公共空间的主体性

城市公共空间是一种以人为主体的空间。人，既是空间的创造者，也是使用者，不同阶层、年龄、职业及文化背景的人都有权利在这里自由、平等地休闲、交往。满足人的使用是公共空间最大的功能。正如斯蒂芬·卡尔（Stephen Carr）在《公共空间》中所说的，公共空间应该敏感——它的设计和管理应服务于使用者的需求；民主——所有人全都可使用，保证行动自由；赋予寓意——允许人们在场所让人们的切身生活和更广阔的世界之间建立深厚的联系纽带。它的设计中心是人，人是公共空间的主体，公共空间因人而具有人情味。

（3）城市公共空间的公共性

从定义上，城市公共空间就已经确立了它是一种属于公共价值领域的空间形式，公共性是其基本属性。公共空间为人们健康的生活提供了有别于个人私密性空间的开放环境，是人们进行休闲、社会交往活动的公共性场所。同时，公共空间中所发生的各种交往行为客观上也促进了人们的思想交流，城市的各种组分在公共空间这个容器中持续进行着化合反应，催生出多彩的城市精神生活。

（4）城市公共空间的多样性

城市公共空间是一种多样的空间，受多重因素影响。一方面，正如希腊建筑规划学家道萨迪亚斯（Constantinos Apostolos Doxiadis，1913—1975）所言："人类聚居由一些独特的、复杂的生物个体构成"，这种复杂性决定了人们在不同的时间与空间，受自身、环境等因素的影响，社会活动呈现出多样性与差异性，因而承载和满足人们社会活动需求的空间也具有多样性的特征。另一方面，作为维持城市空间整体性与连续性的纽带，城市公共空间是一个多层次、多维度、多功能的共生系统，多种功能的实现通常并非以单一的空间形态存在，根据所处位置和功能的差别存在许多的重叠和弹性，因而具有多样性特征。

（5）城市公共空间的整体性

城市公共空间是实体与空间构成的时空连续体，是一个综合的、多功能的整体环境，因而不应把建筑、设施等与城市空间当作一系列孤立的部分，而是要把建筑单体、建筑群、城市家具、景观设施等与城市空间联系起来，创造人与物、人与环境的协调和谐，强调城市的整体性、空间的连续性和环境的有机性，全方位地营造愉悦、舒适、宜人的城市公共空间。

（6）城市公共空间的生态性

城市公共空间是整个城市体系中的一部分，与城市整体的生态环境联系紧密。久居都市的人们大都有向往自然、回归自然的要求。绿色是公共空间具有活力和吸引力的重要因素，因此，结合当地特定的生态条件和景观生态特点，规划绿地、花草树木，营建具有空间层次的绿色空间，既是把自然引入城市，让城市多一些生机和活力，又可以增强公共空间的趣味性、实用性，也是将人的行为融入绿色，与绿色和谐共处。

（7）城市公共空间的视觉性

人类对事物的认识都是通过感官形成的，其中尤以视觉最重要，也正是人类的视觉感官作用才有了尺度的概念。城市公共空间的视觉尺度，通常包括人与实体、人与空间的尺度关系，实体与实体、空间与实体的尺度关系等，即空间与周边围合物的尺度匹配关系，与人的欣赏、行为活动和使用尺度的配合关系。另外，城市公共空间的视觉性还包括引导、识别、标志等城市视觉导视系统的功能。

（8）城市公共空间的文化性

文化是一个空间的精神所在。城市公共空间仅仅有形式和功能是不够的，有文化内涵和历史文脉的城市公共空间才能成为吸引人的好去处，也会成为最美丽的"城市客厅"。寓教于乐是人们历来所追求的一个目标，现代社会更加强调人性和人文关怀，任何带有人文主题或人性化的城市公共空间总是耐人寻味，让人流连忘返。

（9）城市公共空间的地域性

每个城市因地域的不同而具有其自身的特点。因而，城市公共空间也应结合城市的区位特点来思考、设计和建造，以体现其地域性或差异性。例如，像重庆这样的山城，在建设城市公共空间的时候，其基地界面的变化肯定是一个主要的决定因素，它不仅带来空间使用功能上的局限与突破，也会对功能与形式产生决定性的影响。

（10）城市公共空间的气候性

不同城市的气候情况会决定城市公共空间的形式与功能。在我国，南北气候的不同决定了城市公共空间不同的处理方式。北方寒冷，城市公共空间则不宜过大，应多结合建筑群之间的室内空间来建造。南方夏天炎热，所以设计城市公共空间时需特别考虑遮阳和乘凉功能。

2.2 城市家具

2.2.1 城市家具的概念

（1）家具

家具（furniture），又称家私、家什、家俬、傢具、傢俬等，是家用器具之意。其英文为furniture，出自法文fourniture，即设备的意思。西语中的另一种说法来自拉丁文mobilis，即移动的意思，如德文möbel、法文meulbe、意大利文mobile、西班牙文mueble等。

从广义角度，家具是指供人类维持正常生活、从事生产实践和开展社会活动必不可少的一类器具；从狭义角度，家具是日常生活、工作或社会交往活动中具有供人们坐、卧、躺、倚靠，或分隔与装饰空间，或支承与贮存物品等功能的一类器具与设备。

现代家具的概念已带有广义性，即家具不一定局限于家中使用，用于公共场所或户外者也可称之为家具。家具既可以是移动的，也可以固定在地面或建筑物上。在人们的室内生活中，家具以其独特的形式贯穿于生活的各个方面，辅以满足人们的使用需求。当人们的生活从室内延伸至室外时，"家具"的概念也随之发生变化，形成了我们现在常说的"户外家具"，乃至"城市家具"。

（2）户外家具

户外家具（outdoor furniture）是指供人们户外（室外）休闲、交谈、娱乐等场所使用的家具。通常是在开放或半开放性户外（室外）空间中，为方便人们健康、舒适、高效的公共性户外活动而设置的一系列相对于室内家具而言的用具。

随着现代社会物质生活水平的提高以及生活观念的变革，越来越多的人开始选择在闲暇时间由室内走向户外，亲近自然，放松心情。因而，家具的概念也由室内延伸至户外，虽然室内外环境在空间构成及属性上有所不同，但人们对家具的使用需求却是不变的，在室内使用的家具，在室外也必不可少；同时由于户外环境的特殊性，家具的种类也得到了极大的丰富和扩展，出现了室内家具所没有的帐篷、遮阳伞等户外用具。

户外家具主要涵盖四大类产品：①城市公共户外家具（urban public outdoor furniture），是指在城市公共空间的场所供公众用的户外家具；②商业场所户外家具（commercial outdoor furniture），又称商用户外家具，是指在饭店（酒店、宾馆）、露天游泳池、沙滩以及度假和休闲等公众出入场所供公众使用的户外家具；③庭院户外家具（patio outdoor furniture），又称庭院家具、家用户外家具（household outdoor furniture），是指在花园、阳台、凉亭等家庭场所使用的户外家具；④便携户外家具（portable outdoor furniture），又称野营用户外家具（camping furniture），是指用于野营、旅行等的可拆卸或折叠的轻便、可携带的户外家具。

如果说室内家具除了需要满足人们对于使用功能的需求外，其风格、造型等方面的选择和搭配还体现着主人的审美素养、生活情趣等，那么户外家具作为一种由室内延伸至室外空间的家具形式，在满足大众公共性活动基本使用需求的同时，也需要在一定程度上满足户外空间环境的文化特色、人文精神等因素的要求。

（3）城市家具

城市家具（urban furniture），顾名思义就是指在街道、广场、公园等城市公共空间中，为方便人们健康、舒适、高效的公共性户外活动而在城市公共空间内设置的一系列相对于室内家具而言的、由现代工业化生产制造的器具与设备。小到果皮箱、交通标志、休闲座椅、照明设施、花坛，大到公交站台、广告牌、跨街设施等，都被人们形象地称为城市家具。

在鲍诗度等著的《城市家具建设指南》、中国标准化协会制定和发布的团体标准T/CAS 368—2019《城市家具 系统建设指南》中，给出城市家具的术语和定义为"设置在城市道路、街区、公园、广场、滨水空间等城市公共空间中，融合于环境，为人们提供公共服务的各类公共环境设施的总称。主要包括交通管理、城市照明、路面铺装、信息服务、公共交通、公共服务六大系统45类设施。"

用"城市家具"这一名称来概指城市环境中的公共设施，是因为这个名称非常贴切和准确地诠释了人们对赖以生存的城市公共空间的热爱，蕴含了人们对城市生活的向往，渴望把城市变得像家一样和谐整洁、方便舒适和美丽多彩。尽管这个定义不甚严谨，却给人一种倍觉亲切的感受，使得原来冰冷的城市实施也变得温馨。同时，也在引导人们重新审视自身周围的事物和环境，思考这些事物和环境存在的意义，并倡导从谋求"人—物—环境"系统和谐的认识高度上，合理地规划、建设城市以及城市公共空间。

城市家具是一种融合自然科学与社会科学，综合技术、艺术、人文、经济等因素为一体的系统工程，其本质在于将产品与人的关系形态化，创造一个"人—自然—社会"相协调的良好系统，以提升人们生活的品质。

因此，将城市环境中的公共设施作为城市公共空间这个"大室内空间"中人们所共有的"家具"来理解、审视，"城市家具"在城市建设中具有何等重要的地位，对城市居民的生活改善、城市环境的品牌形象又具有何等重要的意义自是不言而明的了。城市就是一个"家"，城市公共空间就是城市的"客厅"，城市家具决定着城市的魅力所在。

2.2.2 城市家具的内涵

城市家具的名称最早在20世纪60年代出现于欧洲，但却不是现代的发明，早在城市形成的时候就存在了。西方许多国家将城市家具称为"street furniture"，直译为"街道家具"，同样的意思在德文称为"街道设施"，也有称之为"urban street furniture"（城市街道家具）或"city furniture"（城市家具）。而在我国，对于城市家具所界定的含义和范围，不同领域因研究方向和着眼点的不同，既有所区别，又有交叉之处。

（1）城市公共设施

城市规划学科将其称为"城市公共设施"（urban public facilities），指由政府提供的属于社会的公众享用或使用的公共物品，既包括公共座椅、道路指示牌、路灯、报刊亭、电话亭等范畴的公共产品，也包括城市道路、城市桥梁、城市绿地、城市公园、城市风景名胜区等保证城市正常运转的公共基础设施。

（2）景观小品或环境设施

环境艺术学科称之为"景观小品"（landscape accessories）或"环境设施"（environmental facilities），从空间环境的角度将其定义为既具有实用功能，又具有精神功能的公共艺术品，例如雕塑、壁画、亭台、楼阁、公共座椅、道路指示牌、路灯等。因而，从产品的本质上看，该领域是将产品作为空间环境中的一类辅助产品，研究的重点是如何通过产品的造型、风格、色彩、材料等设计要素，与外部空间的景观环境相融合，配合特定氛围的营造，并起到一定强化和补充空间功能性的作用。而本书所述的城市家具则更强调产品从"人—产品—环境"的系统观出发，既可以满足人们户外活动诸多功能上的要求，又能配合场所精神和城市人文特征的营造。

（3）户外家具

在家具设计学科，"户外家具"（outdoor furniture）是一类与"城市家具"相近的产品概念，其主要指在户外空间中，为方便公共性户外休闲活动而设置的一系列诸如城市公共户外家具、庭院户外家具、商业场所户外家具及便携户外家具等产品。但此类产品与广义的城市家具略有区别。首先，就产品的类型而言，城市家具的产品种类更为多样，户外家具中的城市公共户外家具、商业场所户外家具、便携户外家具等3类产品，仅仅作为城市家具公共休闲产品中的分支，构成整个城市家具的产品体系；其次，传统意义上户外家具的使用范围较城市家具则更为广泛，既涵盖了城市绿地、广场等城市公共空间，也包括了私家庭院、入户庭院等无公众出入的私密性户外空间。

（4）城市家具

随着城市以及城镇化建设的不断发展和各学科的交叉融合，"城市家具"（urban furniture）的概念在我国近年来开始流行，它其实就是指城市中各种户外环境设施，既包括了前面所述的城市公共设施、景观小品或环境设施，也包括前面所述的户外家具。具体来说，城市家具就是信息设施（指路标志、电话亭、邮箱）、卫生设施（公共卫生间、垃圾箱、饮水器）、道路照明、安全设施、娱乐服务设施（坐具、桌子、帐篷、遮阳伞、游乐器械、售货亭）、交通设施（巴士站点、车棚）以及艺术景观设施（雕塑、艺术小品）等。

2.2.3 城市家具的特性

（1）城市家具是户外休闲行为的承载者

人是城市公共空间的主体，是空间的创造者和感受者，不同年龄、性别、兴趣爱好使用者的必要日常社会生活构成了城市公共空间的底色。城市公共空间也为人们的户外生活提供了有别于个人私密性空间的开放环境，是人们进行社会交往活动的公共性场所。而对于城市公共空间重要组成部分的城市家具来说，它与建筑、景观、绿化的要素一样，需要承载、适应、满足人们丰富户外休闲行为的需要。

自古以来，人类就开始利用自然界中各种物质为自己的户外生活服务。从最初树桩、石块建造的简易桌椅，到现今公共休闲产品、游乐健身产品、公共卫生产品、便捷服务产品、信息标识产品、交通产品、照明产品等多种类型的产品，虽然使用的材料、形式各异，但其本质是相同的，即对产品使用功能的追求。如果一件产品连向人们提供坐、卧、躺、遮蔽、信息提示等基本功能都无法实现，那即便是再美观、再新奇的设计都是无用的。因而，衡量城市家具好坏的首要标准就是产品是否能够满足使用者户外活动的需要，最大限度地给人们的生活、娱乐创造便利、舒适的条件（图2-6）。

（2）城市家具是用户需求的体现者

产品在人们的需求中产生，其存在是因为可以满足人们对某种功能的需求，

图2-6 满足户外公共
休闲的产品

图2-6

即让产品具有使用价值。城市家具与其他工业产品一样，服务对象是人，设计与生产的每一件家具都是由人使用的，设计的最终目的是将产品与人的关系形态化，即让产品的效能通过人的使用充分体现；而人能否适应产品又取决于产品设计是否与人相匹配，因而人的行为需求是提高产品品质、促进较高层次户外活动发生的根本途径。

美国心理学家马斯洛认为，动机是驱使人进入各种活动的内部原因，而动机则是由各种不同性质的需求构成。根据先后顺序和高低层次，他将人的需求总体上分为5个层次，即生理需求、安全需求、社会需求、尊重需求和自我实现需求，当某一需求得到最低限度的满足时，才会追求更高一级需求。在城市家具中，虽然产品的用户行为五花八门、各色各样，但究其背后的用户需求却有着深层次的共性，即用户对产品的需求同样具有和人类需求5个层次一样的特征，按照一定的结构关联具有层次上的差异和递进关系。因而，在产品的功能性设计中，我们应当考虑人与产品之间的关系，发掘用户不同行为背后的潜在需求，并根据需求的层次关系对产品进行合理的功能配置，使之更好地体现用户的需求，而不应仅仅满足于能用就行。

例如，人们在户外生活中由于受自身、环境等因素的影响，行为各异，有时可能坐在树丛旁的石凳上专心致志地学习、看报，不愿受人打扰；有时又主动来到人多的地方与人交流娱乐，总体呈现出互动与非互动两种截然相反的关系。因而，休闲产品的设计应综合协调人们不同的行为关系，满足使用者心理上私密性与领域性的要求，图2-7中的休闲坐具就可以很好地解决人们不同行为需求间的冲突，落座方式灵活多变，既可以单人就座休息，又能满足多人社交娱乐的需求。

（3）城市家具是城市公共空间的塑造者

城市公共空间如同建筑中的走道、门厅、中庭等空间形式一样，需要通过一定的物质载体来实现组织空间、烘托空间氛围的作用，而城市家具恰恰通过一定造型风格、色彩基调、材料质感和比例尺度关系与其他景观构成要素相关联，满

图2-7 满足用户多种需求的公共休闲产品

图2-7

足了人们对公共空间的不同需求，使其获得尊严感和幸福感。因而，城市家具是连接人与城市公共空间的纽带，城市公共空间亦是有了城市家具的参与才显得有血有肉、富于变化，两者相互作用、相互影响、密不可分。

①城市家具组织与分割公共空间

随着越来越多的人开始由室内走向户外，参与到形式多样的户外生活中，城市公共空间呈现出功能多样性、复杂性的特点。其多种功能的实现通常并非以单一的空间形态存在于城市中，在使用中由于所处位置和功能的差别会存在许多的重叠和弹性。因而，这就需要城市家具通过数量、形态、空间布置等方式合理地排列组合来实现组织与分割空间、划分不同性质区域的作用以及满足多种使用功能的要求。如图2-8所示，整个公共空间通过休闲坐具、照明灯具等城市家具的设置将空间分割开来，合理地组织了双向人流的步行路线；同时，又利用曲线座椅的设计在整个动态空间范围内形成了相对独立的静态空间，便于坐憩及社交活动的实现。此外，在现代城市景观设计中，为了提高空间环境的整体性与利用率，常以大空间的形式出现，这势必会引起人们的视觉疲劳，给人一种空间无限延伸的感觉，因而这同样需要城市家具来实现分割、组织空间的作用。

②城市家具丰富公共空间，配合整体氛围

城市家具作为城市景观构成元素之一，越来越多地参与到空间氛围的营造中，使之成为公共空间中具有公共性、交往性、装饰性等特性的综合产物。正如我们所看到的，许多城市在景观环境营造时，通常将一定造型风格、色彩基调、

图2-8 城市家具组织与
　　　分割空间

图2-9 城市家具配合整
　　　体氛围的营造

材料质感和比例尺度关系的城市家具与其他景观构成要素相关联，共同起到丰富、点缀和烘托空间氛围的作用。如图2-9中所示的青岛音乐广场张拉膜遮阳伞篷，产品造型自由、轻巧、柔美，充满力量感，远远望去，既像一支支跳动的音符，又如同一群快乐的小精灵在音乐中翩翩起舞，生动感人，既起到了烘托空间意境的作用，又与空间主题交相辉映。

常言道"人尽其才，物尽其用"，城市家具的设计与配置必须服从其所在空间环境的整体性要求，才能从真正意义上起到突出个性、烘托氛围的作用。然而，在实际项目设计中人们却往往忽视了这一点，城市家具的整体性设计成为各工程部门之间的"真空地带"，城市规划设计师关心的是道路两侧用地的建筑容量的控制，景观设计师关注的是街道两边景观小品的造型和绿化，工业设计师关切的是产品的功能、造型、色彩能否满足用户的需求，而最终产品的配置大都是

图2-8

图2-9

在整体景观环境完成后草草了事，缺乏合理性，这也直接造成了现今许多城市家具犹如城市中一张散落的网，各自以其孤立的相貌占据着独自的空间，缺乏整体的内在联系。

（4）城市家具是社会文化的传承者

在城市形成与发展的漫长过程中，文化成为一种最直接、最朴实、最生动、最富有生活气息的表现语言。正如美国杰出的城市规划专家凯文·林奇（Kevin Lynch，1918—1984）所指出的，城市文化是一个交流和沟通的媒介，展现着明确的与不明确的符号（旗帜、草地、十字架、标语、彩窗、橙色屋顶、螺旋梯、柱、门廊、锈了的栏杆等），这些符号告诉我们其所有权、社会地位、所属的团体、隐性功能、货物与服务、举止，还有许多其他的有趣或有用的信息。城市文化反映了城市历史积累的过程，是城市的灵魂所在，一个城市能否给观看者形成良好的景观意象和情感体验，就在于这个城市的各个组分能否体现城市独具特色的文化信息与符号。而城市文化作为一种城市的精神，必须通过物质载体才能得以呈现。

城市家具是一种丰富的信息载体，其不仅通过色彩、造型、材质等介质向人们暗示了产品基本的使用功能，而且往往还带有一定的文化指向性，反映了不同时期的生活方式、社会物质文明水平、历史文化特征及不同民族的审美观念和审美情趣，凝聚着深刻而丰富的文化特征（图2-10）。纵观城市家具的发展历史我们可以发现，早在其产生初期就同社会文化的发展息息相关且不可分割。例如在希腊雅典卫城南侧的狄奥尼索斯剧场中出现得最早的大理石户外座椅，其脚端通过模仿狮爪的造型向人们传达了一种力量与威严的象征，彰显着对王权及神权的狂热，这与当时人们将狮子视为战神化身的崇拜心理有着密不可分的关系。

图2-10 城市家具中的
传统文化呈现

图2-10

2.3.1 国外城市家具的演变

（1）国外城市家具的萌芽

　　城市家具的名称虽然出现较晚，但它却不是现代文明的产物，最早可以追溯到上古时代人们用来祭祖祭天用的公共场所。根据相关文献记载，早在公元前6世纪的古罗马时期的庞贝城中就出现了1 000余处的路标，同时人们还在城堡中搭建了藤萝架、凉亭等较为原始的环境设施。到公元前4世纪，受"两希文化"的影响，人类社会最早的休闲思想开始萌芽，这对当时建筑形制产生了重要影响，大规模的庭院开始出现，人们为了达到休闲的目的在庭院中修筑了用来收集雨水的中央水池、花园、石制庭院廊道等，整个城市中也建设了较为完善的排污和垃圾清运设施。此外，在希腊雅典卫城南侧的狄奥尼索斯剧场中也出现了最早的脚端模仿狮爪形的大理石户外座椅（图2-11）。

（2）国外城市家具的形成

　　随着现代意义上城市的兴起及城市功能的不断完善，城市家具逐渐普及。到了中世纪，古罗马为了整治狭窄街道中各种凌乱不堪、阻塞交通的招牌，开始将墙壁作为招牌使用，门头的装饰也逐渐丰富起来，例如鞋匠在作坊门口挂出一只鞋，面包铺老板挂出与"8"相似的面包，制帽工人挂出一顶帽子，客栈则以一个盾形的纹样来表示，等等。公元9世纪，为了便于人们夜间出行，科尔多瓦在道路两侧开始设置街灯，而700年后，伦敦则出现了煤油街灯（图2-12）。

图2-11 希腊雅典卫城狄奥尼索斯剧场的大理石座椅

图2-12 煤油路灯

图2-11　　　　　　　　图2-12

进入文艺复兴和宗教改革时期后，人文主义、理性主义思想的兴起促进了休闲文化的蓬勃发展，上流社会社交休闲娱乐活动频繁。现今大家所熟知的由铸铁或混凝土材料制成的户外长椅的形式在此时期开始出现。如图2-13所示，长椅主要由大理石雕刻而成，整体造型华丽庄重，线条粗犷，并采用浮雕的装饰手法，精巧地表现出莨苕叶、叶状平纹、涡卷形装饰等古典装饰图案。

1789年，随着法国革命的的爆发，巴黎历经多次动荡和战乱后已残破不堪，人们拥挤地居住在狭窄、肮脏、弯曲的旧街道中，城市几乎不适合人类居住。1852年，时任塞纳省省长的豪斯曼男爵（Baron Haussmann）获得拿破仑三世的委任对巴黎进行了包括改善居住环境、拓宽街道、修建大型房屋和城市供水系统等在内的大规模改建工程，这标志着真正意义上系统的现代化"城市家具"登上了历史舞台，并成为城市建设中必不可少的重要环节。在改造中，政府在林荫大道两侧种植了行道树、设置了美化街道的节点、安装了路灯、公共座椅、垃圾箱等城市家具。巴黎大改造对城市家具的设计产生了深远的影响，它改变了早期社会产品依附于社会宗教与政治而存在的设计思想，逐步开始注重人们的特殊需求，使城市公共空间逐渐成为人们个人与社会生活的"剧场"。与此同时，18世纪60年代由英国发起的第一次工业革命开创了以机器代替手工工具的新时代，这也对城市家具的发展产生了重要的影响。英国街头上许多的邮箱、垃圾箱、休闲座椅等城市家具逐渐开始由铸铁制成，这样一方面可以通过机械化的生产方式，提高效率；另一方面，铸铁的分量较为沉重，在一定程度上避免了偷盗、人为挪动等情况的发生。

（3）国外城市家具的发展

20世纪，资本主义经济迅速发展，越来越多的人认为过度劳作和游手好闲同

图2-13 文艺复兴时期的大理石长椅

图2-13

样具有破坏性，认为追求正当的休闲娱乐有益无害。同时，随着人本主义思想的"重新抬头"，人们逐渐认识到现代城市公共空间应适应人们社会活动的行为及情感文化需求，为人服务的设计理念逐步兴起。城市公共空间的主要功能在此背景下被重新定位，打破了原有以"车"为中心的交通功能，衍生出如商业、休闲娱乐等以"人"为中心的多种功能。城市公共空间职能的重大转变为后期城市家具的现代化发展奠定了坚实的基础。如图2-14所示，这些设计少了19世纪产品的精雕细琢，从使用者和功能的角度出发，通过透明简洁的风格追求美与精致，突出产品的实用性与功能性。同时，随着材料和施工技术的发展，意大利设计师皮森特使用混凝土浇筑技术创造了具有古典风格的混凝土长椅（图2-15）。

进入21世纪，世界各国有关环境问题尤其是城市公共空间的环境问题逐步显现，人们关于环境方面的设计方法和理论也在不断地提升，城市家具作为伴随着城市发展而形成的一种集工业设计与环境设计于一体的景观工业产品受到重视。城市家具已从一种简单的功能性产品，发展成一种通过艺术的形式实现产品与用户、产品与环境、产品与文化等多元关系之间的审美情感互动的功能综合体，使产品不仅可以满足人们健康、舒适、高效的户外生活的要求，而且将为城市带来前所未有的统一感和秩序感，提升城市的整体形象，延续城市的历史文脉。

2.3.2 中国城市家具的演变

（1）中国城市家具的萌芽

对于中国城市家具的发展而言，其经历了一个漫长的历史时期，在封建社会相对发达；但到了近代，受到工业化程度低、经济落后等因素的影响，城市家具发展缓慢。纵观建筑发展史可以看到，我国古代城市家具的发展也是附属于建筑的一部分，如牌坊、拴马桩、日晷、水井等既在制作上传承了传统建筑的制作手法（图2-16），又在功能上体现了古代人们的需要。

（2）中国城市家具的形成

中国真正意义上的城市家具起源于20世纪初期五四运动的兴起，许多艺术

图2-14 20世纪的城市
　　　家具

图2-15 古典风格的混
　　　凝土长椅

图2-14　　　　　　　　　　　　　图2-15

家从国外学成归来，将西方造型艺术及国外的一些城市景观小品、城市交通工具（有轨电车、汽车）、钟塔广场、邮政信筒、电话亭等引入中国（图2-17），中西艺术产生碰撞、交流，现代城市家具的雏形逐步形成。但随着第二次世界大战的爆发，城市家具的发展又处于相对停滞的状态。

（3）中国城市家具的发展

直到20世纪70年代末改革开放政策的实施，现代化城市建设的步伐不断加速，各地政府加大了对城市市政公用设施的投资，逐步开始注重人在城市公共空间环境中的主体地位，城市家具进入快速发展时期（图2-18）。经历40多年的发展，我国城市家具虽然在产品设计、加工制造等方面取得了一定的发展，但与西方发达国家相比，无论是开发的广度还是深度都还有一定的差距，在一定程度上也制约了城市未来的全面发展。

图2-16 中国古代城市街道设施

图2-17 中国近代城市街道设施

图2-18 中国现代城市街道设施

图2-16

图2-17

图2-18

44

　　本章利用文献收集与整理、类比推理、归纳演绎等相关方法,在对国内外城市家具产品设计的相关书籍及文献资料调研的基础上进行了如下综述分析。

　　①论述了城市公共空间的概念和类型,并从公共空间的物质性、主体性、公共性和多样性等方面,重点分析了在社会公众活动出现多样性与复合性条件下,现代城市公共空间的基本特征。

　　②分析了城市家具的基本内涵,及其在现代公众生活中所体现出的城市家具是户外休闲行为的承载者、城市家具是用户需求的体现者、城市家具是城市公共空间的塑造者、城市家具是社会文化的传承者4个方面基本特性,阐述了产品的价值所在。

　　③从国外和国内两个角度,概述了城市家具的形成与发展脉络,为后续研究打下了坚实的理论基础。

本章参考文献

周波. 城市公共空间的历史演变[D]. 成都: 四川大学, 2005.

罗伯特. 城市空间[M]. 钟山, 秦家濂, 姚远, 编译. 上海: 同济大学出版社, 1991.

王兴中. 中国城市社会空间结构研究[M]. 北京: 科学出版社, 2000.

李德英. 城市公共空间与城市社会生活[C]. 经济发展与社会变迁国际学术研讨会论文集, 2000: 132.

陈建华. 珠江三角洲地区休憩广场环境及人群行为模式研究[M]. 北京: 中国建筑工业出版社, 2011.

钟旭东, 屈云东. 城市公共空间人性化设计的思考[J]. 美术大观, 2006(4): 58-59.

林海, 文剑钢. 论城市景观的公共家具设计原则[J]. 苏州科技学院学报(工程技术版), 2005(4): 77-88.

匡富春, 吴智慧. 城市家具的内涵及其功能性分析[J]. 包装工程, 2013(8): 39-42.

吴智慧. 室内与家具设计: 家具设计[M]. 2版. 北京: 中国林业出版社, 2012.

匡富春, 吴智慧. 基于工业设计的城市家具设计理念研究[J]. 包装工程, 2013(10): 39-42.

王承旭. 城市文化的空间解读[J]. 规划师, 2006(4): 69-71.

冯信群. 公共环境设施设计[M]. 上海: 东华大学出版社, 2006.

陈准, 胡玮. 谈城市公共空间中城市家具的设计[J]. 工程建设与设计, 2008(8): 9-12.

余健华, 周翔. 城市公共空间的活力与特征[J]. 重庆建筑, 2006(2): 6-11.

张蕖. 城市公共空间的活力和特征初探[J]. 南方建筑, 2006(3): 105-108.

中国轻工业联合会. 家具工业术语: GB/T 28202—2020[S]. 北京: 中国标准出版社, 2020.

周关松, 吴智慧, 匡富春, 等. 户外家具[M]. 北京: 中国林业出版社, 2012.

凯尔比. 庭院座椅[M]. 赵全斌, 郭宝德, 译. 济南: 山东科学技术出版社, 2003.

鲍诗度, 宋树德, 王艺蒙, 等. 城市家具建设指南[M]. 北京: 中国建筑工业出版社, 2019.

中国标准化协会. 城市家具 系统建设指南: T/CAS 368—2019[S]. 北京: 中国建筑工业出版社, 2019.

匡富春. 城市家具产品系统构建及其公共休闲产品的功能性设计研究[D]. 南京: 南京林业大学, 2015.

第3章
城市家具产品的
系统构建与分类

目前，城市家具发展水平在世界各国存在明显差异，在欧美、日本等发达国家，由于工业化程度较高，经济实力雄厚，因此在城市家具设计中投资比较大，产品的建设较为完善。如表3-1及表3-2所示，日本对城市家具的分类较为完善，通过不同的功能、性质对产品作出了不同的分类。

而我国对城市家具的研究，随着近年来城市建设的不断发展逐步展开，城市家具的分类体系尚不够完善。但随着城市建设的迅速发展，城市家具作为城市现象、城市风貌的重要展现，以及美化城市环境、优化城市秩序的重要设施，连接人与城市、人与环境、人与社会的重要纽带，正越来越受到重视。2015年12月24日，中共中央、国务院发布的《关于深入推进城市执法体制改革改进城市管理工作的指导意见》第十八条中，"城市家具"正式确立为中国城市建设管理的重要内容，从此逐步深化了全国各地管理者对"城市家具"概念与内容的理解与重视。城市家具的系统化、标准化建设成为提升城市环境建设和城市文化品质、城市精细化管理的重要内容，很多城市逐步开展了城市家具规划、建设、更新等系列工作。

在鲍诗度等著的《城市家具建设指南》、中国标准化协会制定和发布的团

表3-1　日本城市家具的分类Ⅰ（按产品功能）

类型	产品名称
卫生街具	烟灰皿、垃圾箱、饮水器等
休闲街具	移动式座椅、固定座椅等
情报街具	指示板、广告、标识等
修景街具	雕塑、街灯、照明、花坛、演出装置（喷泉、水池、树木、计时、彩灯、彩旗）等
管理街具	电话亭、路栅、护柱、排水设施、消火栓、火灾报警器、变电（配电）箱、排气塔等
无障碍街具	坡道、专用标识、专用街具等

表3-2　日本城市家具的分类Ⅱ（按产品性质）

类型	产品名称
安全性设施	消火栓、火灾报警器、街灯、人行道、交通标志、信号机、路栅、除雪装置、横断人行道、自行车道、人行天桥、地下通道、无障碍设施等
快适性设施	烟灰皿、街道树、花坛、地面铺装、树篱、游乐设施、水池、喷泉、雕塑、大门等
便利性设施	饮水器、公厕、自动售货机、自行车停车场、汽车停车场、休息座椅、垃圾箱、公共汽车站、地铁出入口、邮筒、立体停车场、派出所、加油站等
情报性设施	电话亭、指示板、留言板、广告板、广告塔、道路标识、路牌、问路机、时钟、报栏、意见箱、橱窗等

体标准T/CAS 368—2019《城市家具 系统建设指南》中，兼顾城市家具的功能属性及管理归属，对城市家具各类设施进行了系统分类，分为交通管理、公共照明、路面铺装、信息服务、公共交通、公共服务六大系统45类设施，如图3-1所示。

城市家具是伴随着城市发展而形成的一种集工业设计与环境设计于一体的新型景观工业产品，它以独特的功能贯穿于我们户外生活的方方面面，为方便人们高效、舒适的户外生活而服务。近年来，随着我国城市化进程的不断加速，城市面貌发生了翻天覆地的变化。但相对于城市发展的速度和趋势而言，城市家具却相对落后。虽然，该领域越来越为国内学者所重视，得出了一些关于城市家具应如何有效配合空间的营造、美化环境等方面的理论原则。但从本质属性上来看，城市家具属于一种工业产品，它既需要起到完善城市空间的使用功能、提升空间品质的作用，更重要的是满足人们不同的行为需求。

因此，为了能使城市家具研究具有清晰的脉络和一定的系统性，本书从"城市家具"工业产品的角度和工业设计的视角出发，参考国内外相关的分类方法，并结合我国城市家具产品的具体情况，从产品的功能、属性、结构形式、材料、设置形式等方面，进一步构建了城市家具的产品系统及其分类体系（图3-2）。

图3-1 城市家具系统
分类图

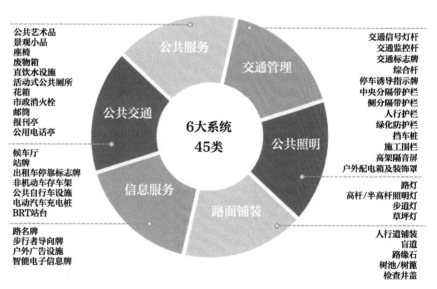

图3-1

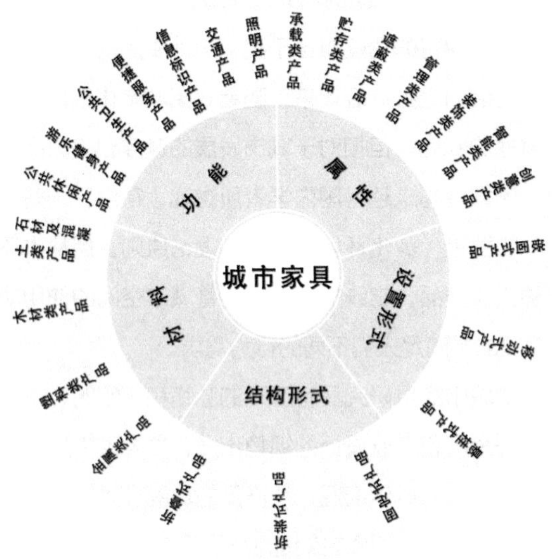

图3-2 城市家具的产品系统及其分类体系

图3-2

3.1 按产品功能分类

如表3-3所示，根据产品的功能，城市家具可以分为公共休闲产品、游乐健身产品、公共卫生产品、便捷服务产品、信息标识产品、交通产品、照明产品七大类。

表3-3　城市家具的分类（按产品功能）

类型	产品名称
公共休闲产品	休闲桌椅、休闲沙发、休闲廊亭等
游乐健身产品	户外健身产品、儿童游乐产品等
公共卫生产品	烟灰皿、垃圾箱、饮水器、公共卫生间等
便捷服务产品	遮阳伞、遮阳篷、雨棚、自动售货机、服务商亭、电话亭、邮筒、时钟等
信息标识产品	道路指示牌、交通标志、广告栏、广告塔、户外广告、留言板、报刊栏、店面招牌、橱窗、大门等
交通产品	候车亭、路障、自行车停放装置、立体停车场、路栅、护栏、道路隔离设施、消声壁、无障碍设施等
照明产品	道路照明产品、环境照明产品、装饰照明产品等

3.1.1 公共休闲产品

随着经济的发展和社会交流的日益增多，作为城市家具重要组成部分的公共休闲产品设计越来越受到重视，人们希望在身心舒适与放松的同时，获得感受生活、思想交流、观赏娱乐等精神层面的需求满足。从狭义角度来说，公共休闲产品主要指设置在城市公共空间中，供人们进行公共性活动之用的，一系列诸如休闲桌椅、休闲沙发、休闲廊亭等具有支撑、凭倚功能的用具。而从广义上来说，它泛指存在于城市公共空间中，能承载人们就座、休闲等行为方式的任何自然物或人工物品，虽然它们造型各异，但其存在形式恰好满足了人们的需要，因而都属于休闲产品的范畴。

具体而言，公共休闲产品按照功能载体、基本形式、设置场所的不同，又可以细分为以下几类产品。

（1）按公共休闲产品的功能载体分类

就公共休闲产品的功能载体而言，可将其分为典型休闲家具和非典型休闲家具两大类别。典型休闲家具主要指公共空间中常见的单体式或组合式的椅、凳、墩、休闲沙发等，这类产品主要由传统室内家具发展而来，它的形式比较固定，选用的材料比较传统，结构也能很好地体现材料和工艺的特点（图3-3）。而非典型休闲家具则主要指在公共空间中能够提供使用者诸如就座、倚靠等功能的景观建筑人造物或附属体，例如景观小品中的花坛、假山、亭台楼榭等，它并非真正意义上的休闲产品，或者说产品设置的本意并非如此，只是在特定地点、特定情况下提供了相应的使用功能（图3-4）。

（2）按公共休闲产品的基本形式分类

　　如表3-4所示，公共休闲产品按照基本形式的不同可以分为休闲廊道（架）、休闲亭（篷）、休闲座椅、休闲桌椅组合、休闲沙发等产品。其中，休闲座椅是我们日常生活中接触最多的一种，应用广泛，其根据造型的不同还可以分为单体型、直线型、多角型、曲线型、群组型和兼用型6种类型。

图3-3

图3-4

图3-3 典型公共休闲产品

图3-4 非典型公共休闲产品

表3-4　城市家具（城市居住区公共休闲产品）的类型

类型	产品描述	典型代表
休闲廊道（架）	主要指设置于步行路、广场、街心花园等空间，具有区隔、遮蔽、休憩等作用的一类产品。其主要由木质、金属、混凝土等材质构成，在单侧或两侧常设置直线型休闲座椅	
休闲亭（篷）	主要指设置于景观湖、广场、风景区等自然景色较好的静态空间，为人们提供观景、乘凉、遮蔽等功能。此类产品主要由建筑式木制、石制结构和张拉膜结构两类。其常在亭体四周和中央等位置设置有休闲座椅和休闲桌	

类型		产品描述	典型代表
休闲座椅	单体型	单体型休闲座椅一般以可容纳一人就座的椅、墩、桩等造型出现。由于此类产品设置灵活、形式多样，也常作为空间烘托气氛、营造氛围之用的装饰、点缀物	
	直线型	直线型是最为常见的一种休闲座椅，一般为可容纳3人就座的长椅形式，可根据需要设置扶手和椅背，能较好地利用空间。产品用途广泛，既可以设置于道路两侧，也可用于广场、公共绿地、风景区、木栈道等多种空间	
	多角型	多角型产品通过座面不同角度、不同位置的变换，可以满足各种不同社交活动的需要，同时变化的椅凳布局丰富了空间的形态。此类产品常用于广场、公共绿地等较为宽敞的空间	
	曲线型	曲线型产品主要由曲线、圆弧构成，柔和流畅，婉转曲折，营造出良好的艺术效果，多角度的变化适合各种不同社交活动的需要，同时丰富了空间的形态。此类产品常用于广场、公共绿地等较为宽敞的空间	
	群组型	群组型产品即多种不同形式的坐具组合在一起，形式灵活多变，可满足不同用户的需求。产品设置于人流密集、较宽敞的空间，同时常与卫生箱、烟灰缸等其他类城市家具同时使用	
	兼用型	兼用型主要是一种依附于其他诸如木栈道护栏、花坛、观景亭等产品而设置的一类产品，其巧妙地利用了空间，呈现出一种与景致浑然一体的感觉	
休闲桌椅组合		休闲桌椅主要是为方便人们棋牌、品茶等休闲活动而设置的一类具有承载、倚靠功能的产品。其主要材质有木质、木塑复合材料、金属、石材等多种类型，常设置于观景亭、户外餐饮空间、楼宇间的休闲空地、街心花园等位置	
休闲沙发		休闲沙发是一种高效的户外休闲坐具和消除疲劳的最佳休息用品，常用于商业、餐饮的户外公共休闲空间。产品可分为单人沙发、双人沙发及多人沙发3种类型，多与茶几、遮阳伞组合使用	

53

（3）按公共休闲产品的设置场所分类

根据相关研究发现，我国公众户外休闲生活方式逐渐呈现出多样化的趋势，主要可以分为以会友、社交为主题的休闲活动，以购物娱乐为主题的休闲活动，以旅游观光为主题的休闲活动，以体育健身为主题的休闲活动等。因而，根植于户外休闲生活的公共休闲产品同样可以按照设置场所的不同，概括性地分为公园、广场、绿地类产品，居民区类产品，商业步行街类产品，户外餐饮类产品等类型。

由于人们在不同场所中休闲行为类型和模式千差万别，因而对产品的设计也有着不同的要求。例如，居民区是户外休闲活动集中的区域，人们或是坐在坐具上读书、看报或者与家人朋友谈天说地，或者围坐在一起打牌、下棋，几乎每天、每次的使用时间都相对较长。因此，设计时需要着重考虑产品的舒适性、社交性、领域性等特点。而步行街作为连接商业、餐饮、娱乐等场所的通道，通行、观看是这个区域中人的行为主题，在这个区域中人流集中、密度较大，由购物疲倦产生的休憩行为大多发生在商场出入口，且每次的使用时间相对短暂，因而设计时产品的摆放位置、设置数量就显得尤为重要，而对舒适性的要求相对不高（图3-5）。

随着绿化环境的不断提升，在小区里散步、运动健身的老人越来越多，许多社区休闲广场、小广场、主干道路边加装了休闲座椅，一是方便了居民，给他们提供徒步劳顿后休息的场所；二是为社区居民尤其老人提供了休闲歇息和交流唠嗑的地方；三是为居民开展健身活动和文化生活提供更多便利；四是能与周围的花草树木相映成趣，形成一道美丽的风景线。

3.1.2 游乐健身产品

游乐健身产品，主要指设置于公园、广场、居住区等城市公共空间，供人们游戏、娱乐、休闲之用的诸如户外健身产品、儿童游乐产品等一系列产品。

图3-5A

图3-5B

图3-5 不同场所中休闲
　　　产品的差异性
A: 居住区
B: 商业步行街

（1）户外健身产品

户外健身产品，即在城市公共空间中设置和安装的各种用于提高身体素质、增强身体机能、增强身体力量及柔韧性、娱乐身心的装置或器械。目前，我国户外健身产品发展迅速，产品琳琅满目、种类繁多、功能齐全。根据相关走访调查、资料查阅，将产品按照功能属性概括性地分为专项健身产品和综合健身产品两大类。

专项健身产品，主要是针对人体上肢肌肉、腰腹部肌肉、下肢肌肉等部位进行局部锻炼、按摩放松。此类产品的功能相对单一，但结构小巧、价格低廉、后期更换与维修灵活，而且可根据场地面积、使用人群的不同自由搭配组合，灵活性强，应用广泛（图3-6）。

综合健身产品，即我们常说的多功能健身产品，它将各种专项健身产品合理地组合、搭配在一起，一个产品可同时满足多个人进行循环性或选择性练习，功能齐全、选择多样，但价格较高，多设置于大型居住区、学校等人口密度较大的区域（图3-7）。此类产品主要包括四人综合健身产品、十人综合健身产品、腰背腹综合健身产品、上下肢综合健身产品等类型。

此外，中华人民共和国国家标准GB 19272—2011《室外健身器材的安全　通用要求》对产品使用场地的安全作出了相关规定，例如使用场地应距城市地下管线的边缘不小于2m，与架空高低压电线保持至少3m的水平距离，远离易燃、易爆和有毒、有害的物品。

图3-6 专项健身产品

图3-7 综合健身产品

图3-6

图3-7

（2）儿童游乐产品

儿童游乐产品，集游乐、运动、益智、健身等功能于一体，旨在为喜好户外活动的少年儿童提供一个健康快乐的游乐和运动环境，让他们在享受与自然亲近的同时，促进其身体机能、创造能力、思考能力及社会互助能力的全面发展。儿童游乐产品起源于19世纪，随着欧洲工业革命的完成，大量农业人口涌入城市，儿童失去了原本可以自由自在玩耍、嬉戏的田园生活，人们开始在自家院落或社区的空旷场地设置各种游戏器具。经过近200年的发展，可以说现代儿童游乐产品种类繁多、功能齐全。如图3-8所示，根据游戏形式的不同，儿童游乐产品可分为坐骑类、摇荡类、滑行类、平衡类、攀爬类等多种形式。

儿童游乐产品的使用主体为3~7岁的学龄前和学龄初期的儿童，这个年龄段的孩子正是玩心最重的时候，喜好动，对外界各种新鲜事物好奇心较强，敢于体验。同时由于这个阶段儿童身体发育尚不完全，运动协调能力、平衡能力以及自我保护意识都比较弱，对突发的情况往往不能及时作出灵活的反应与处理，极容易在玩耍的过程中受到来自外界的伤害。因此，产品的安全性就显得尤为重要，设计时应特别注意如何从材料、造型、结构、安装场地等方面尽可能减小风险。例如，在造型上应尽量采用曲面、曲线，避免危险锐利边缘及危险锐利尖端的出现；在产品使用场所的地面铺装上，应采用防滑橡胶、沙子等软质材料；产品在高出地面的部分必须加装防护围挡；等等（图3-9）。目前，我国尚未面向所有

图3-8 儿童游乐产品

图3-9 儿童游乐产品的
　　　地面铺装

图3-8

图3-9

类型的儿童游乐产品出台相应的国家标准和行业标准，只有GB/T 27689—2011《无动力类游乐设施 儿童滑梯》和SN/T 2130—2008《出口儿童游乐设施检验规程 淘气堡》2项标准可参照执行。

此外，现代社会随着城市建设的不断推进，宽敞的道路、广场以及与之相配套的各种造型优美、功能完备的垃圾箱、候车亭、自动售货机等产品不断更新，人们的生活品质不断提高。然而越来越密集的居住形式、拥挤的交通环境将原本属于儿童的游戏场地逐渐压缩，游乐产品相对缺失或种类较少。根据笔者的相关调研发现，此类产品在我国相对缺失，除专门的儿童公园、主题游乐场外，儿童游乐产品仅在少数新建的高档小区可以见到，但也仅限于滑梯、跷跷板等简单的产品。在这种情况下，针对成人设计的户外健身产品成为少年儿童玩耍的新"去处"，年纪稍大点的孩子甚至在没有家长的陪同下，独自一人在扭腰器、漫步机、滑行器等产品上摇摇晃晃地玩耍，存在很大的安全隐患（图3-10）。

3.1.3 公共卫生产品

作为城市环境中必不可少的一类产品，公共卫生产品虽体量较小，但却发挥着越来越重要的作用，不仅维系着城市功能的正常运转，而且成为城市文明、城市文化的象征。此类产品主要包括垃圾箱、公共饮水器、公共卫生间等。

（1）垃圾箱

垃圾箱，也叫卫生箱、果皮箱，即一种收纳、贮藏各种废弃物的容器。它的形成和发展与人类社会有着密不可分的联系。早在远古时代，人类为了营造良好的生存环境，就开始将吃剩下的兽骨等垃圾物堆积在远离居住区的位置，这也形成了最原始的垃圾收集方法。公元前2 000多年，古代玛雅人将废弃的破陶片、研

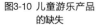
图3-10 儿童游乐产品的缺失

图3-10

磨用的石器以及建筑表面脱落的旧石块等无机垃圾回收起来，用作建造寺庙的建筑材料。现如今，垃圾箱已成为城市中一道亮丽的风景线，它们散落在城市的各个角落，产品款式多样、造型新颖，已形成集普通垃圾箱、分类垃圾箱、多功能垃圾箱（站）为一体的产品体系（表3-5）。

①普通垃圾箱

普通垃圾箱，是一种最传统的垃圾回收装置，产品采用单一箱体形式，将收集到的诸如果皮、饮料瓶、食物包装盒等各种类型废弃物统一贮存，然后由环卫人员将其送至垃圾清运站进行回收处理。此类产品造型一般为圆筒直立型和方柱直立型，主要由金属、木材、塑料、玻璃钢、石材及混凝土等材料制成，高为600~900mm，宽为500~700mm。如图3-11所示。

②分类垃圾箱

现阶段，我国分类垃圾箱主要针对可回收垃圾（如废纸、废金属、废塑料、废玻璃、废织物等）、不可回收垃圾（果皮、厨余垃圾等）、有害垃圾（废电池、废荧光灯管、过期药品等）3种类型垃圾进行分类收集，如图3-12所示。产品

表3-5 垃圾箱的分类

产品类型	图片	基本规格（mm×mm×mm）	产品材料	信息传达方式	清运方式
普通垃圾箱		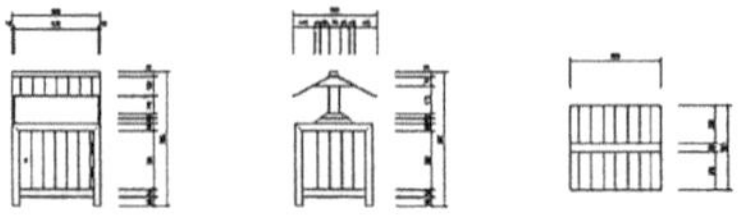 600×560×890	木塑复合（外箱）镀锌板（内桶）	无	分体式
		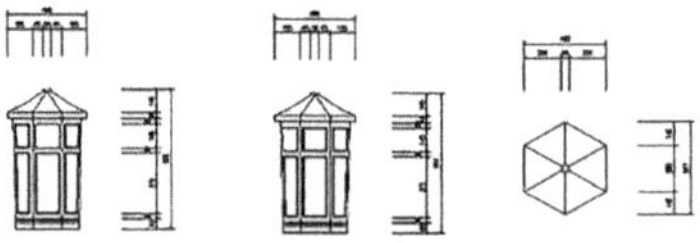 490×490×856	玻璃钢（外箱）镀锌板（内桶）	无	分体式
		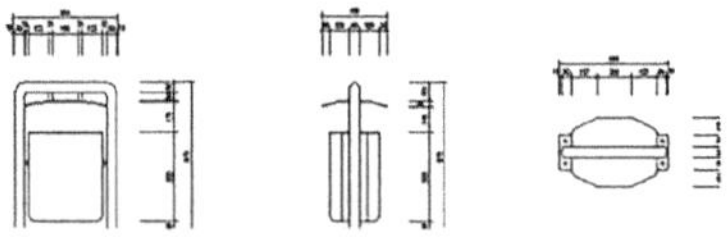 664×400×870	不锈钢	无	旋转式

产品类型	图片	基本规格（mm×mm×mm）	产品材料	信息传达方式	清运方式
分类垃圾箱	700×400×955		金属、木材（外箱）镀锌板（内桶）	文字引导、标示引导	旋转式
	900×355×950		金属、木材（外箱）镀锌板（内桶）	色彩、文字、标示引导	分体式
	1 000×365×1 020		金属（外箱）镀锌板（内桶）	色彩、文字、标示引导	分体式
多功能垃圾箱（站）	450×400×815		金属、木材（外箱）镀锌板（内桶）	无	分体式
	1 020×725×2 045		不锈钢	无	分体式
	1 250×450×2 100		金属（外箱）镀锌板（内桶）	文字、标示引导	分体式

图3-11

图3-12A　　　　　　图3-12B　　　　　　图3-12C

通过不同色彩、标识、文字等方式引导人们的投递行为。其中，色彩引导信息传递效率最高，最为常用，例如绿色代表的是可投递可回收垃圾，黄色代表不可回收垃圾，而红色则代表有害垃圾。就产品的尺寸而言，此类产品体积较大，高为900~1 200mm，单个箱体宽600~3 500mm，垃圾投递口高度多为150~200mm，宽度大于300mm。

此外，在结构上多为分体式和旋转式。分体式即箱体与内桶分离，箱体在前后方向上或顶部可以开启，保洁人员清运时只需将外箱体打开，取出内桶，方便快捷。而旋转式则是指产品在前后方向上可以转动，清运时只需将箱体倾斜即可，但此种结构在长时间使用后容易出现箱体无法自动回弹，造成垃圾撒漏等情况。

智能垃圾分类箱（图3-13）可以很好地取代以往的露天垃圾箱，智能垃圾分类箱设有厨余、塑料、纸张、有害及其他垃圾的多个垃圾投入口，入口处全部密封，通过智能识别实现自动开闭，利用智能垃圾分类回收箱进行垃圾分类，只要正确分类投放垃圾还可获得积分，兑换生活垃圾。居民可通过刷卡、刷脸、扫码等方式进行不同垃圾的分类投放，垃圾分类质量与居民身份绑定，箱体自带的智能识别系统将评判居民投放的垃圾质量并反馈结果。箱体配有自动破袋设备，使居民投放厨余垃圾时避免弄脏手。

智能垃圾分类箱用于居民生活垃圾分类回收，垃圾箱上方可选配各尺寸液晶屏，用于社区垃圾分类宣传和广告投放等；除了垃圾分类

图3-13

收集功能外，服务亭可用于大件回收、免费宣教、社区服务信息展示等，为用户创造一个全新的智慧化生活环境和高品质生活新格局。除此之外智能垃圾分类箱可以将垃圾分类集中投放、处理，可减少垃圾收集所占空间，并且智能垃圾分类箱封闭的箱体可将垃圾存放起来，从根本上避免有害垃圾和难分解物质对环境的危害；智能垃圾分类箱的宣传效果覆盖面广、程度深，还可以用来向居民宣传垃圾分类知识、垃圾分类意义，可以让全民认识到垃圾分类的重要性。

③多功能垃圾箱（站）

多功能垃圾箱（站）是近年来出现的一种新型卫生产品，在设计上其将贮藏功能与展示、宣传等功能相结合，不仅可以实现收纳垃圾的作用，设置的展示面板、广告灯箱还可以提供道路指示、广告宣传等功能，而且投放广告的收入也很好地帮助补给了日后养护和更新的费用。如图3-14所示。

此外，就产品的配置方式而言，根据中华人民共和国国家标准GB/ 50337—2018《城市环境卫生设施规划标准》的要求，垃圾箱（废物箱）应设置在道路两侧以及各类交通客运设施、公交站点、公园、公共设施、广场、社会停车场、公厕等人流密集场所的出入口附近，宜采用分类收集的方式。在人流密集的城市中心区、大型公共设施周边、主要交通枢纽、城市核心功能区、市民活动聚集区等地区的主干路，人流量较大的次干路，人流活动密集的支路，以及沿线土地使用强度较高的快速路辅路设置间距为30~100m；在人流较为密集的中等规模公共设施周边、城市一般功能区等地区的次干路和支路设置间距为100~200m；在以交通性为主、沿线土地使用强度较低的快速路辅路、主干路，以及城市外围地区、工业区等人流活动较少的各类道路设置间距为200~400m。

（2）公共饮水器

公共饮水器，顾名思义就是在城市公共空间为人们可以直接饮用自来水设计的产品。这类产品起源于欧美等发达国家，经过特殊的工艺对市政自来水进行深

图3-14 多功能垃圾箱
（站）

图3-14

度过滤、净化、灭菌处理后，形成新鲜的直饮水，无论在街头、广场、公园，还是室内都会发现它的"身影"，人们在口渴的时候，随时都可以找到直接可以饮用的水资源，使用者只需手动按压或触碰感应开关，水流就会向上呈拱形喷出，方便快捷、安全环保。

就产品的种类而言，由于目前我国正处于起步阶段，仅有少数城市设有公共饮水器，且种类较少，因而笔者借鉴美国的产品体系，根据产品供水方式的不同，将其概括性地分为集中式和独立式两种类型（图3-15）。集中式，即产品直接与市政直饮水供水管道相连，经过集中处理的直饮水通过管道输送到各个饮水口，此种形式需要建设一套独立的供水管道，前期投入较高，适合人口密集的城市、地区使用。而独立式则是指每个产品附带独立物理或电驱动的净化装置，可直接与现有的供水管道相连，此类产品体积较大，前期投入较少，但后期维护成本高。产品一般设置高和低两个饮水台，高台出水口距地面900~1 100mm，低台出水口高500~700mm，可供儿童、残疾人等特殊人群使用。此外，由于公共饮水器需要直接面对高温、冰冻、日晒等诸多不利的自然因素，或需承受水、酒、油脂、酸、碱等液体的浸渍和腐蚀，因而一般选用不锈钢、石材、混凝土等耐候性较强的材质。

（3）公共卫生间

公共卫生间是人们日常生活中必不可少的一类公共卫生产品，它是随着城市的发展而形成的一种相对于私人卫生间的公共性产品。最早可以追溯到公元前6世纪的庞贝古城，直到19世纪初期现代排污系统在英国出现，公共卫生间才得到进一步发展，当时的伦敦为了方便人们如厕，在河两岸主要的桥梁附近设置了大小

图3-15 公共饮水器

图3-15

62

不等的13个公共卫生间。

随着现代科技水平的提高，各种诸如具有灭菌烘干、免冲洗生态等概念的高科技公共卫生间推陈出新，但从其设置的形式来看，此类产品主要可以分为固定式和移动式两种类型。

固定式，也就是我们在街头、广场、公园中常见的，为在此活动或途经此地的公众提供如厕服务的一种公共卫生间。其设计需与周围景观建筑环境相结合，体现不同的场所意向和文化内涵（图3-16）。

移动式公共卫生间是指管理者可以根据不同的使用需求，将产品通过整体吊装、拖挂等形式轻易地移动到特定的使用场所，适合于旅游景区、大型户外活动、体育赛事、集会等临时性需求的场所使用，如图3-17所示。产品面积一般为5~10m²，机动性较强，避免了固定式产品重复拆迁的浪费现象。

根据中华人民共和国住房和城乡建设部出台的CJJ 14—2016《城市公共厕所设计标准》的行业要求，在人流集中的场所，女厕位与男厕位（含小便站位）的比例不应小于2：1。该标准还规定了各类公共场所公共厕所男女厕位（坐位、蹲位和站位）的数量。另外，GB/T 50337—2018《城市环境卫生设施规划标准》规定了城市公共场所公共厕所的设置密度和设置间距的相关要求。

3.1.4 便捷服务产品

便捷服务产品，主要指为提高人们户外公共生活质量，使人们能在公共空间获得如室内一样方便、舒适的生活而设置的城市家具，它主要包括公共时钟、售货服务商亭、电话亭、邮筒等产品。

图3-16 固定式公共卫
　　　　生间

图3-17 移动式公共卫
　　　　生间

图3-16　　　　　　　　　图3-17

（1）售货服务商亭

售货服务商亭，从其名称上我们就可以看出，产品主要有销售货品和公众服务两种功能。此类产品形式多样，从造型上，可以分为几何造型、仿古造型和不规则造型等，其中几何造型和不规则造型常用于城市广场、商业街、公园等具有现代特征的空间，而仿古造型则适用于历史街区、文化景区等讲求文化积淀和历史韵味营造的空间。从材料上，可以分为金属、木质、塑料、玻璃等类型。从设置形式上，可以分为固定型和移动型。而从功能上，产品则可以分为报刊亭、售货亭、售票亭、信息服务亭等（图3-18）。此外，随着信息时代的到来，现代许多城市的售货服务商亭还配备了广告灯箱、LED显示屏、自助服务终端等设施，形成集产品售卖、信息查询、金融服务于一体的多功能产品。

（2）电话亭

城市公共电话亭是一种最基本的便捷服务产品，不仅为人们的沟通交流架设了一座畅通的桥梁，而且还是城市文化、场所意象塑造的重要元素，在很多情况下也被当作景观艺术品。例如在英国，诞生于1924年的木质红色电话亭，以其独特的造型和亮丽的色彩营造出独特的街景，吸引着众多游客的驻足观赏，并成为一种国家形象的代表。进入21世纪，通信技术发展迅速，手机、网络等先进的通讯方式给人们的生活带来了巨大变化，传统公用电话亭由于功能单一、维修成本高昂、用户减少等原因，逐渐淡出人们的视野，被现代化的多媒体电话亭所取代。

新型公共电话亭，产品功能齐全，原本IC卡公用电话变成了带多媒体触摸显示屏的多功能电话机，不仅可以在综合服务平台中查询水电费、手机费、交通线路及道路实况等公用事业信息，还可以体验手机快速充电、WIFI热点等服务，人们在此可以浏览网络、下载音乐、阅读书刊等。目前，我国北京、上海、南京、青岛等许多城市已逐渐开始采用此类产品（图3-19）。

公共电话亭按照空间形式的不同可以分为封闭式、半开敞式、开敞式3种类型，其中封闭式和半开敞式最为常见，不仅可以更好地满足使用者对私密性的要求，而且可以降低噪音，避免风雨、阳光直射等环节因素的影响。就产品的空间尺寸而言，

图3-18

图3-18 售货服务商亭

图3-19 新型电话亭

图3-19

电话亭多采用单机设计，亭体高度一般为2 000~2 100mm，宽度为800~1 000mm，而进深应为900mm左右，同时宽度和进深也可根据使用环境而定。此外，根据《城市道路公共服务设施设置规范》的相关要求，电话亭在人行道同侧设置间距应不小于500m，商业街、广场、汽车站等流动人口聚集区可适当增加设置密度。

3.1.5 信息标识产品

信息标识产品，主要指通过视觉、声觉、触觉等，向人们传达环境中诸如空间性质、连接方式、用途等信息，帮助人们在陌生空间中正确定位，以迅速、高效地完成最终目的的一类产品。它是指在城市公共空间利用建筑、构筑物、场地、空间等设置的给人行为指示的由符号、颜色、文字、几何形状等元素组合所形成的公共服务设施。此类产品既包括在街道上为行人提供文字、图形、影像等信息的张贴栏、店面招牌、道路指示牌等，也包括为车辆提供道路指引方向的信息标志牌、警示牌等。

（1）视觉导识产品

视觉导识产品源于原始社会，那时尚未形成完整的文字，人们在狩猎时为了防止迷路、提示后来者，就开始在树皮、石头等位置利用各种象征符号和图形传递信息，形成了最古老的导识产品。现如今，视觉导识产品作为一种联系人与环境的重要媒介，起着越来越重要的作用，产品的涵盖范围非常广泛。

如表3-6所示，视觉导识产品按产品的导识内容，主要可以分为交通标志、定位标志、提示标志等；按产品的导识过程，可以分为静态导识和动态导识两种产品；按产品的设置形式，可以分为落地式、地面式、悬挂式、壁挂式等。此外，在视觉导识产品的功能性设计中，信息传达的准确性和高效性是重中之重，这就是说导识的功能性信息要符合人的认知规律，能准确无误地被人判读，提高信息解码的速度，减少信息传递中不确定性的影响。

表3-6　视觉导识产品的分类

产品类型		产品特点	典型代表
导识内容	交通标志	交通标志是现代交通疏导的灵魂，是保证城市中行人交通与公共交通正常运转的指南和安全保障。主要包括信号灯、交通警示牌、地面交通标线等	
	定位标志	定位标志主要指诸如道路名称标牌、门牌号、城市方位指示标牌等帮助定位，引导人们快速到达目的地的一类产品	
	提示标志	提示标志主要指设置在道路两侧、建筑物周边、景区等场所的文明提示牌、政府告示牌、场所信息介绍牌等	
设置形式	落地式	产品固定安装于地面，在垂直于人们视野的方向呈现导识的信息，该形式信息传递是最为有效的	
	地面式	产品以城市道路为载体，将导识信息喷涂或雕刻于地面，向人们传达必要的指引信息	
	悬挂式	悬挂式主要指产品上部通过吊杆、钢索等形式固定于建筑、桥梁等其他构造物上，产品本身呈悬空状态	
	壁挂式	壁挂式主要指产品通过螺钉、螺栓、水泥等形式固定于墙体、建筑等构造物的立面	
导识过程	静态导识	静态导识产品即现在城市中广泛使用的交通标识、定位标识、提示标识等，其将预先设计好的文字、图像通过色彩印刷、喷绘、雕刻到产品上，设置后一般无法修改	
	动态导识	动态导识产品是近年来出现的一种新型产品，其主要以LED显示媒介为载体，将文字、图形等导识信息通过动态的形式传递给人们，产品可将各种信息滚动播出，信息量大。尤其在夜间，信息判读性远好于静态产品	

就现有产品而言，信息的传达主要是通过文字、图形、色彩、造型等形式。其中，文字、图形、色彩3种传达方式最为常见，在实际应用中，它们并非独立存在，三者常搭配使用。颜色作为一种感性的导识方式，首先通过不同的色彩将诸如禁止、警告、建议等提示信息种类传递给使用者，然后文字或图形信息帮助进一步判读具体信息。而造型导识则是一种更为直观的信息来源，例如图3-20中所示的美国Busch棒球场门口，场所以棒球为主题的雕塑群，生动形象地向人们传递了场所的性质、用途等信息。

（2）商业户外广告产品

城市户外商业广告，就是在城市建筑物外表或城市街道、广场等室外公共场所或空间醒目位置，设置的以宣传商家、发布产品信息，并以争取人们认同为目的一类产品，如海报塔、霓虹灯、广告塔、广告牌、广告灯箱、店面招牌等。此类产品历史源远流长，早在中世纪的古罗马，鞋匠在作坊门口挂出一只鞋，制帽工人挂出一顶帽子以吸引顾客，招揽生意。而在商业高度繁荣发展的现代社会，户外广告产品更是必不可少。

同时，随着城市形象建设的推进，商业户外广告产品的功能也在不断拓展，已成为一张最直观、最实用的城市名片，为城市增添了无限生机。户外广告是面向所有的公众，所以比较难以选择具体目标对象，但是户外广告可以在固定的地点长时期地展示企业的形象及品牌，因而对于提高企业和品牌的知名度是很有效的。

如表3-7所示，商业户外广告按照产品设置位置的不同主要可以分为道路广告牌、高空广告牌、墙体广告牌、地面广告等类型；按照产品信息传递过程，可以分为静态广告和动态广告两种。

3.1.6 交通产品

随着现代化交通工具的发展，城市交通呈现出多样性的特点，行人与机动

图3-20 造型导识产品

图3-20

表3-7　商业户外广告产品的分类

产品类型		产品特点	典型代表
设置位置	道路广告牌	道路广告牌是人们日常生活中接触最多的一种产品，种类繁多，既可以单独设置，也可以与诸如道路指示牌、候车亭、路灯等其他城市家具结合设计，形式多变。同时，为保证夜间效果，产品多采用灯箱、LED多媒体显示等形式	
设置位置	高空广告牌	此类产品尺寸较大，固定于立式支撑柱、钢架上及建筑物或构筑物的顶面，常设置于城市道路、高速公路两侧及交汇处、大型广场等人流、车流密集的地方。此外，产品在四周多装有射灯或其他照明装置，保证产品在夜间可以拥有同样的使用效果	
	墙体广告牌	墙体广告牌是一种附着式产品，其通过螺栓、螺母等金属连接部件将广告面板嵌固于建筑物或构筑物的墙体表面。此类产品与高空广告牌相似，多设置有夜间照明装置	
信息传递过程	静态广告	静态广告主要是将事先设计好的图片、宣传语、海报，印刷、喷绘于广告布、灯箱等材料上，然后将其张贴、悬挂于各种载体上	
	动态广告	动态广告主要包括两类产品，一种是采用LED多媒体显示屏的广告牌，产品将广告图文或宣传片输入电脑，能在短时间轮番为多个厂家、多种产品做宣传，是一种比较新颖的传播形式；另一种是在静态广告基础上形成的，产品将内容喷绘于铝制三棱柱表面，通过电机驱动棱柱不断转动，形成一种动态的展示效果	

车、非机动车形成典型的混合型交通模式，也产生了诸如人行道与车行道、车行道与车行道等各种不同交通方式的连接节点。而交通产品的设置就是为了保障人们能够安全、顺畅、便捷的出行而在各种节点空间设置的一系列交通辅助产品，主要包括候车亭、自行车停放装置、立体停车场、道路隔离产品等。

（1）候车亭

作为城市公共交通与行人交通的节点空间，候车亭既是公共交通工具的停靠站，又是乘客等候、上下车、换乘的重要场所，还是展示城市形象、城市文化的窗口和平台。根据相关调查发现，候车亭的造型各异、种类繁多，但一般都由亭体、站牌、休闲座椅及必要的上下车安全护栏等部分构成，其中，亭体和站牌是必不可少的，其他部分可根据地点、候车人流量等因素灵活调增。

就产品的尺寸而言，亭体的长度一般以4 500mm或6 000mm为基数，在此基础上根据公交线路的停靠数量及乘客人流量的大小进行倍数调整，形成由两个或多个相同背板连接而成的组合式候车亭。但应注意的是，为便于人们可以自由穿梭，每个背板的间隔距离应保持600~1 000mm，亭体总长度不超过标准公交车长的1.5~2倍（约20m），顶棚高度2 500~2 800mm，宽度1 500~2 500mm，可同时满足2~3位候车乘客的行走需求。

如表3-8所示，根据造型的不同，产品可以分为顶棚式、半封闭式和封闭式三大类，其中半封闭式最为常见，如图3-21所示。

例如，图3-22所示为荷兰的Rombout Frieling Lab建筑工作室在瑞典于默奥大学校园内，通过对灯光和声音的综合利用，设计的智能公交站"Station of

表3-8　候车亭的分类

产品类型	产品特点	典型代表
顶棚式	产品由支撑柱、背板和顶棚3部分构成，四周通透，视野较好，适用于人流和公交车次较少的区域	
半封闭式	产品由支撑柱、顶棚、背板和侧板部分围合成一个相对独立的空间，常设置于人流量较大、车次较多的公交站点	
封闭式	产品由支撑柱、顶棚、背板侧板、安全护栏、安全门等部分构成，适用于公交始发站、城市快速公交（BRT）等人流、车流聚集的空间，保证乘客等候、上下车的安全性	

图3-21 公交站候车亭

图3-22 瑞典Station of
　　　　Being智能公
　　　　交站

图3-21

图3-22

Being"。Station of Being是一种新型的实验性公交车站，它能够将不太舒适的候车体验转变为一种舒适而有趣的经历。在于默奥等待公交车，很可能意味着要长时间站在结冰的站台上，冒着寒风和大雪，一边埋头玩手机一边试图寻找车辆。尽管于默奥公交车的发车频率并不低（仅5~10min），却并不能让乘坐巴士变得更具吸引力。同时，与全世界许多地方的车站一样，顶篷和座椅都没能得到有效利用，部分原因在于从座椅的位置很难看到公交车和交通信息，并且座椅经常会被雨雪覆盖。为了改变这种状况，设计团队打造了一个融合了灯光和声音的"智能屋顶"，使得寻找车辆的主体不再是乘客，而是车站本身。每条公交线路都有其自身的特征，声音和光线代表着公交车的终点站，当公交车驶近时，车站会轻柔地通过不同的方式将信息传达给乘客。这种媒介式的景观让乘客们不必再紧盯着公交车，使他们能够保持轻松的状态，直到被车站"叫醒"。

　　同时，与传统的车站不同，Station of Being站内没有设置固定座椅，而是通过"豆荚"似的木制弧形吊舱，可供乘客们舒适地倚靠在其中。这些吊舱可以轻松地旋转，既满足了乘客们倚靠休息，又可以帮助乘客从各个方向抵御风雪，不像传统车站只能从特定的方向进行防护。可旋转的吊舱还能鼓励人们移动身体，调整到自己认为舒适的位置，既可以完全背对人群，形成相对私密的空间形式，避免乘客们面对面的窘境，又可以与他人积极互动交流。另外，这些吊舱完全不需要消耗任何能源，便可以提供足够的舒适和温暖。车站主要采用了当地生产的木材，车站所需的少量电能通过于默奥的水电机组提供，维护方面也经过精心设计，不同于传统的候车亭，Station of Being允许除雪机直接通过，在吊舱移开时清除站内的积雪，从而让车站变得更加便利、安全和舒适。

（2）非机动车停放产品

非机动车停放产品是城市交通系统的基础产品之一，主要是为了满足使用者短期存放非机动车的服务产品。根据使用主体的不同，产品可以分为城市公共非机动车停放产品和城市居民自用非机动车停放产品两大类。

①城市公共非机动车停放产品，主要指为满足人们出行换乘、全民健身、旅游观光等需求而在公交站点、地铁出口、居住区、旅游景点等人流密集的区域设置的非机动车租赁点，每个站点设置20~50辆自行车、电动车，如图3-23所示，此类产品一般由服务商亭或自助服务终端、自行车停放架（亭）和锁车器等部分组成。图3-24所示为共享电动自行车及其充电桩。

事实上，共享单车在早期基本上都是由政府部门主导，并且是"有桩"共享单车。但近年来，共享单车出现"野蛮生长"，各级大小城市街头随处可见，基本都是"无桩"共享单车。所谓"有桩"，是指共享单车有固定的停车位置，取车、还车必须到指定区域，便于规范管理和市容整洁；而"无桩"是指共享单车以及共享电动车，无固定停车位置，只要停在适合停车的地方即可，这方便了市

图3-23 城市公共自行
车停放产品

图3-24 城市共享电动
自行车停放产
品（充电桩）

图3-23

图3-24

民出行，但随之而来的乱停乱放，也扰乱了正常的市容秩序。因此，各地都规定或规划了共享单车或电动车的停靠位置以及指示牌，如图3-25所示。

②城市居民自用非机动车停放产品则是专门针对城市居民私人车辆停放而设置的，主要是便于停放有序、整齐和防盗。产品主要由车辆停放架（亭）构成，形式比较简单，造型各异（图3-26）。此外，按照贮存方式的不同，产品还可分为单向垂直排列型、单向斜列型、双向并置型、环岛型及立体型等多种类型。

3.1.7 照明产品

多样丰富且优美的城市空间和景观环境，让人们生活在其中感到舒适、愉快、健康，并有着丰富的物质生活和精神生活内涵。因此，城市照明中的核心要素不仅表现为审美的特征，更是一种感性、主观的意识形态，其含义包括空间、时间、交往、活动、意义等综合内容。

城市照明具体地表现为：城市的广场、街道、公园绿地、住宅区、传统街

图3-25

图3-26

图3-25 城市公共自行车及电动车"无桩"停放及其指示牌

图3-26 城市居民自用非机动车停放产品

区、建筑群或地标性建筑的照明以及人类在其中发生的各种活动等。人们看到的城市照明往往是静态的，只是历史长河的一段时间。城市照明的形成却是个动态的过程，好的景观是人们长时间经营、推敲、锤炼出来的。

城市照明的塑造离不开灯光，特别是夜晚道路照明和景观照明息息相关。与景观照明不同，道路照明对城市景观的作用，首先在于其功能性，即道路照明的效果：照度和亮度、眩光控制、诱导性、光色等指标以及由它们所构成的人工照明环境；其次，路灯本身的艺术性，即路灯的城市家具属性：造型、高度、色彩、布置方式等内容，也是城市景观的重要影响因素。

城市照明产品，泛指以保证人们夜间活动的安全性、信息获取的便捷性以及空间氛围的艺术性等为目的，在公共空间中设置的各种照明产品的总称。照明的对象主要包括城市各级道路、建筑物或构筑物、广场、绿地、商业街以及其他城市家具等。

城市照明产品的创造性运用，不仅提高了人们夜间出行的能见度，延伸了人们夜间活动的空间，增强了安全感，改善了居住环境；而且利用色彩感、层次感、立体感的光照效果，对白日景观加以重塑，清晰地勾勒出城市的结构和天际线，为人们营造了一种安全、舒适、明亮、美丽的夜间生活空间。如表3-9所示，城市照明产品按照功能的不同，主要可以分为道路照明（又称交通照明）和景观照明（又称环境照明）两种形式。

表3-9　照明产品的分类

产品类型	产品特点	典型代表
道路照明（交通照明）	是一种最普遍、最重要的照明形式，产品通常设置于城市各级道路两侧，利用大功率的金属卤化物灯、高压钠灯、LED节能灯为空间提供泛光照明。按照造型的不同，此类产品主要可以分为单臂路灯，双臂路灯、仿古路灯、直杆路灯等	
景观照明（环境照明）	主要指对公共空间中的景观小品、雕塑、水体等进行的局部照明。此类产品通常以色彩、亮度的变化和对比，突出环境夜景的时代性、艺术性和文化性，营造空间氛围，而对功能性则考虑得较少。产品主要包括投射灯、下照灯、埋地灯、水下灯、草坪灯等	

3.2 按产品属性分类

根据产品的属性，城市家具可以分为承载类产品、贮存类产品、遮蔽类产品、管理类产品、装饰类产品、智能类产品和创意类产品七大类，如表3-10所示。

表3-10　城市家具的分类（按产品属性）

类型	产品名称
承载类产品	休闲桌椅、休闲沙发、健身器材、儿童娱乐设施等
贮存类产品	烟灰皿、垃圾箱、邮筒、自行车停放装置、自动售货机、服务商亭等
遮蔽类产品	雨棚、遮阳伞、遮阳篷、休闲廊亭、候车亭等
管理类产品	明视照明产品、路障、路栅、护栏、道路隔离、消声壁、道路指示牌、交通标识、广告栏、广告塔、视觉导向、户外广告、留言板、报刊栏、电话亭、饮水器、公共卫生间、无障碍设施等
装饰类产品	店面招牌、橱窗、大门、雕塑、花架、时钟等
智能类产品	在人们休息、娱乐、健身、游乐等的同时具有充电等智能用途或功用的产品等
创意类产品	为城市街道增添艺术气息，美化和丰富城市公共空间环境的城市家具或空间设施等

3.2.1 承载类产品

承载类产品，也称坐卧凭倚类产品，是人类历史上形成最早的一类城市家具，主要指椅凳、沙发、桌台几、健身器材、儿童娱乐设施、供行人休憩的倚靠栏杆等在公共空间中直接承载人体，供人们坐躺、凭倚、支撑之用的一类家具。这一类户外家具的根本功用是让人们在户外活动时能够得到休息，使人们的身心可以充分地放松，如图3-27所示。值得注意的是，近年来随着室内外空间界限的模糊化，原本特指在室内之用的沙发类产品也得到了延伸与扩展，成为一种新兴的城市家具，在建筑物周围的花园、露台及餐饮场所、商业场所、娱乐场所等户外公共空间广泛使用，既为崇尚阳光和大自然的人们提供了更具休闲感的时尚生活，也成为城市形象的重要载体。

3.2.2 贮存类产品

贮存类产品，又称收纳类产品，主要指以箱、桶、架为主的供人们在公共

图3-27 承载类城市家具

图3-28 贮存类城市家具

空间中，暂时贮存废弃物、书刊、邮件、商品和停放交通工具的一类城市家具。它是为人们在户外生活和活动提供寄存功用的设备，常见的贮存类户外家具有邮筒、烟灰皿、垃圾箱、自行车停放装置、自动售货机、服务商亭、智能储存柜、无人售卖车等，如图3-28。

为了满足使用请求，这一类产品应该做到散布广、数量多、占地小、体量小、可挪动、便于辨认和寻觅。

图3-27

图3-28

75

3.2.3 遮蔽类产品

遮蔽类产品，为人们在公共空间中的各类活动提供了遮蔽、防雨、防风、防阳光、休憩、等候等功能，产品主要由固定、拆装和折叠结构的遮阳伞、遮阳篷、户外帐篷、廊架、候车亭等构成，如图3-29所示。

3.2.4 管理类产品

管理类产品，是一种为保障公共空间中的交通、行人及特殊人群能安全、便利、高效地运转，并完成最终目的而设置的诸如具有照明、交通、信息标识、无障碍等功能的产品，如图3-30所示。

图3-29 遮蔽类城市家具
图3-30 管理类城市家具

图3-29

图3-30

3.2.5 装饰类产品

　　装饰类产品，主要指诸如橱窗、牌坊、大门、雕塑、花架、时钟等既具有功能性，又起到美化环境、创造和烘托空间气氛作用的一类城市家具，如图3-31所示。此类产品可以通过艺术的加工手段，体现出某种鲜明主题或特征，实现产品与用户、产品与环境、产品与文化等多元关系之间的情感互动。

3.2.6 智能类产品

　　智能类产品，主要指诸如在人们休息、娱乐、健身、游乐等的同时具有充电等智能用途或功用的产品。当今社会科技越来越发达，各种智能设备应有竟有，使用最广泛的莫过于手机等移动电子设备，但各种电子设备的电量储备却是有限，因此也产生了各种移动充电设备的应用，但移动充电设备如果长时间在户外使用，其电量也是有限，或是忘记随身携带，或一时找不着，最终还是相当不方便，由此出现了如图3-32所示的利用太阳能技术的充电产品。其实只要细心观察留意，就会发现很多国家很多地区的各种广场、公园、街边、街头都已经出现了越来越多的太阳能装置的服务类设施。此类产品的设计充分表现出以人为本的设计理念，充分思考了人的需求，并经过设备来满足人的这些需求，在供人们交流沟通、休闲活动的场所中，有助于缓解现代人的肉体和精神压力，缓和冷淡的人际关系。

图3-31 装饰类城市家具

图3-31

图3-32A   图3-32B   图3-32C

图3-32D   图3-32E   图3-32F

图3-32G

图3-32H

图3-32 智能类城市家
具（太阳能充
电桩及其家具
产品）
A：草莓树设备充电桩
B：AMEBA太阳能充
电桩
C：City Charge室外移
动太阳能充电桩
D：SOFT Rockers太阳
能躺椅（美国麻省
理工学院）
E：Solar Pump可移动
型太阳能充电站
F：太阳能遮阳伞与充
电桩座椅
G：各种典型太阳能充
电桩
H：太阳能充电座椅

3.2.7 创意类产品

　　创意类产品，是指那些为城市街道增添艺术气息，美化和丰富城市公共空间
环境的城市家具或空间设施。现如今，众多大城市已经凸现出人口密度高、资源

图3-33 创意类城市家具

紧张、环境污染等问题。部分城市家具设计中出现了滥用不可再生材料、污染环境等情况。因此，休闲导向型城市家具设计必须将生态美、自然美、功能美、艺术美的实现放在重要位置。城市家具中生态审美价值的实现，是生态美学原理与城市家具设计相融合与互动，是欣赏色彩、材质在公共服务设施中的运用，这对于提升城市能力、彰显城市特色、提高艺术审美等方面都有一定的推动作用。如图3-33所示的创意类城市家具。

现代城市是一个充满着物流、人流、信息流的流动性空间。人们越来越注重方便、效率、舒适和美感的追求。城市的公共设施——城市家具，不但是城市社会公共性物质生活的必备工具，也是传达关于人的审美、尊严、智慧及社会认

图3-33

图3-33

同和秩序的外在表现。创意类城市家具应当结合城市特色文化底蕴和社会时代发展，将地域文化融入"城市家具"作品，展示城市文化的独特性与魅力，并提倡文化与时尚相结合的设计理念，设计风格不拘，但应与城市环境相协调且美观，造型、色彩、材料、工艺、装饰、图案等元素创新、富有想象力，符合时代审美要求，提升大众生活品位，体现以人为本的理念，实用性强，切合民众需要，能通过创新设计，让生活更便捷、更精彩、更生态、更安全、更亲和、更温馨、更健康、更节能、更环保。

3.3 按产品设置形式分类

3.3.1 嵌固式产品

嵌固式产品，主要指通过螺钉、螺栓、水泥或其他形式将产品固定安装于地面、墙体表面或内部，此类产品设置后一般不再移动或拆卸，结构稳定性和牢固性较高。但值得注意的是，由于产品长期直接面对高温、雨雪、日晒等诸多不利自然因素，容易发生因金属连接件腐蚀生锈造成的各种不安全事故，因而需定期进行产品的维护、保养（图3-34）。

3.3.2 移动式产品

移动式产品，主要指可以根据不同的需求，任意移动设置的一类城市家具。此类产品或在底部、脚端装有移动脚轮，或采用折叠式设计结构，或是具有体积小、重量轻、易搬动等特点。移动式产品是对固定式产品的重要补充，管理人员可以在原有产品不能满足人们使用需求的地段或场所临时放置，具有很强的柔性特点（图3-35）。

图3-34 嵌固式产品
图3-35 移动式产品

图3-34

图3-35

图3-36 悬挂式产品

3.3.3 悬挂式产品

　　悬挂式产品，主要指通过螺钉、螺栓或其他紧固件，将产品悬挂安装于建筑物墙体或其他城市家具表面上（图3-36）。

图3-36

3.4 按产品结构分类

3.4.1 固定式结构产品

固定式结构，主要指产品各部件间通过焊接、水泥黏结剂等连接方式，将金属、石材、混凝土等材料一次性装配而成，不可反复拆装（图3-37）。这种结构虽然可以提高产品的牢固性和稳定性，但为后期的维修保养带来了一定的困难，修费时费力，还常常会因为某一部件的损坏造成整个产品的重新更换。

3.4.2 拆装式结构产品

拆装式结构是城市家具中使用最为普遍的一种结构形式。它主要将家具分解成几大部件，各部件之间采用插接、卡接或螺栓、螺母、螺钉等紧固件组装而成，产品可以多次拆装，便于后期维修保养（图3-38）。拆装式家具制造工艺简单，一方面零部件加工精度高，互换性强，利于实现家具部件标准化和系列化，可以快速响应市场需求；另一方面可缩小家具的体积，便于包装运输。

图3-37 固定式结构产品
图3-38 拆装式结构产品

图3-37

图3-38

图3-39 折叠式结构产品

3.4.3 折叠式结构产品

　　采用翻转或折合连接而形成的能够折动或叠放的产品统称为折叠式城市家具，此类家具运用平面连杆机构的原理，以铆钉、转轴等五金件将产品中各部分（杆件）连接起来。折叠式城市家具不用时可以折动合拢，占地空间小，便于存放和运输；同时，由于其主要部位由许多折动点连接而成，因此其造型与结构受到一定的限制，不能太复杂。这种形式常用于移动式的桌、椅、伞篷类等产品（图3-39）。

图3-39

材料是家具造型和结构的物质基础，是实现家具造型的前提和保障，不同的材料由于其物理性质及化学性质的不同，给人不同的质感和审美情趣。城市家具的材料按照用途可以分为主材和辅材两类，其中主材主要包括木材、石材等自然材料和金属、塑料、混凝土等人工材料。比较而言，在现有产品中，金属、木质和塑料的使用明显多于石材及混凝土。同时，随着新材料、新技术和新工艺的不断产生和发展，城市家具的材料更多采用两种或多种材料搭配设计，产品丰富多变，可以满足不同造型、结构和舒适性的要求。

3.5.1 金属类产品

金属类城市家具，主要指以金属管材、板材及型材组成产品的框架或构件，配以木材、纺织面料、玻璃、塑料、石材等辅助材料制作其他零部件的家具，或全部由金属材料制作的家具。在以钢、铁和合金为代表的现代工业社会，金属材料以其优良的力学性能、加工性能得到广泛使用，同时其自然的材质美、光泽感和肌理效果也形成了材料最鲜明、最富感染力和最有时代感的审美特征，使人产生强烈的视觉冲击和触觉感受。常用的金属类材料主要有铸铁，钢材制成的各种管材、板材及型材。

铸铁是一种使用较早的重要设计材料，质重性脆，无延展性，抗压强度高，表面具有丰富的肌理效果，自然朴实，给人一种厚重的历史积淀感，常用于仿古和欧式风格产品的设计，既承载了厚重的历史，又满足了现代人们寄托怀旧的情绪（图3-40）。钢材则是一种抗拉强度、抗剪强度、弹性、韧性等机械性能都非常卓越的材料。

钢结构家具形态独特，坚硬挺拔，展现出强烈的科技感、现代感和力度感，将艺术性与实用性统一起来，起到画龙点睛的作用，成为空间醒目的视觉中心，烘托空间的整体氛围（图3-41）。此外，为了满足户外使用环境的特殊性与产品耐久性的需求，金属材料必须进行一定的表面涂饰处理，表面涂饰的具体方法和工艺流程根据不同视觉效果而异，例如静电粉末喷涂可以使家具产生平整、光亮、绚丽的色彩；电镀则可达到光可鉴人的视觉效果。

图3-40 铸铁材料产品

图3-41 金属类城市家具

图3-40

图3-41

3.5.2 塑料类产品

塑料类城市家具，即全部由塑料材料制成的产品，或以塑料板材、管材、异性材等组成产品的主要框架或构件。塑料是一种高分子聚合物，又称高分子或巨分子，是由众多原子或原子团以共价键结合而成的大分子化合物，具有优良的成型性、加工性、装饰性、耐水性、耐腐蚀性、耐磨性等特点，材料质轻而无色透明，可以任意着色，强度高，常温及低温均无脆性。

塑料是一种变化多端的材料，种类繁多，主要包含通用塑料、工程塑料和特种塑料3种，其中通用塑料中的聚乙烯（PE）、聚丙烯（PP）、聚氯乙烯（PVC）广泛应用于城市家具。塑料可以通过注塑成型、挤出成型、压制成型、热成型、压延成型、滚塑成型、浇铸成型、搪塑成型等成型工艺加工成人们想要的任何形状，这为产品形态设计的多样性提供了可能。但受阳光、风雨等自然应力长时间作用后，塑料会发生老化、褪色、开裂、强度下降等现象，因而要考虑使用周期，或常与金属、木材、石材等材料搭配使用。同时，由于塑料可以使产品的造型取得良好的艺术效果，在许多创意类、装饰类产品设计中得到广泛采用，产品造型丰富多变、色彩艳丽（图3-42）。

3.5.3 木材类产品

木材是一种质地精良、感觉优美、易于加工成型的自然材料。但作为一种生物有机体，木材在户外环境中极易受自然季节、水分湿度、虫害等因素的影响，发生变形、开裂、翘曲、扭曲、虫蛀、霉变等现象，使之失去本来应有的使用价值和商业价值。因此，为了克服天然木材的缺点，适应户外环境的特殊要求，充

图3-42 塑料类城市家具

图3-42

分合理地利用材料，传统木材只有经过特殊的防腐、抗菌处理才能弥补缺陷，达到长寿的同时保持木材在自然景观中具有美感的要求。目前市场上常用的木质材料主要有水曲柳、柳桉、黄菠萝、樟子松和赤松等经过防腐处理的天然木材以及诸如柚木等自身具有一定耐腐性的材料。经过防腐处理后的木材可以设计制成各种造型、结构和功能用途的城市家具产品，如图3-43所示。

此外，木材作为一种与人类最亲近、最富有人情味的设计材料，具有其他人工材料无可比拟的自然特性。一方面，因年轮和木纹方向的不同，木材会形成各种粗细直斜的纹理，赋予了木材生活的气息，给人淳朴古雅、舒适自然、亲切柔和的视觉感受；另一方面，受周围环境、生物危害等因素影响，木材在生长过程中会产生诸如节子、树瘤、变色、腐朽等不规则缺陷，这也为其表面纹理增添了一丝偶然性与自然情趣。因而，设计中可以充分利用这种自然赋予材料的美学特征，物尽其用。

3.5.4 木塑类产品

现今，由于天然林木资源已被人类过度开发，剩余资源用于维持生态平衡的价值远大于加工利用，因而各种生物型复合材料开始兴起。其中，木塑料复合材

图3-43

图3-43 防腐木城市家具

料发展迅速，成为世界上许多国家优先推广应用的新型材料之一，正逐步替代木材在城市家具中的使用。木塑料复合材料（wood-plastic composites）主要以竹粉、稻壳、麦秸、棉秆等天然植物纤维材料为基础材料，并与聚乙烯（PE）、聚丙烯（PP）等聚烯烃和聚苯乙烯（PS）、聚氯乙烯（PVC）等热塑性塑料按照一定的比例混合，经挤出（或压制）制成一种可逆性循环利用的多用途绿色环保型材料。由于木塑复合材料兼有木材和塑料的特点，因而具有质轻、易于加工、强度高、吸水性小、耐虫蛀、耐腐蚀、环保等优良特性，在视觉和触觉上与木材纹理质感相似，给人一种温暖、舒适的自然感。随着生产技术的不断完善，用其制成的城市家具种类越来越多，使用范围也越来越广，产品主要包括休闲桌椅、休闲廊亭、垃圾箱、护栏等（图3-44）。

通常情况下，在木塑复合材料制成的产品中，多采用利用螺钉、螺栓和铆钉等机械连接件将若干个零件、部件和配件按照一定的结构形式装配而成。螺栓连接较之于螺钉和铆钉两种形式，因具有充分的紧密性和韧性，制作施工方便、承载力大、反复载荷作用下疲劳强度高、安全可靠、美观等优点，常用于产品主承力构件的连接。但现阶段，由于针对此种材料的研究相对较少，设计中各种参数的设定多是参考木质材料制品的相关标准和经验值确定的。而就木塑复合材料本身而言，由于其兼具木材和塑料两种材料的特性，因而在产品的实际应用中，如何通过材料的合理应用，既能满足产品基本的力学性能要求，避免构件发生脆性破坏等不安全因素，又能提高原材料的利用率、降低成本，成为未来产品设计中应重点解决的问题。

3.5.5 石材及混凝土类产品

石材是一种质地坚硬耐久而感觉粗犷厚实的自然材料，多数皆具有耐腐蚀、

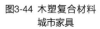
图3-44 木塑复合材料
城市家具

图3-44

耐压磨等特性，常用于固定式公共休闲产品，具有悠久的历史。早在远古时期，人类就开始用石块等物品作为简易的户外家具使用；在中国古典园林造景中，石制坐具无论是在南方的私家园林还是北方的皇家园林，都是一种重要的小品形式，穿插于亭、台、楼阁等处供人们休闲娱乐之用。

在现代城市家具设计中，石材一般以大理石和花岗岩为主，一方面可以通过雕刻等工艺制作出各种固定式仿古休闲坐具，放置于石材建成的古典建筑周边，体现厚重的历史文化感；另一方面也可与木材等暖色调的材料配合使用，这样既可以避免因石材大面积使用而给人产生的冰冷感，又可与木材细腻的肌理产生强烈的对比效果，突出石材的沉重丰厚、肌理粗犷的材质美感（图3-45）。

混凝土同样是一种传统的设计材料，广泛应用于街道、公园、居住区等公共空间的休闲产品中。一方面，混凝土制成的公共坐具价格低廉，既可以通过提前预制的方式将其浇筑成各种需要的造型直接安装，也可以根据不同的需要进行现场施工，灵活便利；另一方面，这类坐具坚实耐用，后期维护成本较低。同时，随着现代户外行为艺术的发展，混凝土及砖材制成的公共坐具也成为一种艺术的载体，如图3-46所示，人们通过涂装和造型等不同的手段将原本呆板的坐具设计成富有活力的装置艺术作品，为空间增添一丝艺术气息。

图3-45 石材类城市家具
图3-46 混凝土类城市家具

图3-45

图3-46

图3-47 多种材料混合
类城市家具

3.5.6 混合类产品

基于生态与绿色理念的要求，城市家具的设计重点关注其原材料获取、生产、运销、使用和处置等整个生命周期中密切考虑到的生态、自然、人类健康以及安全问题。具体而言，就是应该考虑选择对环境影响小的原材料，减少原材料的使用，优化加工制造技术，减少使用阶段的环境影响，优化产品使用寿命及产品的报废系统。城市家具是城市景观的重要组成部分，理应提倡环保、生态、节能、自然，如图3-47所示，其设计要注重多种材料的混合应用，且要选材经济、设计精美、环保绿色、安装简单，赋予城市家具新的生命，使其能够传递地域特征意象，反映城市文化的价值取向。

图3-47

3.6 本章小结

　　本章首先通过对现有产品及相关文献资料的调研，明确国外城市家具的产品系统及分类方式，并结合北京、上海、杭州、南京、青岛以及美国纽约、华盛顿、费城、新奥尔良等国内外城市的调研成果，运用分类学、产品设计等相关学科的知识，构建了城市家具的产品系统及其分类体系，并得到了如下结论：

　　①按照产品功能的不同，城市家具可以分为公共休闲产品、游乐健身产品、公共卫生产品、便捷服务产品、信息标识产品、交通产品、照明产品七大类。公共休闲产品作为一种与人们日常生活接触最为密切的产品，按照基本形式的不同还可以进一步分为休闲廊道（架）、休闲亭（篷）、休闲座椅、休闲桌椅组合等。其中，休闲座椅造型丰富，种类繁多，应用最为广泛。

　　②根据产品的属性，城市家具可以分为承载类产品、贮存类产品、遮蔽类产品、管理类产品、装饰类产品、智能类产品、创意类产品七大类。

　　③按照产品设置形式的不同，城市家具可以分为嵌固式、移动式和悬挂式3类。其中，嵌固式产品结构的稳定性和牢固性较高，占城市家具的多数。

　　④根据产品的结构形式，城市家具可以分为固定式、拆装式和折叠式。其中拆装式产品具有利于实现家具部件标准化和系列化、可缩小家具的体积、便于包装运输等优点。

　　⑤按照产品主材的不同，城市家具可以分为金属类、塑料类、木材类、木塑类、石材及混凝土类。同时，随着现代材料科技的不断发展，兼有木材和塑料特点的木塑复合材料，因具有质轻、易于加工、强度高、吸水性小、耐虫蛀、耐腐蚀、环保等优良特性，成为世界上许多国家优先推广应用的新型材料之一，正逐步替代防腐木材在城市家具中的使用。另外，多种材料的混合使用，为城市家具的艺术造型、结构功能以及环境融合、生态绿色等提供了无限可能。

陆沙俊. 城市户外家具的人性化设计研究[D]. 无锡: 江南大学, 2004.

百度. 公共设施[EB/OL]. http: //baike. baidu. com/link?url=XMJT8R9mGz_vGWE JijlluVdkt6T9E7fMY2be_PVjs6rpBQNGtlDEzfLgpfnlO_NjtUFlQztGD-gL_Q77gjc0Wq, 2014-08-11.

国家体育总局. 室外健身器材的安全 通用要求: GB 19272—2011[S]. 北京: 中国标准出版社, 2011.

王洪阁. 公共环境中的儿童游乐设施设计研究[D]. 天津: 天津大学, 2008.

王艳敏. 基于易用性理论的城市公共厕所设计研究[D]. 天津: 河北工业大学, 2007.

徐键. 城市垃圾回收设施设计研究[D]. 无锡: 江南大学, 2007.

中华人民共和国住房和城乡建设部, 国家市场监督管理总局. 城市环境卫生设施规划标准: GB/T 50337—2018[S]. 北京: 中国建筑工业出版社, 2018.

汤重熹. 城市公共环境设计[M]. 乌鲁木齐: 新疆科学技术出版社, 2004.

中华人民共和国住房和城乡建设部. 城市公共厕所设计标准: CJJ 14—2016[S]. 北京: 中国建筑工业出版社, 2016.

全斌. 基于城市形象的公共空间视觉导向系统设计研究[D]. 苏州: 苏州大学, 2011.

文增, 林春水. 城市街道景观设计[M]. 北京: 高等教育出版社, 2008.

中华人民共和国住房和城乡建设部. 城市公共汽、电车候车亭: CJ/T107—2013[S]. 北京: 中国标准出版社, 2013.

周关松, 吴智慧, 匡富春, 等. 户外家具[M]. 北京: 中国林业出版社, 2012.

张福昌, 张寒凝. 折叠及折叠家具[J]. 家具, 2002(4): 13-19.

《金属家具制造》编写组. 金属家具制造[M]. 北京: 中国轻工业出版社, 1986.

江湘芸. 设计材料及加工工艺[M]. 北京: 北京理工大学出版社, 2003.

杨鸣波, 黄锐. 塑料成型工艺学[M]. 北京: 中国轻工业出版社, 2007.

吴智慧. 室内与家具设计: 家具设计[M]. 北京: 中国林业出版社, 2012.

李玉栋. 防腐木材应用指南[M]. 北京: 中国建筑工业出版社, 2007.

克列阿索夫. 木塑复合材料[M]. 王伟宏, 宋永明, 高华, 译. 北京: 科学出版社, 2010.

鲍诗度, 王淮梁, 孙明华, 等. 城市家具系统设计[M]. 北京: 中国建筑工业出版社, 2006.

中国公共艺术研究中心. 公共休闲服务设施系列[EB/OL]. [2018-09-25]. http: //www. yidianzixun. com/article/0K8AvnAy.

佚名. 这样的景观凳创意设计, 才真的是人性化! [EB/OL]. [2017-06-19]. https: //www. sohu. com/ a/150077191_247689.

鲍诗度, 宋树德, 王艺蒙, 等. 城市家具建设指南[M]. 北京: 中国建筑工业出版社, 2019.

匡富春. 城市家具产品系统构建及其公共休闲产品的功能性设计研究[D]. 南京: 南京林业大学, 2015.

Escofe. Streets cape[EB/OL]. [2014-05-10]. http: //www. escofet. com/pages/proyectos/indice. aspx?ldF=1&SessionRemove=1.

Wike. Wikimedia commons[EB/OL]. [2014-05-03]. http: //commons. wikimedia. org/wiki/%E9%A6%96%E9%A1%B5?uselang=zh-cn.

第4章
城市家具公共休闲产品的调研与分析

随着现代户外休闲理念的深入人心，越来越多的人开始由室内走向户外，亲近自然，放松身心，追求精神上的愉悦和满足。公共休闲产品作为城市公共空间的构成要素，成为人们日常生活中接触最为频繁的一类城市家具产品，它不仅为人们的户外休闲生活提供了必要的物质支持，让人们可以安坐下来，歇息，交流，悠然地享受生活的美好；而且高品质的休憩环境还可以使用户获得更多的精神享受和情感体验，引发更有魅力和更有价值的社会活动，催生出多彩的城市精神生活。因而，本书后续内容将以公共休闲产品为研究的对象，对产品的功能性设计进行探讨与分析。

4.1 城市家具公共休闲产品调研的内容与方法

4.1.1 调研内容

为了解我国现有城市家具公共休闲产品的类型、空间配置方式、用户群体构成、用户行为类型、产品的使用现状等问题，本研究选取了城市居住区和商业步行街这两个人们日常生活中接触最多、使用最为频繁的城市公共空间，对场所中现有休闲产品进行了实地调研。同时，通过用户访谈的形式，就使用者的使用感受、意见与建议等方面问题展开访谈，分析总结了现有产品在设计上存在的问题和不足。

城市家具公共休闲产品的类型在章节3.1.1中已经进行了详细界定，按照功能载体的不同，可以分为典型休闲产品和非典型休闲产品两大类别。其中，第二类非典型休闲产品，由于其提供功能的物质载体属于建筑景观范畴或具有偶然性的特点。因此，本章将主要针对第一类的典型休闲产品进行深入分析。根据实际情况，选取了青岛敦化路、青岛十五大街和青岛湖光山色3个城市居住区和上海南京路、南京狮子桥和青岛台东3个城市商业步行街作为实地调研和用户访谈的调查样本进行相关研究。

4.1.2 调研方法

通过实地调查，对上述城市典型场所中现有公共休闲产品的类型、空间配置方式、用户群体构成、用户的主要行为类型、使用现状等内容进行深入研究。

本章在前期实地调研的基础上，通过对两个不同类型空间中现有产品用户群体构成的统计分析，选择了一定数量的典型使用者，就用户的使用感受、不满意之处、意见建议等方面问题进行深入访谈，以获取不同用户群体的使用需求、对现有产品功能性设计的意见和建议。其中，居住区用户访谈共计14人，包括青少年儿童、中青年和老年3个年龄阶层的用户群体；商业步行街使用者10人，涵盖了中青年和老年两个年龄阶层的使用者。

结合实地调查和用户访谈资料，整理、分析现有产品在功能性设计上存在的问题和不足，并结合国外公共休闲产品设计的先进经验，总结现有产品设计滞后的原因。

4.2 城市居住区公共休闲产品的调研
分析

4.2.1 相关背景概述

如表4-1所示，本研究在青岛共选取了3个结构较完善，具备集中绿地、宅间绿地或休闲广场的成熟居住区作为典型调查研究样本，就居住区现有产品类型、空间配置方式、用户群体构成、主要用户行为等问题进行深入调研。

4.2.2 实地调研分析

4.2.2.1 产品的类型

通过实地调研发现，在选定的3个城市居住区公共空间中，设置的主要休闲产品有休闲廊道（架）、观景亭（篷）、休闲桌椅组合、休闲座椅4种类型。其

表4-1 城市居住区公共休闲产品的研究样本概况

居住区名称	背景概况	空间形态图示
青岛敦化路	青岛敦化路居住区建于1995年，总占地面积49 000m²，建筑面积53 000m²，居民2 500户。居住区建有500m²的海泊河文化广场，健身路径6处，便于居民休闲、娱乐、健身、集会活动	
青岛十五大街	青岛十五大街建于2011年，总占地面积68 831m²，建筑面积327 000m²，居民2 820户。居住区毗邻青岛台东商业街区，建有4个主题广场，配套设施完善	
青岛湖光山色	青岛湖光山色居住区建于2005年，总占地面积200 000m²，建筑面积280 000m²，居民1 200户。居住区配有完善的公用设施，且在中央区域有一处面积约为15 000m²的天然湖泊，沿湖设置木栈观景道及亭廊	

中，根据产品造型的不同，休闲座椅主要有直线型、曲线型、群组型、兼用型等类型。

如图4-1所示，在现有产品中，直线型休闲座椅和兼用型休闲座椅两种产品应用较为广泛，种类繁多，组合形式也相对多样，为人们在公共空间中的读书、看报、观景、交流等休闲行为提供了丰富的物质载体。休闲桌椅组合虽然在每个居住区中都有设置，但数量相对较少，多集中于楼宇宅间绿地、休闲广场等人群较为密集的空间。而观景亭（篷）则相对较少，只存在于青岛湖光山色一个居住区中，这主要是由于此类产品主要设置于景观湖等自然景色较好的静态空间，为人们提供观景、乘凉、遮蔽等功能；而其他两个居住区或因面积较小或由于建成年代较为久远，都未设置大型水体景观空间，因而空间中无此类产品。

例如，在对青岛湖光山色居住区的实地调研中发现，整个小区休闲产品的配

图4-1 3个居住区现有
　　　公共休闲产品
　　　类型统计
A: 青岛敦化路居住区
B: 青岛十五大街居住区
C: 青岛湖光山色居住区

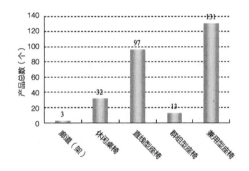

图4-1A

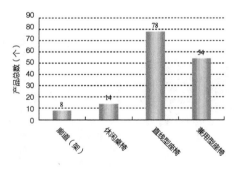

图4-1B

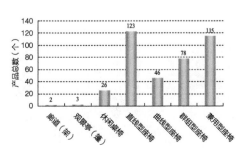

图4-1C

置相对完善，设计通过点、线、面的构成方式将产品分布于道路两侧、沿湖木栈道、楼宇之间的花坛、休闲广场等区域，能够较好地满足人们的日常户外生活需求。通过统计发现，该居住区主要沿景观湖和道路两侧共设置廊道（架）2个，观景亭（篷）3个，休闲桌椅组合26个，休闲座椅362个。其中，木质和金属材料的直线型休闲座椅共123个，主要设置于道路和沿湖周边的木栈道；依附于观景亭、景观轴和木栈道设计的兼用型休闲座椅115个；石材的曲线型休闲座椅46个，主要设置于楼宇之间的植物、绿化附近；而设置于休闲广场、景观绿化、景观周边的群组型产品共5处，休闲座椅共78个（图4-2）。

图4-2 居住区公共休闲产品的类型
A：廊道
B：观景亭（篷）
C：休闲桌椅
D：直线型休闲座椅
E：兼用型休闲座椅
F：曲线型休闲座椅

4.2.2.2 产品的空间配置方式

城市居住区公共休闲产品的空间配置方式对于产品的功能实现也是至关重要的，产品并非多多益善，也不能像种植行道树那样，沿道路两侧按照一定的间距均匀布局，这样不仅不能提高空间的品质，而且会造成资源浪费或紧缺情况。常言道"人尽其才，物尽其用"，公共休闲产品的配置方式必须服从所在空间环境的整体功能性，并根据空间环境功能及人的行为，预测整个环境在不同季节、不同时段中坐具的使用方式和使用频率，进行合理地布局处理，才能满足人们便捷、舒适的休闲需要。

按照空间序列的不同，居住区公共空间可以概括性地分为轴线空间、节点空间和过渡空间3种类型。轴线空间，一般为空间的基准线、景观轴线、交通动线以

图4-2A   图4-2B   图4-2C

图4-2D   图4-2E   图4-2F

图4-3 青岛敦化路居
住区典型休闲
产品的配置分
布图

图4-4 青岛十五大街
居住区典型休
闲产品的配置
分布图

及人的活动流线等。节点空间，就是在公共空间中的控制点，它在实际中以休闲广场、景观绿地、转折空间等形式出现，是居住区人流量较大、户外休闲行为较集中发生的区域。而过渡空间则是指两种不同性质的空间在彼此连接时，产生相互作用的一种空间形式，轴线空间和节点空间向建筑内部私密性过渡的建筑入口空间和宅间小路就是其典型代表。

通过研究发现，城市居住区现有产品按照轴线空间、节点空间和过渡空间的空间序列变化呈现出不同的配置方法，如图4-3~图4-5所示。

（1）轴线空间

①沿交通动线的产品配置方法

沿交通动线的产品配置方法，即按照一定的间隔距离在主要干道两侧的人行

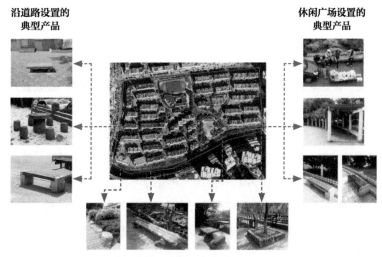

图4-3

图4-4

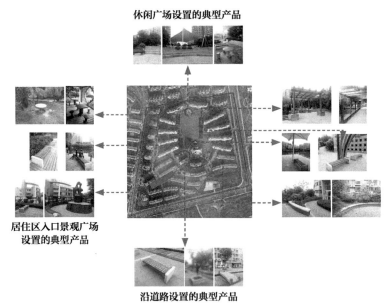

休闲广场设置的典型产品

图4-5 青岛湖光山色
居住区典型休
闲产品的配置
分布图

**居住区入口景观广场
设置的典型产品**

沿道路设置的典型产品

图4-5

道上设置一定数量的公共休闲产品。它是一种最基本、最传统的产品设置方式，常常与诸如电话亭、报刊栏、卫生箱等其他类型城市家具一起设置，形成道路中的休闲节点空间。在所选定的3个居住区样本中，此方法多采用直线型休闲座椅、兼用休闲座椅和休闲廊架3种类型，产品的设置一般距城市地下管道、管线的边缘不小于2m，与架空高低压电线保持至少3m的水平距离，远离易燃、易爆和有毒、有害的物品等，同时为保证使用的安全性和正常的步行交通秩序，产品常与人行道保持一定的距离，设置于面向人行道的内侧空间或背向人行道绿化带的转角、袋状空间。

根据调查发现，此种配置方式虽然应用最为广泛，但服务效果不明显，资源利用率较低，常常出现因年久失修造成的产品损坏、脏乱差等现象，受到人们的冷落。在面对此类产品时，休憩行为多是发生在逼不得已的情况下，人们或是将随身携带的物品放在产品上，自己站在一旁短暂休息；或是找出随身携带的报纸、杂志、纸巾等物品铺在产品表面，短暂休息后便离开。同时由于使用者素质参差不齐，很多用过的杂物被留在原地，造成环境的二次污染（图4-6）。

②按景观轴线的产品配置方法

早期居住区的景观环境往往被人们所忽视，景观布置多以简单的公共绿地、喷泉、雕塑等轻描淡写地略过。而在现代社会，随着物质生活水平的不断提高，景观环境的营造几乎渗透到了居住区公共空间的各个角落，诸如海景、江景、山景、人工湖、人工水景等自然景观与人造景观交织在一起，营造出不同的景观效

图4-6 沿主干道设置
休闲产品的使
用行为随机观
察样本

图4-6

果，人们漫步于此，按照一定的景观路径，可以感受到不同的景观序列和景观意境。而我们这里所说的按照景观路径设置休闲产品的方式，就是在人们所经过的景观步行道、木栈道上，根据景色的不同变换效果、优美与否，决定是否设置产品和设置的数量等问题。就产品设置的位置而言，按景观路径配置与前面所讲的主干道的配置方法类似，但两者却有着本质上的区别，前者强调的是产品通过不同的配置方式主动引导人们的观景、娱乐等休闲行为发生，是一种对富于节奏美与韵律美的居住区景观环境的深化；而后者则是按照一定的距离间隔设置产品，被动满足用户的休闲行为。

根据实地调研发现，按居住区景观路径的配置方法多采用直线型休闲座椅、群组型休闲座椅、兼用型休闲座椅、休闲廊架、观景亭（篷）等产品。如图4-3和图4-5中青岛敦化路居住区、青岛湖光山色居住区两个案例所示，景观路径的配置方式通常情况下是按照点、线、面结合的方法进行。点，主要指按照主要用户群体的步行能力确定间隔距离设置一定数量的直线型或兼用型休闲座椅；线，主要是在景色较好，利于人们休闲的区域连续设置一定数量的休闲座椅或廊道（架）等适合多人使用的产品；而面则是在景观中心区域设置观景亭（篷）、群组型休闲座椅及休闲桌椅组合等多种产品（图4-7）。此种配置方式服务效果比较好，资源利用率高，例如在青岛湖光山色居住区入口处以水景为主题的中央景观轴步行道附近，一般都会聚集较多的使用人群，特别是人工流水景观附近更是成为儿童游玩戏水、家长社交会友、老人棋牌娱乐的休闲场所。

（2）节点空间

节点空间是居住区公共空间体系中最重要的组成部分，在人们的户外休闲生活中占有相当大的比重，也是休闲产品主要的使用场所。在休闲广场、公共绿地等节点空间，休闲产品多通过直线型休闲座椅、曲线型休闲座椅、群组型休闲座椅、兼用型休闲座椅、休闲廊道（架）、观景亭（篷）等产品综合利用实现空间的休闲功能，并按照空间不同的形态分别设置于空间入口、景观绿化、水体雕塑、户外健身场所等人流密集且利于休闲行为发生的区域。

第一，在入口两侧、四周的边界空间等位置，一般会按照场地的轮廓和景观绿化走向，在背靠植物、护栏或矮墙，面向空间的开阔地带间隔设置一定数量的直线型休闲座椅、曲线型休闲座椅、兼用型休闲座椅或休闲廊道（架），这样可以满足人们观景、看人的需求，尤其是对行动不便的老年人来讲，适宜的观望行为有助于产生参与感，也是排解压力、孤寂和抑郁的重要手段（图4-8）。同时，按照空间走向的设置方法，还可以借助其形态的凹凸变化形成私密性较强的转角和袋状空间，增强使用者的领域感和安全感。

第二，在设有景观雕塑、水体、户外健身产品等体量较大的空间中，通常会根据空间的大小情况，或在景观小品、植物绿化四周的边界位置，面向景观设置直线型休闲座椅、曲线型休闲座椅、兼用型休闲座椅；或利用群组型休闲座椅在景观小品的周边形成一个单独的休憩空间，满足观景、读书看报、社交等多样性的用户需求。同时，为了方便人们社会交往性活动的开展，形成具有内向型的场所，群组型坐具一般利用多种形式的坐具围合成"L"型或"U"型，也可以避免与陌生人形成面对面直视的尴尬情况。此外，如图4-9所示，在这类空间中，还会借助景观雕塑的高台、水池的边缘、花坛等形成非典型公共休闲产品，辅助使用。

第三，在节点空间的中心区域，为避免人流聚集妨碍人们动态休闲活动的发

图4-7

图4-8

图4-7 景观轴线中点、
　　线、面的产品配
　　置方式

图4-8 节点空间中边界
　　位置的利用

生，一般不会设置独立的休闲座椅。多数情况下会利用空间高度变化形成的台阶满足人们临时性休闲行为的需要（图4-10）。

（3）过渡空间

通过调查发现，产品在过渡空间中的配置方式，根据居住区公共空间形态的不同呈现出以下3种。

第一，针对落成较早的、以线性空间为主的居住区，由于在空间设计时缺乏配套的大型户外公共活动场地，因而两座建筑之间的宅间小路和楼间绿化区域就成为人们日常户外休闲活动的主要区域，休闲产品以休闲桌椅组合和直线型休闲座椅为主。

第二，针对建设有休闲广场、景观绿地、景观步行的居住区而言，过渡空间并非人们日常户外休闲活动的主要区域。因而，通常或借助花坛、水池形成非典型的休闲产品，或间隔设置相对简单的休闲座椅、休闲桌椅组合，满足人们必要的休憩行为和老年群体的户外休闲活动需求。

第三，就围合式居住区公共空间而言，过渡空间的体量较大，各种景观小品、绿化贯穿其中，是居民日常户外活动的主要区域。因而，如图4-4中青岛十五大街居住区所示，产品通常在不影响正常步行交通的情况下，合理地设置在空间四周的边缘位置和景观绿化、景观小品周边，且产品的种类相对齐全，层次感强。

4.2.3 产品的用户行为及其使用情况分析

为了进一步研究城市居住区公共休闲产品的用户群体构成、用户行为特征及现有产品的使用情况等相关内容，本研究结合3个居住区的实际情况，共选择青岛敦化路居住区文化休闲广场、青岛敦化路居住区沿河景观木栈道、青岛十五大街居住区楼前休闲广场和青岛湖光山色居住区中央景观轴4个观察点，进行了共

图4-9 景观雕塑附近的
　　　 非典型公共休
　　　 闲产品

图4-10 动态空间中的
　　　　非典型公共休
　　　　闲产品

图4-9

图4-10

计6次的全天性调查以及3次补充调查，分别覆盖了人们户外休闲活动比较活跃的春夏两季和活动比较稀少的秋冬季。其中，全天性调查分别在清晨时段（7:00—9:00）、上午时段（9:00—12:00）、中午时段（12:00—14:00）、下午时段（14:00—17:00）和傍晚时段（17:00—19:00）5个时间段，每间隔1h以10min为一个时间段统计，对空间内休闲产品中所发生的使用频次、用户群体构成、主要使用行为等内容进行记录。产品的使用频次取平均值作为本时段的产品使用频次。

城市居住区公共休闲产品使用情况调研汇总表如附录A所示。

4.2.3.1 产品的用户群体构成分析

根据调研资料（附录A），通过对4个观察点现有城市居住区公共休闲产品的使用者统计发现，不同类型空间中产品的用户群体构成情况表现出相似的规律，按照用户年龄的不同，由多到少依次为老年人、中青年人和少年儿童，如图4-11所示。

其中，老年用户群体共计356人次，占4个空间中产品用户总人数的49%，远高于其他两个用户群体，他们的使用行为主要集于上午、下午和傍晚等多个时段，或与友人聊天、下棋、打牌，或照看年幼的孩童，或独自一人读书、看报、观景娱乐。这主要是由于老年人退休后，个人的重心转入家庭生活，闲暇时间逐渐增多，同时由于受身体条件的限制，他们每天绝大多数的户外休闲活动都是集中于住宅所在的居住区公共空间中。中青年用户共计241人次，占4个空间中产品用户总人数的35%，此类用户由于日常工作繁忙，因而使用行为多集中在傍晚时段。他们一般在晚饭后外出散步，与朋友家人小憩、短暂聊天，有幼儿的青年夫妇还会陪伴自己的孩子出来游戏。而青少年儿童所占比例相对较少，随着下午时段周边学校和幼儿园逐渐下课放学，该用户群体开始加入产品的主要用户群体当中（图4-12）。

此外，经过前期调查发现，由于住户年龄构成存在一定的差异性，因而不同居住区所体现出的产品使用规律也有所不同。如图4-13所示，在户外活动比较活

图4-11 公共休闲产品的
用户群体构成
A：青岛敦化路居住区
文化休闲广场
B：青岛敦化路居住区
沿河景观木栈道
C：青岛十五大街居住
区楼前休闲广场
D：青岛湖光山色居住
区中央景观轴

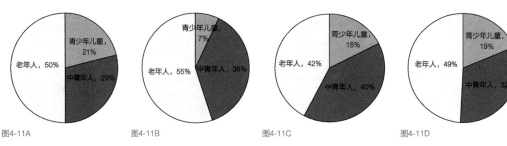

图4-11A　　　　图4-11B　　　　图4-11C　　　　图4-11D

跃的春夏季，在3个小区所选定的4个调研观察点中，青岛敦化路居住区休闲广场的使用频率最高，上午时段平均为25人次，下午时段为46人次，而青岛十五大街的楼前休闲广场的使用频率最低，上午时段仅有5人次，下午时段虽有所提升，但也仅仅只有24人次。通过对3个居住区的居民构成分析（数据来源于各社区所在街道办事处），这种现象不难解释。如图4-14所示，建于20世纪90年代的青岛敦化路居住区主要由原吴家村改造回迁房和商品房共同构成，其中42%的居民为老年人，50%的是中青年人，8%的是青少年儿童；而青岛十五大街居住区是近年来新

图4-12 傍晚时段公共
休闲产品的使
用情况

图4-13 两个时段不同
休闲产品的使
用情况

图4-14 不同居住区的
主要年龄构成

图4-12

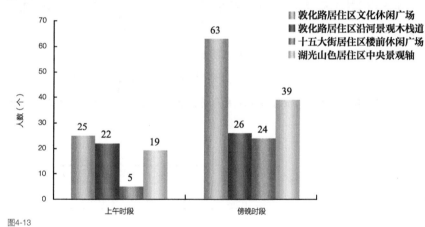

图4-13

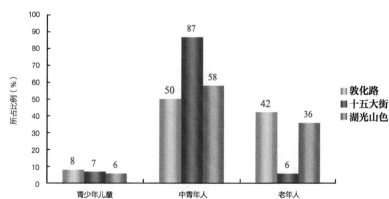

图4-14

107

建成的，仅有6%的老年用户群体，超过87%的为中青年上班族，因而上午时段产品的使用率极低，仅在下午下班之后的时间有少数居民会来到楼下休闲放松。由此可见，居住区居民不同的年龄构成对公共休闲产品的使用规律有着较为显著的影响。

4.2.3.2 产品的用户行为分析

（1）产品中的典型用户行为

根据实地观察调研资料（附录A），人们在城市居住区公共休闲产品的使用中，主要包括交谈、棋牌娱乐、游戏、伴随照看小孩、小憩、阅览、观望、织毛衣、整理服装、晒太阳、餐饮、玩手机等众多休闲行为。为了便于统计和分析，将上述主要的用户行为概括性地分为交谈、棋牌娱乐、游戏、伴随（照看小孩）、独处自娱和观望6种典型用户行为。同时，在调研中发现，通常情况下人们的休闲行为可能是伴随2种或2种以上的活动同时发生，例如人们可能在伴随照看小孩的同时，同时进行交谈等行为，因而在行为频率的统计中我们只记录用户最主要的行为。

通过对公共休闲产品中不同用户行为的发生频率统计发现，在上述4个居住区公共空间中，用户的交谈行为、独处自娱行为、伴随行为和观望行为是发生频率最高的4种典型产品使用行为，如图4-15所示。

用户的交谈行为通常发生在由兴趣爱好相投的人组成多种形式的具有强烈内聚力的群体中，他们一般选择在休闲广场、景观绿道、楼宇之间的多人休闲产

图4-15 城市居住区公共休闲产品的用户行为发生频次统计

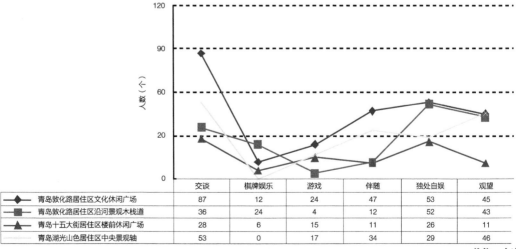

	交谈	棋牌娱乐	游戏	伴随	独处自娱	观望
青岛敦化路居住区文化休闲广场	87	12	24	47	53	45
青岛敦化路居住区沿河景观木栈道	36	24	4	12	52	43
青岛十五大街居住区楼前休闲广场	28	6	15	11	26	11
青岛湖光山色居住区中央景观轴	53	0	17	34	29	46

单位：人次

图4-15

108

品和休闲廊亭中聊天娱乐。独处自娱行为主要指独自一人或与亲人坐在广场、湖边、河边等视野开阔、景色较好的区域读书、看报、享受阳光等非互动性休闲活动。伴随行为主要指在休闲广场、景观绿地等空间中，陪伴年幼儿童玩耍的用户群体的使用行为，他们一边照看儿童，一边与周边的友人交谈聊天。而观望行为，则是指在休闲广场、景观绿地、景观湖等环境中，对空间中有趣的人、事或景色进行观望，期望获得独特的视觉与心理体验的用户行为，如图4-16所示。

（2）不同类型公共空间与用户行为

人们户外休闲行为的发生虽然具有随意性、差异性和多样性等特点，但这些行为的发生却与其所在公共空间类型有着千丝万缕的联系。例如图4-17所示的青岛敦化路居住区休闲广场和青岛敦化路居住区沿河景观木栈道两个不同类型公

图4-16 城市居住区公共休闲产品的典型用户行为
A：交谈行为
B：独处自娱行为
C：伴随行为
D：观望行为

图4-17 不同空间中公共休闲产品用户行为的统计
A：青岛敦化路居住区休闲广场
B：青岛敦化路居住区沿河景观木栈道

图4-16A

图4-16B

图4-16C

图4-16D

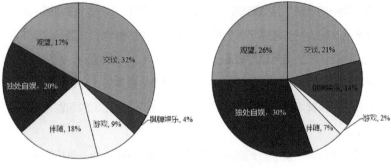
图4-17A
图4-17B

共空间中，产品不同的用户行为所占的比例有所差异。通过分析我们可以发现，在休闲广场空间中典型的产品用户行为依次为交谈行为、独处自娱行为、伴随行为、观望行为、游戏行为和棋牌娱乐行为；而在沿河景观木栈道空间中，用户行为所占的比例则略有不同，依次为独处自娱行为、观望行为、交谈行为、棋牌娱乐行为、伴随行为和游戏行为。

这主要是由于休闲广场作为一种拥有较大活动场地的节点空间，往往是人流密集且利于休闲行为发生的重要场所，人们在此或与友人谈天说地，或照看年幼的孩童，或独自一人读书、看报、观景娱乐，产品单次使用时间为30~90min。同时，在调查中发现，伴随行为在一定程度上也促进了交谈行为的发生，多数照看儿童的家长和老人会与周边的人们形成一个临时的小型活动群体，一起讨论如何教育孩子等话题。此外，虽然广场空间中未设置满足棋牌娱乐行为发生的休闲桌椅产品，但还有12位休闲者在休闲廊道中进行棋牌娱乐，他们当中半数的人是借助自备的马扎、小凳完成休闲行为的。

而在沿河景观木栈道中，由于此环境较为安静、视野开阔，营造出一种意境清幽的户外空间，人们坐下来可以获得深度的宁静状态，因而更适合独处自娱行为和观望行为的发生。同时，由于此处设置了休闲桌椅产品，进行棋牌娱乐休闲行为的人数也随之增长（图4-18）。

（3）不同类型公共休闲产品与用户行为

人们在城市居住区公共休闲产品中的用户行为主要包括交谈、棋牌娱乐、伴随、独处自娱和观望等多种类型，不同类型行为在产品的选择和使用过程中也体现出不同的规律。

①就交谈行为而言，人们的使用行为多发生于休闲广场、中央景观轴等人群较为聚集的场所周边；同时，人们在产品的选择上，以曲线型、群组型以及直线型的休闲坐具、休闲桌椅组合、休闲廊道、休闲亭（篷）等可容纳多人同时使用的产品居多。

②就棋牌娱乐行为而言，人们的使用行为主要集中于休闲广场、休闲亭（篷）等空间宽敞，且有遮阳产品的休闲桌椅周边。同时，在调研中发现，由于某些产品在设计时，忽略了人们夏季对遮蔽阳光的需求，设置于树荫下和休闲廊亭周边的休闲产品使用频率较高，常常出现供不应求的情况，造成某些因为来得比较晚而没有地方就座的使用者，不得不自带小板凳前往有树荫遮挡的空间，支起桌台进行棋牌娱乐行为，这也暴露出产品在设计时出现的问题和不足之处（图4-19）。

③伴随行为主要指家长陪同、照顾未成年的孩子玩耍，其行为发生多集中在

图4-18 景观木栈道周
　　　 边的公共休闲
　　　 产品

图4-19 棋牌娱乐行为
　　　 与公共休闲
　　　 产品

图4-18　　　　　　　　　　　　　　　图4-19

休闲广场、中央景观轴、宅间绿地等宽敞空间、场所周边，产品以曲线型座椅、直线型座椅、休闲桌椅组合、休闲廊道、休闲亭（篷）产品居多，且多伴随与周边用户的社交行为同时发生。

④就独处自娱行为而言，人们的使用行为大多发生于较为安静、视野开阔、景色优美的休闲广场、景观小品、景观步行道等场所，此类行为的使用者一般选择沿植物绿化、矮墙而设置的安全感和私密感较好的转角和凹形空间的产品或者有廊柱依托的位置，产品以空间中的单人和双人坐具为主。一般而言，如果有人先占据一个位置，则不会有人再来就座。

⑤就观望行为而言，在场所空间条件允许的情况下，使用者喜欢选择占据一些视野开阔但又不引人注意的位置，从一个私密性较强的小空间去观察空间中公共性较强的活动；或就座于相对安静、领域性较强、不易被人打扰的空间中观赏周边优美的景色，陷入沉思。如若周边没有适合的产品，就会"就地取材"，借用台阶、花坛等满足休憩观望需求。

4.2.3.3 产品的使用情况分析

通过对所选定的3个居住区公共休闲产品的实地调查资料（附录A），发现产品在一天的不同时间段和不同的季节，人们受户外休闲行为和天气等因素的影响在产品的使用过程中呈现出不同的规律。通过对4个观察点中现有公共休闲产品使用情况的调研发现，由于受不同季节气候差异的影响，人们所表现出休闲行为也有所不同，如图4-20所示。

（1）不同时段公共休闲产品的使用规律

总体而言，下午时段（14:00—17:00）和傍晚时段（17:00—19:00）是城市居住区公共休闲产品使用频率最为集中的两个时段。

在下午时段，居住区公共空间休闲产品的主要用户群体为老年人和青少年儿童。根据调查发现，老年人一般在午休后就会来到户外，他们或与友人聊天、下

111

棋、打牌，或照看年幼的孩童，或独自一人读书、看报、观景娱乐，产品单次使用时间为30~90min。如图4-21所示，下午时段进行户外休闲活动的老年群体在人数上明显多于其他时段，而且受季节气候的影响也相对较小。其中，下棋、打牌和聊天占据了绝大多数的休闲产品，产品数量设置不足和类型相对单一的矛盾更加突出，对户外休闲活动的顺利进行产生了一定的影响。

　　在17:00—17:30，随着周边学校和幼儿园逐渐放学，儿童、青少年以及陪同前往照看的中青年家长用户也加入产品使用的主要用户群体当中，逐渐达到全天产品使用的最高峰。在此时段，人们主要集中在休闲广场、景观绿地等开敞空间，产品使用频率高，单次使用时间为15~30min，以儿童娱乐以及等待和照顾在周边玩耍的中青年家长为主。此后，随着夜幕的降临，产品使用率开始下降，人们饭后来到户外散步、跳广场舞锻炼身体，空间以动态户外休闲活动为主。

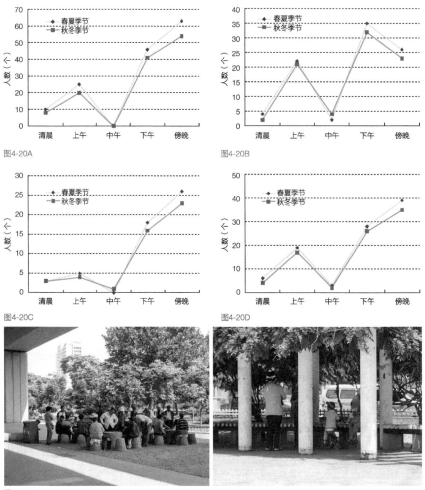

图4-20A

图4-20B

图4-20C

图4-20D

图4-20 不同季节不同时段对公共休闲产品使用频率的影响

A：青岛敦化路居住区休闲广场

B：青岛敦化路居住区沿河景观木栈道

C：青岛十五大街居住区楼前休闲广场

D：青岛湖光山色居住区中央景观轴

图4-21 下午时段公共休闲产品的使用情况

图4-21

（2）不同季节公共休闲产品的使用规律

在温度适宜的春夏季节，公共休闲产品的使用频率高于秋冬季节。这主要是由于随着气温的不断降低，老年用户群体外出休闲的比例有所降低造成的。同时，根据调查发现，石质和金属两种座椅由于冬季过冷、不舒适，几乎无人使用，而木质和木塑复合材料的产品使用频率相对较高。秋冬季户外休闲行为多发生于向阳、避风且景色较好的空间中。春夏季却恰恰相反，设置于树荫下、楼宇之间等空气流通性好、阴凉区域的产品以及休闲廊亭的使用频率较高，常常出现供不应求的情况，人们或自带小板凳前去乘凉，或直接坐在地上，而暴露于阳光之下的产品却无人问津，这也暴露出产品在设计时出现的一些问题和不足之处。

4.2.4 产品的用户访谈综述及现状分析

用户访谈法是获取用户内心真实想法的主要方法之一，在与用户面对面的交流过程中，用户可以轻松、确切地表达出自己的使用感受、不满之处以及建议等多方面的内容，是一种高效、便捷地获取一手资料的调研方法。为使本次调查的结果具有普遍性和代表性，本章在前期实地调研的基础上，通过对居住区公共休闲产品主要用户群体的统计分析，最终选择了青少年儿童、中青年和老年3个年龄层的使用者作为用户访谈的主要对象，主要包括老年用户6位、中青年用户6位、少年儿童用户2位。用户访谈的问题主要包括现有产品的使用感受、不满意之处和意见建议两个方面，以求获得用户的主要使用诉求、产品功能性设计中存在的主要问题等。

通过对用户访谈结果的研究，可以发现居住区现有公共休闲产品的功能性设计主要存在以下问题。

（1）产品配置不完善，缺乏合理性

根据实地调研和用户访谈发现，在现有大多数居住区中设置的公共休闲产品大多是开发商或者物业公司根据国家相关标准，在居住区竣工前按照一定的间隔距离在道路、休闲广场、步行道等空间中设置的，从数量上看似能满足居民日常户外休闲生活的需求。但在实际使用中，由于产品未根据使用人流及使用强度进行合理规划，暴露出许多问题，一些坐具由于其摆放的位置或组合方式不符合人们的户外休闲行为需求，使用频率较低，造成"供大于求"，资源浪费的现象；而另一些产品由于在设置时没有考虑使用人群数量的大小，造成"供不应求"，居民需要自备座椅才能进行户外休闲活动，产品设置不合理，利用率低（图4-22）。这不仅导致人们不能得到及时的休憩，减少了一个供人们进行交流、棋

图4-22

图4-22 产品设置缺乏
合理性

牌、伴随、陪伴等休闲行为发生的平台，而且降低了城市居民的生活质量，影响
了空间的整体效果。

此外，如何引导人们正确地选择健康的、科学的户外休闲行为也是产品功能
性设计的重要目标。然而在调查和访谈中发现，有部分居住区在产品的设置上并
不完善，或存在产品本身缺失的现象，或存在产品辅助设施缺失等问题，无法满
足用户的正常休闲需求。例如，一位正在进行健身休闲活动的老年人反映，由于
自己体力较差，一般在使用健身器的过程中会感到累，或者遇到朋友，想坐下来
休闲放松一会儿，但由于附近没有设置休闲产品，只能步行几十米到旁边的花坛
小坐一会，非常不方便；还有用户表示有些设置在空旷地带的产品，由于周围没
有树荫或构筑物的遮挡，在炎炎烈日的夏季根本无法就座，如果能加装遮阳伞或
者遮阳篷就好了。

（2）产品缺乏人情味，舒适性程度低

就居住区公共空间而言，人们在此类空间中的使用行为以交谈、棋牌娱乐、
游戏、伴随（照看小孩）及独处自娱等活动为主，产品的使用频率、使用持续时
间都相对较长，因而体现"休闲性"和"舒适性"就成为居住区公共休闲产品功
能设计中应重点考虑的问题。尤其是休闲座椅，最基本的功能就是使人坐得舒
服，减少疲劳，然而现在许多产品在这方面做的却远远不够。例如，在选定的
3个居住区样本中，公共空间中设置的主要休闲产品有休闲廊道（架）、观景亭
（篷）、休闲桌椅组合、休闲座椅4种类型，其中最常见的、也是人们抱怨最多的
产品即是不带扶手和靠背的直线型休闲座椅。虽然产品在功能性上可以满足人们
户外活动的需要，但无形当中却缺少了"休闲性"这一居住区户外空间的典型特
征。在访谈中，部分用户反映由于没有靠背作为身体的支撑，长时间就座不仅不
能使身体得到完全的放松，反而容易造成腰背部肌肉的僵硬，需要坐一会儿即站
起来活动一下然后再继续进行休闲活动，或者他们会选择就座于带有倚靠功能的
其他产品（图4-23）。

图4-23 产品舒适性程度较低

图4-24 产品缺乏整体性和特色性

图4-25 产品缺乏后期管理维护

（3）产品程式化严重，缺乏整体性和特色性

随着物质生活水平的提高，精神文化需求日益增长，城市形象、场所精神的营造成为人们热议的话题。公共休闲产品作为公共空间的塑造者、氛围的营造者，需要一定造型风格、色彩基调、材料质感和比例尺度关系与其他景观构成要素相关联，共同起到丰富、点缀和烘托空间氛围的作用。然而产品的设计现状却不尽人意，各种样式千篇一律，过于程式化，缺乏整体性、特色性。例如图4-24所示，在某居住区沿河步行道同时设置的两种休闲产品，在风格和造型上毫无整体性可言，产品各自独立，易给人造成视觉上的混乱，与形式美法则背道而驰。

（4）产品的后期管理维护缺失，限制了用户休闲行为的发生

如图4-25在居住区中我们不难发现某些产品存在年久失修，破烂不堪，或垃圾成堆、无人清扫的现象。除了产品自身在设计时存在的缺陷或不足外，还与目前居住区缺乏完善的管理维护机制相关。根据走访调查发现，在产权主体划分问题上，居住区的休闲产品与城市其他公共空间有所不同，除道路主干道以外的所有产品都属于全体业主的共有物，由物业公司进行日常管理维护，而诸如步行街、城市广场等空间的休闲产品则是由政府投资建设管理。由于产品使用环境的特殊性，需要面对风吹、日晒、雨淋、高强度使用等诸多不利因素，后期维护费用高，这也给物业公司带来了较大的经济负担，往往造成某些产品遭到损毁、遗失后长时间无人维护更新的现状，这就需要居住区居民、物业管理公司、开发商等多方面行为主体共同协商建立完善的产品管理维护机制，保证产品的正常使用。

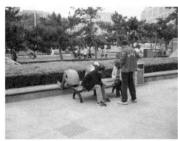

图4-23

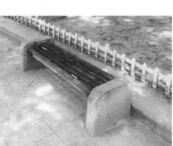

图4-24

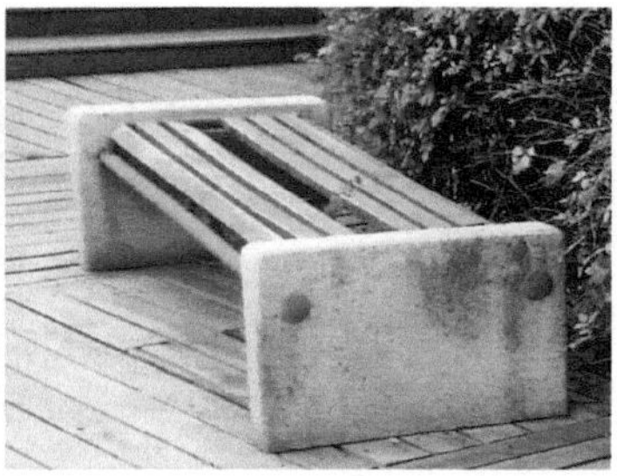

图4-25

4.3 城市商业步行街公共休闲产品的调研分析

4.3.1 调研的相关背景概述

商业步行街作为城市发展的一个重要标志,越来越受到政府和市民的关注,已经成为现代城市生活不可缺少的一部分。商业步行街不仅是城市中最繁荣、商业活动最为集中的区域,而且汇集了商业、休闲、娱乐、交流等主要城市生活。在此空间中,人们以步行交通行为方式为主,禁止或限制了车辆交通的通行,步行和购物的两种休闲行为显得相得益彰,人在"逛"的过程中不但体验到购物的乐趣,满足了物质需求,而且还通过优美的环境、丰富的活动获得了精神上的愉悦和享受。

商业步行街根据空间性质的不同可以分为街道和广场两种空间类型。街道空间,主要指由道路两侧的建筑构筑物界面和地面所共同围合所形成的空间,人们的大多数活动都是在此空间中发生的,空间呈现出功能多样性、复杂性的特点,其多种功能的实现需要城市家具、景观小品、植物绿化等多种因素的参与,实现分割、组织空间的作用。广场空间,严格意义上讲属于街道空间的一部分,但由于其在空间形态、尺度等方面具有特殊性,是人们休闲、聚集、社交娱乐的重要场所,因而将其单独划分出来进行讨论。

如表4-2所示,本研究在上海、南京、青岛三地选取了上海南京路步行街、南

表4-2 城市商业步行街公共休闲产品的研究样本概况

步行街名称	背景概况	空间形态图示
上海南京路	南京路步行街东起外滩中山东一路,西至河南中路,全长1 200m,集观光、购物、娱乐为一体,被誉为"中华商业第一街",街道周边遍布着各种上海老字号商店及商城,每日客流量达100万人次以上	
南京狮子桥	南京狮子桥步行街位于鼓楼区湖南路上,是南京的繁华地带之一,全长330m,路宽12~16m。街区原为农贸集市一条街,2000年初改造为美食步行街	

步行街名称	背景概况	空间形态图示
青岛台东	青岛台东步行街东起延安三路，西至威海路，全长1 000m，是集购物、娱乐、餐饮于一体的特色街区，涉及商业、金融、餐饮、药品、文化五大行业，每日人流量20万人次，最高达50万人次。街区对两侧21座商住楼6万余m²的墙面进行统一彩绘，形成了独特的彩色画廊，这是全国最大的手工彩绘一条街	

京狮子桥步行街、青岛台东步行街3个公共空间类型比较完备、休闲产品配置较为完善的商业步行街作为调研的典型样本，就商业步行街的现有产品类型、空间配置方式、用户群体构成、主要用户行为等问题进行了调研。

4.3.2 产品的实地调研分析

4.3.2.1 产品的类型

通过对选定的3个商业步行街调研样本研究发现，现有公共休闲产品的设置主要有休闲座椅和休闲篷两种类型。其中，直线型、曲线型和兼用型休闲座椅及休闲篷在城市商业步行街空间中最为常用，组合形式多样，为人们休憩、等候、观景、社交等休闲行为的发生提供了丰富的物质载体。此外，调研发现，在上海南京路和青岛台东2个步行街，临近售卖餐饮食品商家的过渡空间中，还通常设置有可移动式休闲桌椅组合，以满足人们的户外就餐需求（图4-26）。由于此类产品的使用群体具有一定的指向性和针对性，仅对在此就餐的使用者开放，因而本章不将其纳入现有产品类型统计的范畴。

在城市商业步行街公共空间中，直线型休闲座椅应用最为广泛，其次为兼用型休闲座椅、多角型休闲座椅、曲线型休闲座椅和遮阳篷等公共休闲产品，

图4-26 商业步行街中的休闲桌椅

图4-26

如图4-27所示。

在上海南京路步行街中，空间利用地面铺装的色块变化，形成了贯穿整条步行街的休憩空间，并设置了直线型、兼用型、多角型、遮阳篷等多种公共休闲产品（图4-28）。

在南京狮子桥步行街中，设计者仅在空间两侧靠近商铺的区域，单排设置了35个直线型休闲座椅这一种公共休闲产品，在一定程度上满足了人们观望、等候、交谈、饮食、照看小孩等多种使用行为的需求，而且起到了分割空间、规划人流动线的作用。此外，直线型公共休闲产品还可在一定程度上加速人群的流动性，避免人流聚集，妨碍步行交通。

在青岛台东步行街中，整个公共空间中休闲产品的配置相对完善，种类繁多，组合形式也相对多样。不仅沿主街道中央位置，每隔一段距离设置了直线型、曲线型和兼用型休闲座椅等多种产品，合理地规划了街道空间的人流动线，而且在3个主要休闲广场空间中，通过群组型和多角型产品的设置，形成了一个相对独立的休憩空间。此外，还在多个街区出入口的位置，沿空间边界设置了直线型休闲座椅和多角型座椅（图4-29）。

图4-27 3个商业步行街现有公共休闲产品类型统计
A: 上海南京路步行街
B: 南京狮子桥步行街
C: 青岛台东步行街

图4-28 上海南京路步行街公共休闲产品的类型
A: 直线型休闲坐具
B: 兼用型休闲坐具
C: 多角型休闲坐具
D: 带遮阳篷的曲线型休闲坐具

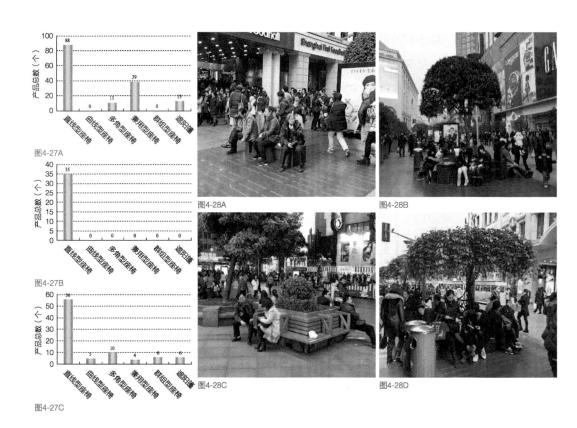

图4-27A

图4-27B

图4-27C

图4-28A

图4-28B

图4-28C

图4-28D

图4-29A

图4-29B

图4-29C

图4-29D

图4-29 青岛台东步行
街公共休闲产
品的类型
A：直线型休闲坐具
B：曲线型休闲坐具
C：多角型休闲坐具
D：群组型休闲坐具

4.3.2.2 产品的空间配置方式

通过研究发现，现有公共休闲产品按商业步行街中街道空间和休闲广场空间两种不同类型空间，呈现出各不相同的空间配置方法，如图4-30~图4-32所示。

（1）街道空间

商业步行街的街道空间作为连接商业、餐饮、娱乐等场所的通道，一般为线性带状空间，其在长度上远远大于宽度，具有视觉的流动性，人在街道中漫步时，通行、观看是行为主题，由于没有或减少了车辆交通的干扰，在以步行为主要的流动方式的街道空间中，人们可以不受阻碍、推挤，自由地步行，是一个理想的步行空间。但与此同时，在现代城市空间规划中，为了提高空间的整体性与连续性，常以大空间的形式出现，这就需要在满足人们步行顺畅和空间舒适程度的前提下，通过公共休闲、卫生、照明、宣传等城市家具来实现分割、组织、引导人流动线的作用，保证空间内部交通流的和谐顺畅。

根据调查发现，在街道空间中，公共休闲产品为了起到分配人流、吸引人流、满足人们休闲的需求，通常按照居中设置、两侧设置和吸引人流设置3种方式进行配置，如图4-33所示。

居中设置，是最为常见的一种配置方式，它主要指按照一定的间隔距离在街道中央位置，设置一定数量的公共休闲产品。例如，在青岛台东步行街的街道空间中，公共休闲产品就是一种典型的居中设置方法，这样可以有效地将拥挤的

119

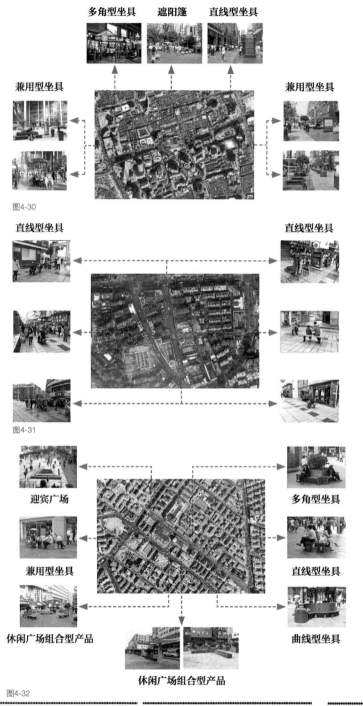

多角型坐具　遮阳篷　直线型坐具

兼用型坐具　　　　　　　兼用型坐具

图4-30

直线型坐具　　　　　　　直线型坐具

图4-31

迎宾广场　　　　　　　　多角型坐具

兼用型坐具　　　　　　　直线型坐具

休闲广场组合型产品　　　曲线型坐具

休闲广场组合型产品

图4-32

人流
动线

图4-33A　　　　　　图4-33B　　　　　　图4-33C

图4-30 上海南京路步
　　　行街典型休闲
　　　产品的配置分
　　　布图

图4-31 南京狮子桥步
　　　行街典型休闲
　　　产品的配置分
　　　布图

图4-32 青岛台东步行街
　　　典型休闲产品的
　　　配置分布图

图4-33 街道空间休闲
　　　产品的配置分
　　　布图
A：居中设置
B：两侧设置
C：吸引人流设置

人群分流，同时又利用休闲产品在整个动态空间范围内形成了相对独立的静态空间，便于休憩、社交等活动的实现。

两侧设置，适用于道路空间较宽、人流量较大的步行街道，其通过在道路两侧设置一定数量的公共休闲产品，有意识地将人群区隔，分为3股动线，人们可以根据自身需要，或选择直接通行，或在此购物休闲。例如，在本次调研的3个步行街空间中，上海南京路和南京狮子桥步行街的街道空间，都是按照此方法进行产品的空间配置。

吸引人流设置，主要指在某些人流量较大、易于发生人群聚集的重点空间区域中，产品通过斜角、不规则的排布或产品造型、种类的变换等方式，吸引、引导使用者向人流较少的、更利于休闲行为发生的空间靠拢，避免阻碍步行空间中正常的人流交通动线，此种方法多与居中设置或两侧设置组合使用。

此外，在商业步行街的街道空间中，休闲产品设置的类型主要有直线型、兼用型、多角型和曲线型等。其中，一字排开或双排并列式的直线型休闲座椅最为常用，但由于空间中人流量较大，产品数量较少，因而人挤人、人挨人的就座休闲行为就成为一种必然，这也大大降低了人们坐憩行为的舒适性，人们的使用时间大多持续较短，且使用行为较为简单（图4-34）。兼用型和多角型产品，同样是使用频率较高的两种公共休闲产品，其可以在有限的空间条件下满足更多使用者休闲行为的发生，多应用于空间宽度较大的区域。例如，上海南京路步行街，在4.2m宽、贯穿于整条步行街的休憩空间中，按照一定的间隔距离设置了34个兼用型公共休闲产品。而曲线型产品，虽然使用频率相对较低，仅在青岛台东步行街的某些重点区域中使用过，但其不仅可以通过柔和流畅、婉转曲折的造型，营造出良好的艺术效果，而且多角度的变化虽然不具备封闭和遮挡视线的功能，但内向型的造型可以在人们的心理上划分出相对独立的动静虚拟空间，增加使用者的安全感和领域感。

图4-34 街道空间中的直线型休闲座椅

图4-34

（2）广场空间

商业步行街的广场空间根据性质的不同，主要可以分为入口处的迎宾广场、以开展商业活动或街道表演为用途的集会广场以及休闲广场3种类型。其中，由于前两者人群密集，以动态活动为主，为了避免人流聚集，加速人群的流动性，或借用喷泉、雕塑、花坛、台阶等景观小品或建筑构筑物形成非典型休闲产品，或仅在空间四周边缘、转角等处设置少量的直线型、兼用型休闲座椅，满足人们休闲行为的需求。例如，上海南京路步行街世纪广场就是一个典型的集会广场，其在产品设置时以兼用型休闲产品为主（图4-35）。而在青岛台东步行街的迎宾广场，仅在入口重点设置了5组多角型公共休闲产品，其余均借用喷泉、水体形成非典型休闲产品（图4-36）。

在休闲广场中，坐憩、娱乐、社交、观望等户外休闲活动是空间的主要内容，因而多采用直线型、多角型、曲线型、群组型和兼用型休闲座椅以及休闲篷等产品。就具体的空间配置方式，产品通常按照一字排列、平行排列、内向型排列和外向型排列设置。

一字排列，主要是按照场地的轮廓和景观绿化走向，在背靠植物、护栏或矮墙，面向空间的开阔地带间隔设置一定数量的休闲产品。

平行排列，则是将产品在水平或垂直方向上平行组合，此类产品间距的选择至

图4-35

图4-36

图4-35 上海南京路步行街世纪广场的休闲产品设置

图4-36 青岛台东步行街迎宾广场的休闲产品设置

关重要，当两个座椅之间距离过大时，人们很难产生交流的机会；当距离过小时又容易阻碍正常的人流交通，根据调查发现，此类产品最佳的设置距离为3.5m左右。

内向型排列主要是将产品围绕某一占空间主导地位的要素按照圆形、弧形组合排列，形成一个单独的休憩空间，表现出强烈的向心性和聚合力，人们可根据自己的休闲需求选择不同位置，既可以避免陌生人面对面、眼对眼等尴尬局面发生，又可以让人们非常自然地攀谈起来，促进社交行为的发生（图4-37）。

外向型排列通常是以空间中的植物绿化、景观小品等为中心沿四周按照圆形或方形进行排布，由于使用者身体背向空间中心，面朝开阔处，适合单人独处，不利于群体性社交行为的发生（图4-38）。

4.3.3 产品的用户行为及其使用情况分析

为了进一步研究城市商业步行街公共休闲产品的用户群体构成、用户行为特征及现有产品的使用情况等相关内容，本研究结合3个步行街的实际情况，共选择上海南京路东方商厦、上海南京路世纪广场、青岛台东利群商厦、青岛台东当代休闲广场和南京狮子桥大排档5个人流较均衡的观察点（图4-39），进行了共计6次的全天性调查以及3次的补充调查。全天性调查主要集中在春夏和秋冬两季的9:00—17:00，每间隔2h以20min为一个时间段进行统计，对空间内产品所发生的使用频次、用户群体构成、主要使用行为等内容进行记录。其中，产品的使用频次取平均值作为本时段的产品使用频次。

城市商业步行街公共休闲产品使用情况调研汇总表如附录B所示。

4.3.3.1 产品的用户群体构成分析

根据调研资料（附录B），通过对4个观察点现有公共休闲产品的使用者统计

图4-37 内向型空间
　　　　配置

图4-38 外向型空间
　　　　配置

图4-37　　　　　　　　　　　　　　　　图4-38

图4-39A

图4-39B

图4-39C

图4-39D

图4-39E

发现，产品的用户群体表现出相似的规律，按照用户年龄的不同，由多到少依次为中青年人、老年人和青少年儿童。其中，中青年使用者占绝大多数，老年人和青少年儿童相对较少。其中，中青年用户群体共计788人次，占5个空间产品用户总人数的65%，远高于青少年儿童（8%）和老年人（27%）2个用户群体，如图4-40所示。

图4-39 城市商业步行街
观察点的选择
A: 上海南京路东方商厦
B: 上海南京路世纪广场
C: 青岛台东利群商厦
D: 青岛台东当代休闲
广场
E: 南京狮子桥大排档

图4-40 公共休闲产品的
用户群体构成
A: 上海南京路东方商厦
B: 上海南京路世纪广场
C: 青岛台东利群商厦
D: 青岛台东当代休闲
广场
E: 南京狮子桥大排档

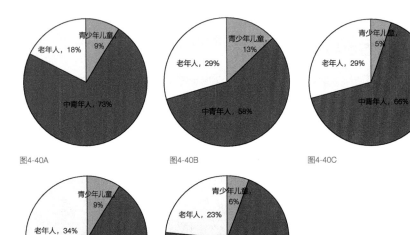

图4-40A

图4-40B

图4-40C

图4-40D

图4-40E

同时，值得注意的是，在青岛台东当代休闲广场空间中，老年人用户群体所占的比例有所上升，这主要是由于青岛台东步行街紧邻居住区，因而与前文所述的城市居住区公共休闲产品相似，在下午时段，这里聚集了大量周边的老年居民，成为他们户外休闲的重要场所，他们或凑在一起聊天娱乐，或独自一人专心致志地读书、看报，这也在一定程度上提高了产品的利用率。

4.3.3.2 产品的用户行为分析

（1）产品中的典型用户行为

根据实地观察的调研资料（附录B），人们在城市商业步行街公共休闲产品的使用中，主要包括交谈、嬉戏、观望、等候、打电话、听音乐、饮食、吸烟、阅读、照看小孩、躺卧等众多休闲行为。我们为便于统计和分析，将上述主要的用户行为概括性地分为短暂休憩、交谈、独处自娱、观望、伴随（照看小孩）、餐饮6种典型用户行为。

通过对不同公共休闲产品中用户行为的频率统计发现，在步行街的街道空间中，用户的观望行为、独处自娱行为、短暂休憩和餐饮行为是发生频率最高的4种典型产品使用行为；而在步行街的广场空间中，用户的使用行为则略有不同，交谈行为、独处自娱行为、观望行为和餐饮行为是发生频率最高的4种典型产品使用行为，如图4-41所示。

（2）不同类型公共空间与用户行为

商业步行街作为一个由街道空间、广场空间等多重要素共同界定、围合形成的复合型空间形式，共同容纳、促进了各种休闲生活的发生，同时因人们户外活动需求存在差异性和多样性的特性，因而，根据调研资料（附录B）可以发现，不同空

图4-41 城市商业步行街公共休闲产品的用户行为发生频次统计

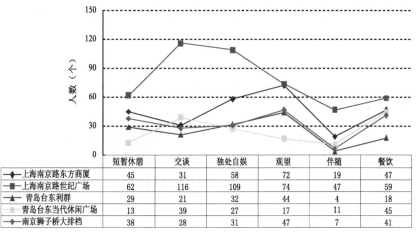

	短暂休憩	交谈	独处自娱	观望	伴随	餐饮
上海南京路东方商厦	45	31	58	72	19	47
上海南京路世纪广场	62	116	109	74	47	59
青岛台东利群	29	21	32	44	4	18
青岛台东当代休闲广场	13	39	27	17	11	45
南京狮子桥大排档	38	28	31	47	7	41

单位：人次

图4-41

间中的公共休闲产品的使用情况也体现出不同的特点。

①街道空间

通过对3个城市商业步行街的街道空间现有产品中各种用户行为的分类统计，可以发现，人们在此类空间中的使用行为多为观望、独处自娱、短暂休憩等非互动性休闲行为，而交谈、嬉戏等更高层次的互动性休闲行为相对较少。例如，在上海南京路东方商厦，观望、独处自娱、短暂休憩3种使用行为占总数的63%；青岛台东利群商厦超过72%；而在南京狮子桥大排档中约为60%，如图4-42所示。

这主要是由于在步行街街道中，为了最大限度地提高空间的利用率，休憩空间往往采用产品居中或两侧设置的形式，因而人流步行交通与静态休憩空间相互交错，这也造成使用者在休憩时常受到来自周围人群诸如通过、穿越等动态行为的干扰，环境较为嘈杂、私密性和领域性受到严重影响。同时，由于空间人群密集、现有产品的数量较少，人们在产品的使用过程中，需要与陌生人分享就座空间，人挤人、人挨人的就座方式也大大压缩了使用者的个人就座空间，人们就会发现自己处于拥挤、不安的情境之中，也限制了诸如交谈、游戏等许多伴随着休憩而出现的有价值的户外休闲活动的发生，因而多数使用者在短暂休憩或达到某种预期目的后即快速起身离开。

②广场空间

与人群聚集、环境嘈杂的街道空间相比，在商业步行街的广场空间中，由于空间通过植物绿化、景观雕塑、建筑物等实体围合成一种动态人流和静态人流相对独立的、品质较高的公共休闲环境，且产品数量相对充足，人们可以根据不同喜好和行为需求选择适合的就座位置。因而，群体性、交谈互动等更高层次的社会性休闲活动成为空间的主题，其次是玩手机、阅读等独处自娱（图4-43）。此外，由于青岛台东当代休闲广场紧靠街区餐饮美食空间，因而选择在此进行就餐的人数也相对较多，这也是用户的餐饮行为在此空间中发生频率最高的原因所

图4-42 街道空间中公
共休闲产品用
户行为的统计
A：上海南京路东方
商厦
B：青岛台东利群商厦
C：南京狮子桥步行街

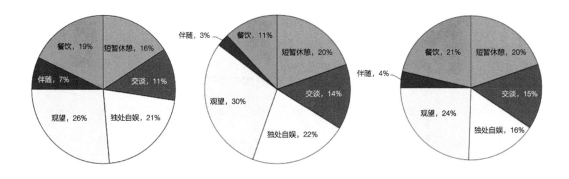

图4-42A　　　　　　　　　　图4-42B　　　　　　　　　　图4-42C

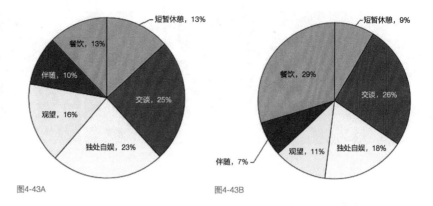

图4-43 广场空间中公
共休闲产品用
户行为的统计

A：上海南京路世纪
广场

B：青岛台东当代休闲
广场

图4-44 青岛台东当代
休闲广场公共
休闲产品中的
餐饮行为

图4-43A　　　　　　　　　　　　图4-43B

在。由此可见，城市商业步行街公共休闲产品中的典型用户行为不仅受空间性质的影响，而且与周边环境、商铺的构成等因素息息相关，如图4-44所示。

（3）不同类型空间公共休闲产品与用户行为

①街道空间

在街道空间中，步行、购物等动态活动是空间的主要行为，而休闲活动大多发生于人们感到疲惫的时候或者等待朋友、家人到来的空闲时间，以休憩、观望、独处、交流、沉思、阅读、饮食等行为活动为主。根据调查发现，3个步行街在休闲产品的选择上，为了确保人流的通行空间不受到影响，最大限度提高单体产品的就座率，满足人们基本的休憩需求，多以双列并排设置的直线型、外向式曲线型和兼用型3种产品为主，并辅以多角型产品。

这种设置方式虽然优点突出，但缺点同样明显。一方面在街道中客流量较大的区域，产品几乎时时刻刻被人们占满，使用者与陌生人紧挨而坐的尴尬局面不可避免，就座舒适性相对不高；另一方面，设置于动态空间中的休闲产品通常无法通过实体区隔的方式，围合起一个相对静止的休闲环境，动静区域模糊，使用者在休憩时常受到周围穿行人群的干扰，私密性受到严重影响（图4-45）。因而，多数用户在就座后基本只会发生休息、观望、等候等非互动休闲行为；而陪伴、交谈、合作、嬉戏等互动休闲行为大多是在不需要与陌生人共享就座空间或

图4-44

图4-45A   图4-45B

就座于私密性较强的转角、凹形空间才会发生。此外，多数有意愿想要就座休闲的使用者，当看到空间人群密集、产品拥挤等情况时，或选择其他位置的空闲产品、或选择站在一边短暂休憩、或选择放弃行为的发生快速离开，这也在一定程度上限制了人们户外休闲行为的展开。

②广场空间

就休闲广场空间而言，作为一种以满足人们休闲活动为目的而存在的一种空间类型，产品的设置更应强调与用户行为的协调性，增强使用者的领域感和安全感，促进、引导人们休闲行为的发生。值得注意的是，无论是产品的领域感还是安全感，都是对使用者（群体）个人空间的保护，尽管人们在使用中并不是真的需要一个绝对封闭的空间环境，但每个人对就座空间内行动的自由与心理的平衡是现实存在的。根据观察发现，在休闲广场空间中，人们的休闲行为类型相对丰富，既有与朋友一起嬉戏娱乐、谈天说地、拍照留念的交谈互动行为，也有坐在产品上读书看报、玩手机、晒太阳、吸烟的独处自娱行为，还有四处观望，行为方式多种多样。

第一，就交谈互动行为的使用者而言，他们通常会选择具有"L"型、"U"型或弧形设置的产品，这样不仅可以形成一个围合感、领域感较强的小型宜人空间，而且就座位置和角度的变换还可以避免造成膝盖相碰、目光对视等尴尬局面的发生，是人们各种社会性活动乐于停留和感到有所依靠的产品类型。同时，就交谈互动行为的主体而言，还可以进一步划分为朋友之间的交谈行为、家人之间的交谈行为和恋人之间的交谈行为等多种类型。一般而言，前两种交谈行为在产品位置的选择上具有随机性和便捷性等特点，对安全感和领域感的要求相对较低；而恋人之间的交谈行为则更注重产品所在环境的私密性和宜人性，产品持续使用的时间相对较长，在条件允许的情况下，更趋向于选择空间转角、边界或结合各类植物、花卉、休闲廊道等搭配组合形成的半开敞或相对封闭的、不易被外界打扰的休憩空间（图4-46）。

第二，就独处自娱行为的使用者而言，此类行为大多发生于背靠植物、护栏

图4-46 街道空间中不
同行为主体的
交谈行为与产
品的空间设置
A: 朋友之间的交谈行为
B: 恋人之间的交谈行为

图4-46A   图4-46B

或矮墙，可以不被空间中步行人流交通打扰的、动静区域划分较为清晰，相对安静的位置。同时，此类人群在使用中还会通过将随身行李、物品等放置在身旁的空座位上面或周边的位置，尽可能扩大个人空间，避免与陌生人分享就座空间。

第三，就观望行为而言，由于商业步行街公共空间的特殊性，人们在此猎奇、寻找的兴趣点多为空间中有趣的人或诸如商家的促销活动、街头艺术表演等有趣的事件。因而，行为的发生多聚集于空间宽敞、视野较好、无障碍物遮挡的场地边界区域或街道与广场空间的过渡区域等空间中。

第四，就餐饮行为而言，其行为的发生目的性较强，即就座休憩的同时会品尝手中的美食、饮品。因而，强调产品所在位置的便捷性，大多就近选择就座位置，且产品的持续使用时间相对较短，多数使用者在完成餐饮行为后便离去。此外，针对此类使用者，应特别注重设置与之相关的卫生产品，限制、减少人们不文明行为的发生，提高休闲环境的品质。

4.3.3.3 产品的使用情况分析

通过对实地调查资料（附录B）的分析，发现在一天的不同时间段和不同的季节，人们在产品的使用过程中呈现出不同的规律，如图4-47所示。

（1）不同时段对公共休闲产品使用规律的影响

总体而言，中午时段（11:00—13:00）和傍晚时段（15:00—17:00）是城市商业步行街公共休闲产品使用频率最为集中的两个时段。

在中午时段，随着商业街中人流量的不断增大，公共休闲产品也逐渐达到了全天的第一个使用高峰。一方面，经过一上午的步行购物，人们在此时段略感疲惫，希望可以舒适地休息一会，因而从一个商铺出来在准备下一轮购物活动时，大多会选择休憩和小坐的方式恢复之前步行购物消耗的体力。另一方面，随着午餐时间的到来，在附近等候餐厅位置、等候朋友或者购买餐食在此就座享用的使

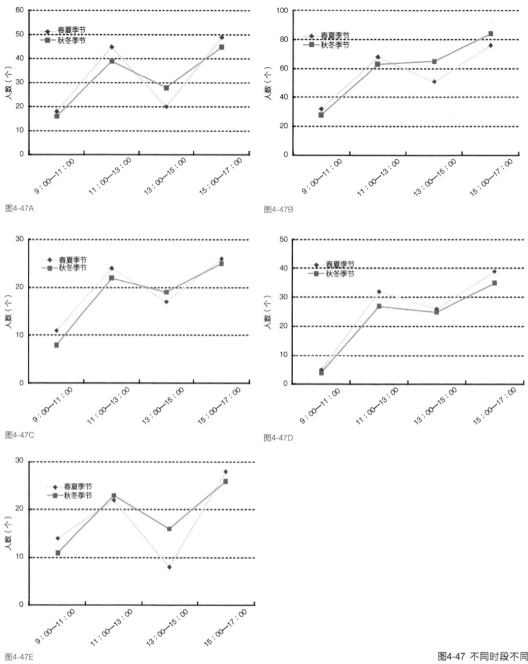

图4-47A

图4-47B

图4-47C

图4-47D

图4-47E

图4-47 不同时段不同
季节对公共休
闲产品使用频
率的影响
A: 上海南京路东方商厦
B: 上海南京路世纪广场
C: 青岛台东利群商厦
D: 青岛台东当代休闲
广场
E: 南京狮子桥大排档

用者也逐渐多了起来，此时在店铺聚集区域街道空间中设置的公共休闲产品的使用率达70%以上，特别是在以美食为特色的南京狮子桥步行街，产品的使用率更是超过了85%。根据观察发现，在这个时段就座休闲的人们通常都是手持餐食、饮料，或静静地一个人享用，或与朋友一边享受美食，一边谈天说地，独处、观

图4-48 公共休闲产品
　　　与卫生产品的
　　　组合

图4-49 商业步行街聚集
　　　了周边居住区的
　　　户外休闲者

看、社交等互动与非互动行为相互交错发生。但由于此时空间人流嘈杂，产品数量较少，人挤人、人挨人的就座方式也限制了人们许多伴随着休憩而出现的有价值的户外休闲活动发生，因而多数使用者在吃完东西后便快速离开。

此外，如图4-48所示，由于此时空间中使用者的餐饮行为占据了绝大多数，因而应在休闲产品周边设置一定数量的公共卫生箱和烟灰收集器，限制人们不文明行为的发生，提高休闲环境的品质。同时，设计师还应注意卫生产品的容量和密度等问题，避免因卫生箱的容量过小，不能满足人们垃圾投递的需求，造成垃圾的外溢和环境的二次污染，影响人们休闲的心情和品质。

在傍晚时间段中，随着步行街的人流量持续上升，产品的使用率不断提高，并达到一天之中的峰值。一方面，这与上午时段使用高峰形成的原因相似；另一方面，根据观察发现，以观光、旅游、商业、餐饮为主题的上海南京路和南京狮子桥步行街则聚集了大量慕名而来，体验购物乐趣、观看街区夜景、品尝风味小食的旅游者，可以说在任何一家知名商铺、一组景观小品、一段广场表演促销、一块播放精彩节目的大屏幕周边的休闲产品都聚集了大量的使用者。

在类似青岛台东这种建成时间较早的行列式居住区的步行商业街中，由于周边缺乏公共休闲空间，此时段聚集了大量周边的居民，商业步行街成为他们户外休闲的重要场所，他们或凑在一起聊天娱乐，或独自一人专心致志地读书、看报，这也在一定程度上提高了产品的利用率（图4-49）。

（2）不同季节公共休闲产品的使用规律

由于受不同季节气候差异的影响，人们在步行街街道空间中所表现出休闲行为略有不同。在11:00—13:00和15:00—17:00的两个高峰时段中，季节性对产品使用频次的影响不大，差异性不明显。而13:00—15:00这个时段，在上海南京路、南京狮子桥和青岛台东3个步行街街道空间中，受所在地区气候、街区横向跨度较大、产品缺乏遮蔽物等因素影响，春夏季产品使用率略低于秋冬季节。这种

图4-48

图4-49

趋势在上海南京路和南京狮子桥两个步行街空间中表现得尤为明显，这主要是由于在烈日炎炎的夏季和气温较高南方地区，这个时段户外休闲活动的舒适性相对较低，休憩行为大多发生在迫不得已的情况下，非主动意愿。

根据相关研究表明，夏日硬质铺装的地面温度要比树荫下高5~10℃。因而，如图4-50所示上海南京路步行街，人们通常会选择就座于有遮蔽装置的产品或与某一侧建筑立面较近的阴影区域的产品，且休闲行为持续的时间较短。而这种情况在秋冬季节却恰恰相反，人们无论站立、坐憩休闲还是行走穿行都会向阳光照射到的那一侧移动，提升体感舒适度。

4.3.4 产品的用户访谈综述及现状分析

本章在前期实地调研的基础上，通过对城市商业步行街公共休闲产品主要用户群体的统计分析，最终选择了中青年和老年两个年龄阶层的使用者作为用户访谈的主要对象，其中包括中青年用户8位、老年用户2位，共计10人次。用户访谈的问题主要包括现有产品的使用感受、不满意之处和意见建议两个方面，以求获得用户的主要使用诉求、产品功能性设计中存在的主要问题等。

通过对用户访谈结果的研究，可以发现城市商业步行街现有公共休闲产品的功能性设计主要存在以下问题。

（1）产品数量不足，设置缺少人性化

根据实地调研和用户访谈发现产品设置的数量是使用者反映最多，矛盾最为突出的问题之一。虽然商业步行街都会根据空间的大小、人群密度等因素均匀设置一定数量的休闲产品，但一些设置在诸如商场出入口、道路交汇处、景观小品等人群密集、利于人们休闲发生区域的产品，往往出现"一座难求"的现象，人

图4-50A

图4-50B

图4-50 不同季节下午时段公共休闲产品的用户使用行为
A: 春夏季
B: 秋冬季

们经常需要与陌生人共享就座空间，这种"人挤人""人挨人"的就座方式，在一定程度上限制了人们许多伴随着休憩而出现的有价值的户外休闲活动的发生，降低了使用的舒适性。

（2）产品配套不完善

在步行街公共空间中，人们除了步行、购物等动态休闲行为外，休憩、观望、独处、交流、沉思、阅读、饮食等静态休闲行为也交替发生。值得注意的是，这种静态休闲行为的发生需要建立在休闲产品与诸如遮阳产品、卫生产品、照明产品等其他城市家具合理配置的基础上。但根据调查发现，人们往往因为产品种类设置的不齐全限制了休闲行为的发生或降低了休闲行为的愉悦度。例如，在上海南京路步行街的调查中，一位男性用户坐在大理石休闲产品上，一边用手中的地图遮阳，一边四处张望想要寻找其他可以就座的位置，他说因为找不到阴凉位置，打算这里短暂休憩一会就离开。而另一位在青岛台东步行街休憩的用户表示，由于所在区域缺乏卫生产品，她无意中碰到了花坛中被人丢弃的雪糕包装纸，令人不快。

（3）休闲空间动静区域模糊，舒适性较差

根据调查发现，在步行街公共空间中，设计者通常将休闲产品居中设置，并利用地面铺装的色块变化、不同种类产品的整体性与连续性设置以及景观植物的种植等方法虚拟界定一个相对静止的休闲环境，但效果往往不佳。很多人在访谈时抱怨经常有其他游客从周围穿行，缺少安全感、领域感等问题，不利于人们交往行为的发生。产品的设置一方面需要上述虚拟的空间界定，更重要的是产品能否通过自身造型变化、诸如"L"型或"U"型等内向型的组合方式等给人从心理上营造出一种相对私密的活动空间，调和公共性与私密性的矛盾，使人们有兴趣并有机会坐下来享受生活。

（4）产品缺乏整体性和特色性，不能反映特定的场所精神

例如某位使用者说南京路步行街是一个中西文化、现代历史相互交融的空间，街区既有现代的建筑形式，也保留有传统的海派建筑风格。而现有的休闲产品在设计上却缺乏特色性，千篇一律的采用大理石坐具，在某些路段无法与整体环境氛围相契合。她建议，一方面可以在设计中融入一些优秀的传统文化符号，使人们看到熟悉的颜色，触摸到特有的质感，唤起对城市文化的记忆和联想，增强产品的亲切感、归属感和文化认同感，延续文脉；另一方面，还可通过不同材质、类型产品的综合利用，丰富空间形式，彰显出不同路段的商业特色，突出经典和时尚这两个重要的元素。

4.4 城市家具公共休闲产品存在的问题及其原因分析

通过前期对居住区和商业步行街两个典型空间的调研发现，虽然产品在形式与类型上发生了巨大变化，并结合城市景观、植物绿化以及其他类型城市家具，在一定程度上满足了人们的户外休闲需求，但许多公共空间的产品功能性设计仍存在这样和那样的问题，值得我们注意。

第一，产品缺乏系统性设计，犹如一张散落的网。城市家具公共休闲产品同建筑、绘画、音乐一样，伴随着人类的文明而诞生，并因文明程度和社会机制的发展而发展，它以独特的功能遍布于城市的大街小巷，为方便人们的户外生活而服务。而根据调查发现，目前公共休闲产品大多都未经过系统的工业设计，各自以其孤立的形式出现在人们面前，占据着独自的空间，缺乏内在的联系，忽略了整体景观的完整性与连续性。

第二，产品配置不完善，缺乏科学性。公共休闲产品作为一种人与空间环境联系的纽带，其服务对象是人，其设计与生产的每一件家具都是由人使用的；同时，人又在公共空间环境中起主导地位，即人是空间的使用者与感受者，缺少人参与的空间环境将毫无意义。因此，如何最大化地促进人们户外休闲行为的发生就成为设计中应着重考虑的问题。然而在实际项目中，由于决策者、景观设计师、工业设计师等相关人员缺乏相应的沟通机制和设计程序，无法对人一产品一环境及人与人等诸多影响因素进行综合考虑，只注重追求平面构图、地面铺装、景观小品以及植物绿化的设计，而对于休闲产品这些细节之处往往一笔带过，造成产品在设置的类型、数量、组合方式等方面缺乏合理性，从而不能满足人们的使用需求。例如在许多空间中，设计者中未根据使用人流及使用强度进行合理规划，造成"供大于求"或"供不应求"等情况出现，这不仅导致人们不能得到及时的休憩，而且减少了一个供人们进行交流、棋牌、伴随、陪伴等休闲行为发生的平台，降低了城市居民的生活质量，影响了空间的整体效果。

第三，产品缺乏人情味，忽略用户的行为心理需求。公共休闲产品的功能性设计，并不仅仅体现在产品的基本尺度上，而是需要从使用人群的主要结构、生理需求、行为与心理需求等方面综合考虑。就现阶段而言，人们的行为与心理需求显得尤为重要。伊利诺伊理工学院设计学院院长Patrick Whitney在接受记者采访时曾说"工业设计有3个层面。第一个层面是对工程的辅助；第二个层面是造型和美学设计……第三个层面是为更佳的用户体验而设计。"由此可见，产品功能性设计的目的是人而非产品，任何产品形式的存在均需以人为基本出发点，因而不应仅仅停留在"为外观风格塑造而设计"的第二个层次，应达到设计的第三个层次，即研究使用者的行为与心理因素，真正实现为用户而设计，使人们在使用中产生心理满足和精神上的享受。

第四，产品缺乏空间宜人"小气候"的营造，限制了用户休闲行为的发生。在人们的室内生活中，各种家具通过不同的造型、色彩、风格搭配给人带来各种不同的情感体验，辅以满足人们的使用需求，当人们的生活从室内延伸至户外时，使用者同样渴望获得一种如室内一样舒适、宜人的生活环境。因而，一方面这就需要产品通过合理的人机尺度调整，使人们休闲行为的发生具有基本的物质基础；更重要的是将人的内在行为需求、景观小品、绿化、光照等因素协调统一，营造出一种促进、引导人们进行户外休闲的宜人环境，增强人的体感舒适度，使人们全身心地去感受景观空间和休闲活动带来的愉悦性。然而经过调查发现，基本上所有空间的产品在这方面都存在或多或少的问题，例子比比皆是。例如，有些使用者表示平时喜欢坐在空间的边缘和建筑台阶、凹廊、柱子、树下、建筑阴角等依托环境的位置，一般不会选择空旷场地的休闲产品，除非边界区已人满为患，然而实际中依托环境设置的产品往往较少，或者人来人往，环境也较为嘈杂，限制了人们某些户外休闲行为的发生。

第五，产品程式化严重，文化失衡。一方面，由于我国关于公共休闲产品的研究起步较晚，尚未形成系统完善的产品设计理论体系，与世界一流设计水平差距存在一定差距。因而，为了实现与世界接轨，部分设计师开始借鉴、模仿一些优秀的设计作品，造成产品全盘西化，千篇一律。另一方面，作为一种新型的景观工业产品，休闲产品大多为工业化批量生产，以在功能、技术、效率和经济等因素之间谋求一个平衡点，这也加剧了同质化现象的出现，精品和特色产品相对较少，缺乏创新意识，这使得某些富于地域文化、民俗文化的空间被日趋雷同化的产品所冲淡，类似的产品在不同场所到处移植，导致所采用的设计元素与所在场所精神格格不入的情况发生，而无视历史文脉的传承。

第六，产品缺乏完善的管理维护机制。公共休闲产品作为长期固定于户外使用的一类特殊产品，易出现破坏、被盗等情况，除了其自身性质和特点外，还与我国目前缺乏完善的管理维护机制密切相关。一方面，我国许多城市在建设上仍存在"重建轻管"的思想，即不惜重金进行新产品的购置，而面对更为重要的后期管理维护则比较忽视，存在一些漏洞。另一方面，由于缺乏严密有序的监管机制，往往造成某些产品遭到损毁、遗失后很长一段时间难以发现，不仅妨碍了人们的正常使用，影响了城市形象，而且在某些情况下甚至可以威胁到生命。

4.5 本章小结

随着现代户外休闲理念的深入人心，且发挥着越来越重要的作用，公共休闲产品作为人们户外活动的承载者和城市公共空间景观氛围营造的参与者，成为人们日常生活中接触最为频繁的一类城市家具产品。因而，本章以公共休闲产品为例，对城市居住区和商业步行街两个典型空间的产品功能性设计现状进行深入调查与分析。

首先，本章选择青岛敦化路、青岛十五大街和青岛湖光山色3个城市居住区，通过实地调研和用户访谈的形式，得到了如下结论：

①公共空间中设置的主要休闲产品有休闲廊道（架）、观景亭（篷）、休闲桌椅组合、休闲座椅4种类型；根据产品造型的不同，休闲座椅主要有直线型、曲线型、群组型、兼用型等类型产品，其中，直线型休闲座椅和兼用型休闲座椅2种产品应用最为广泛，种类繁多。

②就城市居住区公共休闲产品的空间配置方式而言，可分为轴线空间、节点空间和过渡空间3种不同的设置方法。其中，轴线空间的配置方法还可进一步分为按照沿交通动线和按景观轴线两种类型。

③通过对城市居住区公共休闲产品的使用者统计发现，产品的用户群体按年龄的不同，由多到少依次为老年人、中青年人和少年儿童。同时，通过对不同公共休闲产品中用户行为的频率统计发现，用户的交谈行为、独处自娱行为、伴随行为和观望行为是发生频率最高的4种典型产品使用行为。此外，在居住区不同类型公共空间中，用户行为所占比例也略有不同，在休闲广场空间中典型的产品用户行为依次为交谈行为、独处自娱行为、伴随行为、观望行为、游戏行为和棋牌娱乐行为；而在沿河景观木栈道空间中，用户行为所占的比例依次为独处自娱行为、观望行为、交谈行为、棋牌娱乐行为、伴随行为和游戏行为。

④就现有产品的使用情况而言，人们由于受到在一天的不同时间段和不同的季节等因素的影响，在产品的使用过程中呈现出不同的规律。其中，下午时段（14:00—17:00）和傍晚时段（17:00—19:00）是城市居住区公共休闲产品使用频率最为集中的时段；而在温度适宜的春夏季节，公共休闲产品的使用频率略高于秋冬季节。

⑤通过用户访谈的形式，分析总结了居住区现有公共休闲产品主要存在以下4个方面的问题和不足：产品配置不完善，缺乏合理性；产品缺乏人情味，舒适性程度低；产品程式化严重，缺乏整体性和特色性；产品的后期管理维护缺失，限制了用户休闲行为的发生等。

其次，本章选择上海南京路、南京狮子桥和青岛台东3个城市商业步行街作为研究样本，通过实地调研和用户访谈的形式，得到了如下结论：

①通过对调查的资料研究发现，在城市商业步行街中，现有公共休闲产品的类型主要有休闲座椅和休闲篷两种。其中，直线型休闲座椅应用最为广泛，其次为兼用型休闲座椅、多角型休闲座椅、曲线型休闲座椅和遮阳篷。

②现有公共休闲产品按商业步行街中街道空间和休闲广场空间两种不同类型空间，呈现出各不相同的空间配置方法。在街道空间中，为了起到分配人流、吸引人流、满足人们休闲的需求，通常按照居中设置、两侧设置和吸引人流设置3种方式进行配置；而在广场空间中，通常仅在空间四周边缘、转角等处设置少量的直线型、兼用型休闲座椅，满足人们休闲行为的需求。

③通过对城市商业步行街公共休闲产品的使用者统计发现，产品的用户群体按年龄的不同，由多到少依次为中青年人、老年人和少年儿童。其中，中青年使用者占绝大多数，老年人和少年儿童相对较少。同时，通过对不同公共休闲产品中用户行为的频率统计发现，在步行街的街道空间中，用户的观望行为、独处自娱行为、短暂休憩和餐饮行为是发生频率最高的4种典型产品使用行为；而在步行街的广场空间中，用户的使用行为略有不同，交谈行为、独处自娱行为、观望行为和餐饮行为是发生频率最高的4种典型产品使用行为。

④就现有产品的使用情况而言，中午时段（11:00—13:00）和傍晚时段（15:00—17:00）是城市商业步行街公共休闲产品使用频率最为集中的两个时段。同时，根据研究发现，季节性对11:00—13:00和15:00—17:00的两个高峰时段中产品使用频次的影响不大，差异性不明显；而在13:00—15:00这个时段，春夏季节产品的使用率略低于秋冬季节。

⑤通过用户访谈的形式，分析总结了商业步行街现有公共休闲产品主要存在以下4个方面的问题和不足：产品数量不足，设置缺少人性化；产品配套不完善；休闲空间动静区域模糊，舒适性较差；产品缺乏整体性和特色性，不能反映特定的场所精神等。

最后，结合实地调查和用户访谈资料，从产品缺乏系统性设计；产品配置不完善；产品缺乏人情味，忽略用户的行为心理需求；产品缺乏空间宜人"小气候"的营造；产品程式化严重，文化失衡；产品缺乏完善的管理维护机制6个方面分析了公共休闲产品的存在的问题及其形成原因。

本章参考文献

马勇, 周青. 休闲学概论[M]. 重庆: 重庆大学出版社, 2008.

章海荣, 方起东. 休闲学概论[M]. 昆明: 云南大学出版社, 2005.

朱月双. 中国休闲文化的哲学基础及影响[D]. 杭州: 浙江大学, 2010.

戈比. 你生命中的休闲[M]. 昆明: 云南人民出版社, 2000.

文金. 现代休闲生活与休闲家具[J]. 家具与室内装饰, 1999(1): 1.

陈有川, 张军民. 《城市居住区规划设计规范》图解[M]. 北京: 机械工业出版社, 2010.

戴亚楠. 对中国居住区外部空间形态的思考与探究[D]. 天津: 天津大学, 2007.

武进. 中国城市形态: 结构、特点及其演变[M]. 南京: 江苏科技出版社, 1990.

许蕾. 现代户外休闲家具设计[D]. 南京: 南京林业大学, 2008.

戴亚楠. 对中国居住区外部空间形态的思考与探究[D]. 天津: 天津大学, 2007.

白娆. 城市商业步行街的人性化分析与研究[D]. 西安: 西安建筑科技大学, 2007.

郭小阳. 商业步行街外部空间的人性化设计探讨[D]. 重庆: 西南农业大学, 2005.

戴力农. 当代设计研究理念[M]. 上海: 上海交通大学出版社, 2009.

匡富春. 城市家具产品系统构建及其公共休闲产品的功能性设计研究[D]. 南京: 南京林业大学, 2015.

第5章
城市家具公共休闲产品的用户
行为需求与设计策略

城市中的人，并不单纯仅仅是城市景象的观察者，其本身更是参与者。城市公共空间犹如一座露天舞台，城市中来往穿梭的人们就如演员一般带动着舞台剧的氛围，而对于一部生动的舞台剧而言，场所、角色和道具三者是不可或缺的。公共休闲产品作为一种辅助演员行为活动的工业产品，是基于各种实用技术和艺术，在广泛的领域里进行的创造性活动，其最终目的是将产品与人的关系形态化，即让产品的效能通过人的使用充分体现。而人能否适应产品又取决于产品设计是否与人的户外生活需求匹配，因而人是产品功能性设计研究的最初依据。

5.1 公共休闲产品与用户休闲行为的关系

5.1.1 用户休闲行为发生的基本环境

公共空间走向社会生活，社会生活亦走向公共空间。随着户外休闲观念的深入人心和城市建设的不断完善，居住区、商业街、公园绿地等户外公共休闲空间为人们各种不同类型户外休闲行为的发生提供了多种选择，不仅丰富了市民的文化生活内容，让人们逐渐摆脱习惯于生活在密室般的室内空间的生活形式，静静享受户外休闲生活带来的乐趣，追求精神上的轻松自在舒适；而且增强了城市的凝聚力，使人们可以获得精神层面的认同感和归属感。通过对城市居住区和商业步行街两个典型公共空间中公共休闲产品的实地调研和相关文献研究，发现公共休闲产品中户外休闲行为的发生是个体内在需求与环境相互作用的结果，即人们为了满足一定目标和欲望，机体通过感觉器官接受外界环境的刺激，并在神经系统协调、判断的综合作用下，做出的各种行为反应。

因而，基于行为主体与外部环境之间存在的这种关系，本研究将公共休闲产品用户休闲行为发生的基本环境条件概括性地分为物质环境和心理环境两种。总体而言，这种环境条件不仅可以成为引导、诱发人们行为发生的积极因素，也可以成为限制行为发生的负面因素。

5.1.1.1 用户休闲行为的物质环境条件

用户休闲行为发生的物质环境条件，即服务于人们并为人们所利用的，以人们日常休闲生活为载体的各种物质实体的总和，它是一种有形的环境，包括了自然要素、空间要素和人工要素三大要素。

（1）自然要素

自然要素主要由地理环境和气候环境构成。地理环境直接影响到土地的物理化学状况，且大尺度地貌单元影响大气环流特征，形成独特的热量和水分条件，进而形成独特的气候。就户外休闲行为而言，这些自然环境因素看似无关紧要，但仔细分析却能发现它们之间有着密切联系。美国加州大学伯克利分校资深教授彼得·柏世曼（Peter Bosselmann）曾对户外休闲行为的舒适度与自然气候条件的关系进行过相关研究，他认为日照是影响舒适度最重要的因素，除了在最热的夏季，绝大多数人们感觉舒适的户外休闲行为都发生于有阳光照射，且避开风吹的空间，而风大或向阴的公园和广场基本都无人光顾。循环不已的阳光，在一定程度上对维持人体生理节奏起着决定性的作用。

根据前期城市居住区调研观察和文献查阅发现，春夏季节公共休闲产品的使用频率略高于秋冬季节。这主要是由于当春夏季的气温在16~21℃时，人们户外休闲的体感舒适度较好，适合于诸如社交聊天、伴随、棋牌娱乐等行为的发生。而随着气温的不断降低，由于现有产品材料多由石材和金属两种材料制成，材质本身在低温环境下，使用的舒适性较低，不利于人们长时间坐憩行为的发生，因而产品的使用率有所下降。例如为了增强使用者长时间棋牌娱乐行为的就座舒适性，图5-1A中，使用者会自带马扎、小凳置于产品的石质座面之上；图5-1B，为使用者提供了软坐垫或草编织坐垫等。此外，在居住区和商业步行街两个空间中，日照对用户使用行为也表现出相似的规律。例如前文图4-50中不同季节下午时段上海南京路步行街公共休闲产品的用户使用行为所示，当在气温较低的秋冬季节，人们倾向于接受阳光的照射；而在春夏两季，人则会感觉到较热，开始选择那些被建筑或树木阴影所覆盖的区域，尤其是在炎热的夏季，处于阳光直射环境中会产生令人头昏目眩的感觉。

此外，风速也是影响人们休闲行为发生的重要因素。尤其是在户外环境缺乏日照的情况下，风的负面影响格外突出。即使温度并不太低，但过强的风速，同样会夸大使用者对外界环境的身体和心理感受。例如，在-1℃的条件下，50km/h的风速所产生的冷却效果是无风情况下-12℃空气的6倍。如表5-1所示，当空间中的风速达到20~30km/h时，使用者的头发、衣服、随身携带的诸如阅读材料、食物包装袋等轻质物品将被吹起，在这种条件下，人们的使用体验将会大打折扣。因而，在产品设置场所和位置选择时，应特别注意风速对环境宜人"小气候"的影响。同时，在高层建筑密集地区会产生一定的风环境变化，甚至会由于沿街建筑高度及密度过大，气流通过街道时运行截面骤然缩小造成单位截面风力及风速急剧增加，使街道空间底部产生强大"街道峡谷风"，在这种情况下人们无一例

图5-1A

图5-1B

图5-1 温度对产品使用
行为的影响
A：加马扎
B：加坐垫

表5-1　风速对公共休闲行为舒适程度的影响

风速	舒适程度
小于4km/h	休闲者无明显感觉，适宜户外休闲行为
4~12km/h	户外休闲者脸上感到有微风吹过，特别是在炎热的气候环境下，丝丝凉风是人们最渴望的享受
12~20km/h	风吹动了户外休闲者的头发，撩起了衣服，展开了旗杆上的旗帜
20~30km/h	风扬起了灰尘，衣服、头发会被吹乱，阅读材料几乎要被吹走，食物包装需要用手压住，休闲舒适程度降低
30~40km/h	休闲者身体能够感觉得到风的力度，特别是在冬季，寒风刺骨，不适宜户外休闲行为
40~55km/h	撑伞困难，人们拉紧衣领、缩起脖子、头发被吹乱，户外休闲行为基本不会发生

外都会拉紧衣领、缩起脖子，快速离去，户外休闲行为基本不会发生。

（2）空间要素

　　空间要素也是影响使用者休闲行为发生的重要因素之一，人们要完成某种行为就必须具备与之相应的空间条件，没有特定的环境与场所，人的许多行为也就不会发生；同时，空间诱发行为，行为主体在不同性质、不同层次的空间中也呈现出不同的行为特征，两者相互依存，存在一种明显的对应关系。例如，在城市街道、商业步行街等以线性公共空间为主的环境条件下，由于其长度远远大于宽度，具有视觉的流动性，人在空间中以通行、穿越、观看等动态活动为主，休闲行为大多发生于人们感到疲惫的时候或者等待朋友、家人到来的空闲时间，以休憩、观望、自娱等活动为主。而在广场、绿地等以休闲为主题的空间中，人们在产品数量足够的基础上，一般不会与陌生人共享休闲空间，会尽可能地均匀散布开来，保持心理上需要的最小空间，并占据一些视野开阔但又不引人注意的位置（图5-2）。此外，在通过植物绿化、景观小品、建筑实体等围合、界定的公共空间中，由于休憩环境具有很强的安全感和私密感，人们不仅可以按照自己的意愿支配空间，控制自己的动作，维持稳定的心理状态，完成自己的目标，情绪获得

图5-2 不同公共空间的
　　　户外休闲行为
A：步行街空间
B：休闲广场

图5-2A　　　　　　　　　　　　　　　　图5-2B

放松，感情得到释放，而且可以增进人们之间的交往和社会性活动的发生。

（3）人工要素

人工要素主要指城市家具、景观小品、植物绿化等人们可以随时随地身处其中和使用的、并对这种行为主体产生某些影响的有形要素，是人们休闲行为发生的首要物质载体。例如，公共休闲产品就是与人们坐憩类休闲行为发生密切相关的一种物质环境要素，除了人们在某些特殊情况下出现的席地而坐外，大多数户外休闲行为的发生都与公共休闲产品密切相关，产品的座高、座深、座宽、座面倾斜角等基本尺寸直接限定了使用者的肢体动作范围；产品的造型、色彩、结构给人不同的质感和审美情感体验；座面、扶手、靠背等部位的表面材料与人们的坐憩舒适度关系密切；而不同的空间配置方式也对人们休闲行为的实现至关重要，内向型的产品可以形成围合感较强的空间，通过不同角度、不同位置的变换，促进社会性活动的发生，外向型的产品由于使用者身体背向空间中心，面朝开阔处，适合单人独处，却不利于社会性活动的发生。

由此可见，人工要素不仅为人们提供了一个舒适、便捷的休闲环境，而且是人们思想交流、情绪放松的重要场所，直接决定了人们休闲行为是否发生，可以说没有人工要素的存在，就没有休闲行为的发生。

5.1.1.2 用户休闲行为的心理环境条件

在公共空间中户外休闲行为的发生是受控于行为个体的，人对空间有一种明显的占有欲望，会试图对身体周边一定范围内的区域进行控制，使之成为具有私密性和领域性的空间，这实际上是人对在环境中的受控状态的反应，是基于寻求安全的一种防卫心理。通常情况下，当人们初入某个环境时，都存在一个危险假定，当环境中的各种信息被明确地认为是安全或者舒适的情况下，人们在心理上才会感到该处适合休闲行为的发生；反之，如果人们对环境的心理评价是负面的，则休闲行为的诱因就难以形成。例如，人们在诸如商业步行街、风景区等人群密度较大的公共空间，面对人挤人、人挨人的就座方式时，势必会造成焦虑情绪的出现，缺乏安全感，休憩行为多是发生在逼不得已的情况下。同时，使用者会尽可能与周边陌生人保持一定的距离，或通过放置随身携带的物品限制他人插空而坐等形式，形成相对独立的就座空间，避免肢体触碰等尴尬局面的发生，且就座时间相对较短（图5-3）。

美国心理学家马斯洛（Maslow）认为，驱使人进入各种活动的内部原因是动机，而动机则是由各种不同性质的需求构成。如图5-4所示，根据先后顺序和高低层次，马斯洛将人的需求总体上分为5个层次，即生理需求、安全需求、社会需

图5-3 户外休闲行为的
　　　 用户心理特征

图5-4 马斯洛需求层次
　　　 理论模型

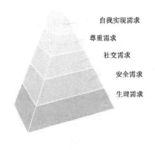

图5-3　　　　　　　　　　　　　　　　　　　　图5-4

求、尊重需求和自我实现需求。其中生理需求是人类最基本的需求，是其他各种需求的基础。需要层次论在一定程度上揭示了人的需要的心理规律。马斯洛认为，在人的发展过程中，当某一需求得到最低限度的满足，而非全部满足时，便会追求更高一级需求。那么，前文所述的某些人群密集的场所，由于就座密度过高限制了人们休闲行为发生的问题也不难解释，当使用者低层次的安全需求都无法满足时，休憩行为仅处于满足生理需求层次，即恢复之前行为所消耗的体力，而处于较高层次的社交、尊重等需求，由于缺乏安全感和领域感则无法实现。在人类众多的需求中，除了生理需求之外，其他各种需求都与人类的心理、情感紧密相连，要实现群体间较高层次休闲行为的发生，必须使人形成明确的安全感和领域范围。

5.1.2 用户休闲行为的类型与特点

5.1.2.1 用户休闲行为的类型

"人类聚居是一种由独特的、复杂的生物个体构成的有机体"，这种复杂性决定了人们在不同时间与空间，受自身条件、外界环境等因素的影响，户外活动呈现多样性与差异性的特征。扬·盖尔（Jan Gehl）在《交往与空间》一书中，曾从宏观角度将城市公共空间中人的户外活动简化分为必要性活动、自发性活动、社会性活动3种类型。必要性活动，指在不同程度上行为主体都要参与的活动，如休憩、投放垃圾、存取自行车、候车、查询道路信息等，这些行为的发生很少受外界环境的影响，一年四季在各种条件下都可能发生，参与者没有选择的余地。自发性活动，则与必要性活动迥然不同，只有在行为主体有参与意愿，且在时间、气候、场所环境等条件适宜且具有吸引力的情况下才会发生，如健身娱乐、购物、阅读宣传报刊栏等。社会性活动，主要指有赖于不同行为主体共同参与才能发生的诸如儿童游戏、相互攀谈、棋牌娱乐等活动，此类活动大多是由前两项活动发展而来，或在各种条件都适宜的情况下而发生的。

就城市家具公共休闲产品而言，根据用户行为活动同样也可划分为3种类型。如表5-2所示，必然性活动是短暂小憩、等待等；自发性活动是观望、呼吸新鲜空气、阅读、玩手机、打电话、餐饮、打盹、晒太阳等；社会性活动则是交谈、棋牌娱乐、嬉戏、伴随、互相拍照等。从以上3类不同性质的活动特点分析可以发现，产品用户行为中的绝大多数活动都主要表现为受环境因素比较大的自发性活动和社会性活动2种方式。其中，用户的自发性活动对于产品的功能性设计非常重要，一方面因为无论在何种空间，大部分户外休闲行为恰恰属于这个范畴，同时这些行为的发生又依赖于外部良好的物质条件；另一方面，在绝大多数情况下，社会性活动都是由自发性活动发展而来的。

正如诺伯格·舒尔茨（C. Norberg-Schulz）在*Existence, Space and Architecture*中所说的，"提高场所感的主要方式就是提高空间环境及其构成要素的质量；相反，如果空间质量较低时，将会造成某些场所并不能够给使用者带来丰富、愉悦的情感体验。"城市公共空间中人的休闲活动行为与环境的质量，尤其是与公共休闲产品的品质紧密相关。如图5-5所示，根据研究发现，当公共休闲产品

表5-2　公共休闲产品的用户休闲行为类型

类型	典型行为	图示
必然性活动	坐憩、等待等	
自发性活动	观望、冥想、阅读、玩手机、打电话、餐饮、织毛衣、打盹、晒太阳、呼吸新鲜空气等	
社会性活动	交谈、棋牌娱乐、嬉戏、伴随、互相拍照等	

图5-5 公共休闲产品与
　　　户外活动的关系

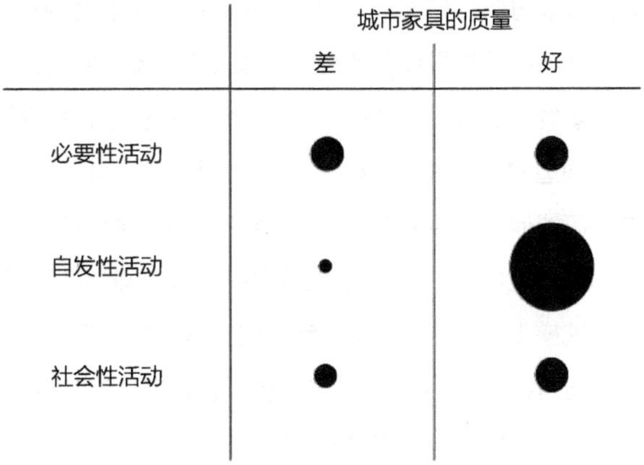

城市家具的质量

| | 差 | 好 |

必要性活动

自发性活动

社会性活动

图5-5

的适用性整体水平较高时，虽然必要活动发生的频率基本不变，但由于产品及其周边易于人们驻足、娱乐、游憩等，各种丰富多彩的自发性活动和社会性活动发生的频率就会随之增加；然而当质量较差时，人们可能在完成必然性活动之后，只有零星的自发性或社会性活动发生便匆匆离去。由此可见，公共休闲产品的功能性设计应从注重表现一个物化环境的塑造转向对行为主体户外休闲生活的生理需求、心理需求的满足，以赋予使用者多元的情绪感受、认知与美感体验。

　　但在现实生活中，设计者与使用者总是存在难以协调的矛盾，设计者或多或少的都会为了诠释某种概念、想法，将作品凌驾于使用者之上，并试图让使用者按自己的思路去享用、感受、体验设计。这种使用者与设计者认知上的差异性，恰恰容易造成设计偏离既定目标，既不能为人们提供必要性户外休闲行为发生的基本物质条件，更无法引导自发性活动和社会性活动发生，有的甚至成为人影稀少，无人愿意停留的地带。因而，使用者所得出的实际感受才是判定设计好坏与否的出发点，我们应当考虑使用者、休闲行为与设计之间的关系，即通过观察人们在使用产品时的行为方式，分析主要使用人群和使用者行为模式的类型与特性，并通过不同的用户群体在使用过程中表现出的迥然不同的需求，发掘用户行为模式背后的潜在需求，以确定产品功能性设计的根本依据，为使用者多样性与互动性户外休闲行为的发生营造出高品质的环境条件。

5.1.2.2 用户休闲行为特点

（1）用户休闲行为的主动参与性与被动参与性
　　公共休闲产品中用户休闲行为的发生体现出一种参与性与被参与性的特点。

147

参与性是指行为主体通过各种方式参与到公共空间中发生的各种对其有吸引力的事件或活动之中，并与客观世界或其他行为主体发生直接或间接的联系。被动参与性则是指在外部事物相互激发的过程中，使得行为主体不仅包括活动的直接参与者，还可以吸引周边的小憩者、观看者，甚至步行者等其他行为主体不由自主地被其吸引，并有可能促成事件的潜在参与对象的出现。如图5-6A所示，男性使用者作为主动参与者，在休闲产品的使用过程中与周边小商品的贩卖者产生社会性的互动活动，而就座于旁边的女性使用者可能被其手中的商品或谈话的内容所吸引，成为被动参与对象。图5-6B所示为围绕智能充电桩座椅使用手提电脑的人们及围观人群。因而，人群作为城市公共空间中的一种可变因素，可以在公共休闲产品周边形成特定的场所性，使主动参与者和被动参与者持续进行着"化合反应"，催生出多彩的城市精神生活，形成不断变换的动态场景。

（2）用户休闲行为的随意性与伴随性

城市公共空间作为一种公共的、开放的空间形式，每个人都有权选择、自由决定通过何种休闲产品、何种方式，进行放松身心、追求精神上的愉悦和满足，因而随意性就成为休闲行为最重要的特征。它主要涵盖了以下两个层面的意义：

首先，行为主体在选择承载休闲行为发生的物质载体时具有随意性，分布在城市中的居住区、商业街、公园、绿地、广场空间中的各种休闲廊道（架）、休闲亭（篷）、休闲桌椅组合、休闲座椅等产品，为人们的闲暇时光提供了可以自由选择和支配的去处，人们可以根据不同休闲行为的需求，选择使用不同的产品。例如，前文在城市居住区公共空间的调查结果，使用者的交谈行为多发生于休闲广场、中央景观轴等人群较为聚集的空间周边的曲线型、群组型以及直线型的休闲坐具，而独处自娱行为大多发生于较为安静、视野开阔的休闲广场、景观步行道等空间中的沿植物绿化、矮墙设置的产品周边。

其次，行为主体可以随意选择适合自己的休闲行为，各种活动的发生都是建立在自愿的基础上，外部因素的强迫不可能使人们获得满足、愉悦的心理感受和

图5-6A

图5-6B

图5-6 用户休闲行为的
　　　主动参与性与被
　　　动参与性
A：休闲人员与小贩
B：手提电脑使用者与
　　围观人群

情感体验。同时，由于独立性的户外休闲活动较少，因而通常情况下人们的休闲行为大多是伴随两种或两种以上的活动同时发生，人们的必然性活动、自发性活动和社会性活动相互交错发生，且互不阻碍。如图5-7所示，这里的用户休闲行为既包括了必然性的小憩活动，也包括玩手机、阅读、拍照等自发性活动，还包括了围坐聊天等社会性活动，人们在使用过程中不断变换着自己的活动方式，行为与行为之间具有良好的伴随性，处于一种动态变化之中。

（3）用户休闲行为的多样性与差异性

正如前文所述，公共休闲产品中的用户休闲行为，可以概括性地分为必然性活动、自发性活动和社会性活动3种类型，每种类型的活动又包含了诸多的使用行为。同时，基于使用者性别、年龄层次、社会文化背景、兴趣爱好的多元性，不同种类产品所体现出的用户行为也是丰富多样。例如，青少年用户群体的使用行为以游戏、嬉戏等活动为主；中年人以户外健身、休闲、交流等活动为主；而老年人往往具有固定的模式，以晒太阳、阅读、聊天、棋牌娱乐为主，如图5-8所示。同时，不同的行为主体、同一主体在不同的时间段、同一主体在不同类型产品的使用过程中都会造成使用行为的显著差异。个人可支配的休闲时间长短可能影响其选择休闲行为的方式，季节和气候的变化也会影响个人休闲行为发生的地点和活动时段，客观条件或空间环境的变化会引起使用者心理需求和生理需求方面的改变，导致其活动类型也随之改变。

图5-7 用户休闲行为的
　　　伴随性

图5-8 用户休闲行为的
　　　多样性与差异性

图5-7

图5-8

5.1.3 用户群体的层次化结构

5.1.3.1 产品的主要用户群体

在产品设计中常存在一种"见物不见人"的倾向，设计者往往将公共休闲产品的使用者假定为一个身体健全、行动敏捷的"标准人"。但事实上，这里的使用者并非一个抽象的概念，城市家具公共休闲产品的主要用户群体按年龄的不同，可以分为中青年人、老年人和青少年儿童3类用户。因此，公共休闲产品的功能性设计，只有真正了解不同用户群体的需求，才能结合他们各自不同的生理与心理特点，塑造出与使用者的需要相匹配的产品，引领人们实现健康、快乐、自由、舒适、高效的户外生活。

（1）中青年人

如今，现代人的生活节奏变得越来越快，中青年的工作压力越来越大，生活空间越来越小，不仅需要培育下一代，而且还需照顾长辈，可以用来休闲的时间较少。因而，中青年人的使用行为一般集中在中午和傍晚两个时段。傍晚时段，一般是在晚饭后外出散步、与朋友家人小憩、短暂聊天，有幼儿的青年夫妇还会陪伴自己的孩子出来游戏，使用产品多集中在住宅附近的广场、绿地。而中午时段，人们在密室般的室内环境里工作一段时间后，许多人会利用午餐时间来到周边的户外环境中，呼吸一下新鲜空气、放松心情，一边享用午餐，一边欣赏自然风景，抑或是在此会友聊天。

此类用户在选择产品时特别注重所在空间的品质，希望拥有安全感和领域感较强的宜人小空间，远离嘈杂人群，忙里偷闲、闹中求静、追求个性的发展。因而，设计者应通过不同产品的设置，有意识地调和公共空间与私密空间之间的关系，特别是在中青年人工作地点周围的场所。

例如，著名的纽约洛克菲勒中心广场，它被公认为是美国城市中最有活力、最受人欢迎的绿地活动空间之一。该广场由数十栋建筑组合而成，空间构图生动，环境外部富于变化。一方面，它采用下沉的形式既利用地面高差增强了空间层次，吸引人们的注意，又避开了两侧城市道路的噪音与视觉干扰，创造了比较安静的环境气氛，以方便人们在这里休憩、娱乐和交流。另一方面，曲线型、兼用型休闲座椅及休闲桌椅等多种类型休闲产品的组合设置为人们的休闲活动提供了不同的选择，满足了城市景观和人们进行商业、文化娱乐活动的需求（图5-9）。

（2）老年人

老年人退出工作舞台后，个人的重心转入家庭生活，由于闲暇时间逐渐增

图5-9 纽约洛克菲勒中
心广场

图5-9

多，户外休闲活动频繁，老年人成为休闲产品的主要用户群体。与年轻人相比，老年人因为年龄的增长而使身体构造发生一些变化，各种身体的机能逐渐下降，出行活动分布圈不断缩小。相关研究发现，70岁以上老年人的日常生活中，出行范围主要以家庭所在位置为中心，局限于180~220m半径以内的城市公共空间，这也就是城市居住区公共休闲产品老年用户群体较为集中的主要原因。

因而，居住区周边的街道、休闲广场、公园、绿地等场所就成为老年人户外休闲行为发生最为集中的区域。根据前期实地调研发现，在诸如青岛敦化路等一些老年人较为集中的居住区，老年用户群体使用产品的总数约占总人数的49.79%，而且多数使用者在上午、下午和傍晚3个时段的日均使用时间在1h以上，并以休憩、晒太阳、聊天、棋牌娱乐、照看小孩的伴随等休闲活动为主。从性别上来看，女性老年群体由于出行范围小于男性、家务活动及照看子女小孩占据了较多的时间等原因，用户数量明显少于男性，且平均使用时间较短。同时，为了缓解孤独寂寞，老年人一般喜欢待在安静平和的环境中，由兴趣爱好相投的朋友、邻居组成多种形式的、具有强烈内聚力的活动群体，进行娱乐休闲活动，而各不同群体之间交流较少，相互独立。

就老年用户群体而言，随着年龄的增长，其在身体生理、行为特征和心理特征等方面都将会产生一定的变化。一方面，老年人由于身体生理机能的逐渐退化，其身体的静态尺度不断缩小，开始出现驼背、体型变小、身体灵敏度降低等现象。因而，在设计中，针对诸如居住区、城市公园等老年用户群体较为集中的区域，产品在座高、座深、座宽等与人体尺寸相关联的基本功能尺寸的设定时，并不能直接等同于当地普通成年人进行设计，而需要将他们的身体尺寸作为十分重要的参考依据。另一方面，老年用户由于身体运动、感知系统发生衰退，造成身体的灵敏度降低，对外界刺激的反应表现出行为的迟缓性特点。因此，在产品的功能性设计中，应尽量避免各种直线、尖角等，适宜采用圆滑的曲线等造型，这既能避免老年人在跌倒、擦伤等意外状况下的潜在危险，又能使其从视觉、心理上产生安全感。

此外，在心理特征方面，老年人在离开工作岗位以后，生活领域也发生了相应的变化，由原来工作型生活转变为现在的休息型生活，使老年人产生了求生性、怀旧性、孤寂性、失落感、谨慎而多疑等心理变化。其中，在休闲产品的使用中，孤寂性、谨慎而多疑两个方面表现得尤为突出。

为了缓解孤寂性，如图5-10A所示，老年人一般选择会选择户外安静的消遣娱乐场所，形成一种2~5人组成的聚合小组，或是聚在一起聊天休闲，或是一起打牌下棋，通过相互交流进行自我的调节。而谨慎而多疑，更多地表现为对周围环境或事物显得敏感，缺乏安全感，具有一定的私密性、防卫性和排他性。如图5-10B所示，在对前期居住区用户行为图片信息采集的调研中，在未表明拍照的意图前，一群正在聊天的老年用户看到举起相机后，立刻终止了相互的交谈行为，一位用户同时起身走过来询问拍照的意图，言语中带着一种排斥性和不满的情绪。

（3）青少年儿童

由于生理和心智的局限，青少年儿童的户外休闲行为多数是以家庭为中心进行的，日常活动范围主要限定于所在居住区周边的街道、休闲广场、公园、绿地等场所（周末、假期等时间除外）。根据第4章所选定的3个居住区的相关调查资料，居住区中2~18岁的青少年儿童平均约占居住小区人口总数的10%左右。他们在户外活动中，围绕休闲产品发生的各种休闲行为的人数约占总人数的16.5%，且具有聚集性、季节性、时间性的特点，特别是在傍晚时段，当周边的幼儿园、

图5-10A

图5-10B

图5-10 老年用户群体的心理特征
A: 孤寂性
B: 谨慎而多疑

学校放学后，青少年儿童用户逐渐加入产品的用户群体中，行为主要集中于儿童娱乐设施、休闲廊架等能提供多样的、有趣味的活动机会的产品周边。同时，青少年儿童的使用行为还可以充当家长之间社会性活动发生的"催化剂"，因为这类群体的大多数活动需要依赖家长的陪伴与看护，在此过程中会促进家长之间的相互认识，彼此了解。此外，值得注意的是2~6岁的学龄前儿童，每天中多数户外游戏活动都是在家长的陪伴下，在休闲产品及其周边空间发生，虽然这部分行为并非传统意义上的休闲行为，但由于其与诸如产品的造型、结构、材质等功能性设计要素息息相关，因而本书将其纳入研究的范畴。

就青少年儿童使用群体而言，3~7岁的学龄前和学龄初期的儿童，正是其玩心最重的时候，活泼好动是他们的天性，喜欢对外界各种新鲜事物的探索和体验，且缺乏自我保护意识。因而，设置于儿童较为集中区域的产品在设计时，第一，产品本身应强调具有足够的强度和稳定性，在儿童诸如攀爬、站立、奔跑等各种使用行为的过程中，不易发生破裂、倾倒等情况；第二，产品的结构构件在设计中应注重安全性和稳定性，避免因儿童好奇心导致产品零部件的脱落，导致安全隐患；第三，产品的边缘、转角等部分的造型应过渡圆滑，避免金属尖角、缝隙、毛刺等情况的出现。特别是图5-11中所示的，这种市面上最为常见的、由木板材料拼合而成的产品座面，经观察发现，由于小朋友在这个年龄阶段身体平衡能力较差，一般在围绕产品奔跑的过程中，特别是在转弯的瞬间会用手扶住身旁的由木板条纵向拼接而成的座椅，手指容易被板条缝隙刮伤，存在安全问题。经过实地测量发现，此种坐具板条间隔为20mm，根据标准GB/T 26158—2010《中国未成年人人体尺寸》中4~6岁未成年女子人体尺寸，关于"食指近位宽$P_{5\%}$=12"和"食指远位宽$P_{5\%}$=11"两项目测量指标发现，儿童的手指可以轻易地插入两板条之间，而且最外侧板条与座面支撑金属框架的外缘间距更是超过了25mm，极易造成儿童用户的身体伤害。

5.1.3.2 产品的用户群体层次化结构

希腊哲学家普罗泰戈拉（Protagoras）认为"人是万物的尺度，是存在的事物存在的尺度，也是不存在的事物不存在的尺度"。公共休闲产品的用户群体广泛分布于各种不同性质、特点的公共空间中，受空间布局层次隶属关系、空间功能性质、主体休闲行为不同目的等因素的影响，表现出迥异的行为方式和行为需求。如图5-12所示，本研究以此为基础，按照用户群体数量由小到大的次序，将其定义为一个由个体、组、群体组成的三层组织结构，并可根据不同的群体、组和个体的层次关系确定不同空间城市家具的数量、配置方式、功能需求等设计问

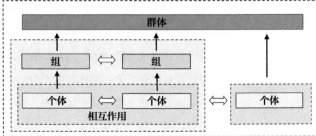

图5-11   图5-12

题，综合协调不同使用者之间的行为关系，满足其不同需求。

①个体（individual），城市公共空间中每个行为主体即为一个独立的个体。人有选择、支配空间的权利和自由，是独处还是共享，是封闭还是开敞等。对于不同个体，在城市公共空间的户外休闲活动中受年龄、爱好、教育背景、环境条件等因素的影响，行为表现各异，有的可能坐在树丛下的石凳上专心致志地学习、看报，不愿受人干扰，彼此相对独立，不发生社交行为；有的可能与家人朋友谈天说地，或围坐一起打牌、下棋，形成具有互动关系的组，总体呈现出互动与非互动两种截然相反的关系。

②组（group），多位用户因某种共同目的、兴趣产生相似的行为，构成组。例如，在广场、公园等城市公共休闲空间，人们常按年龄、兴趣等特点聚在一起，谈天说地、棋牌娱乐，在交往意愿和隐私意愿的作用下，形成一种具有领域感和内聚力的小组。

③群体（mass），主要指在城市公共空间中，由个体、组等所有的用户行为主体共同构成的用户群体。用户群体内部成员之间保持一种亲密关系，而不同群体之间保持相对独立，并通过不同机制调整开放和封闭的界限，以此来改变与别人的接近程度，提高行为空间的私密性和领域性。

图5-11 产品设计存在安全隐患

图5-12 公共休闲产品用户群体的层次化结构

5.2 公共休闲产品的典型用户休闲行为分析

结合前期实地调研的相关资料,本节从必然性、自发性、社会性3种用户行为类型中,进一步抽取出坐憩行为、观望行为、独处行为、交谈行为和合作娱乐行为5种最为典型的用户行为进行深入分析,以期掌握人们在使用产品时所体现出的行为规律,继而探索隐藏在行为背后真正的用户需求。

5.2.1 坐憩行为

坐憩行为是公共休闲产品最常见、最基本的一种用户行为。它最大的特点是可以诱发自发性活动和社会性活动的发生。人们的坐憩行为可以在很多情况下发生,既可以是单纯休息目的的短暂小坐,也可以是享受阳光、景色、读书看报等较长时间的作息,还可以仅仅是为了观察周边的新鲜事物或其他人的活动。但值得注意的是,除了第一种情况以外,其他行为的发生都依赖于休闲产品及其所在空间环境的质量,对于品质较差、人群密度较高的场所,上述行为发生的频率相对较低。

5.2.1.1 典型坐憩方式

调查发现,在人们最基本的坐憩行为中主要存在俯身而坐、仰身后靠、叠腿而坐3种典型的方式。

(1)俯身而坐

在城市公共空间中,对于俯身而坐的姿态,人们更多的是通过坐姿来调整与外部环境之间的关系,或为了缩短人际空间达到社会交往的目的,或为了屏蔽嘈杂环境使自己可以沉浸于独处娱乐休闲之中。如图5-13所示,根据观察发现,俯身的坐憩方式多发生于不带扶手和靠背的休闲产品,使用者的身体前倾,将肘部置于大腿之上,双腿分开,头部暴露于肢体外部,防卫能力较弱。因而,使用者采用此种坐姿的前提是,环境中的各种信息被明确地认为是安全的,或者舒适的,人们在心理上具有较强的安全感和领域感,外界所发生的事件处于一种可控状态,常发生于人群密度较小、相对安静的场所。而在复杂的环境中,采用此坐姿的用户多是处于多人互动的状态,因为这种坐姿可以缩短彼此之间的距离,既减弱了外界嘈杂环境的影响,又拉近了相互的心理距离。根据测量发现,利用此种坐姿与朋友、同伴交流

图5-13 俯身而坐

图5-13

聊天，人与人之间的距离会缩短至0~450mm的亲密距离范围内，有利于实现与家人、朋友的深入交谈。

此外，由于此种就座方式随着身体的弯曲，重心前移，增加了腿部和腰背部肌肉的压力，因而无论产品的座高，还是座面倾角都对就座舒适度有一定程度上的影响。一方面，适合俯身而坐的产品在高度上既不能过高，也不能太低，最好与膝腘高度相同。若座面超过450mm，使用者身体前倾角度将随之增大，不仅会增加心肺压力，而且坐的时间稍久，就会使人体腰部产生疲劳感；若座面高度低于300mm，使用者身体重心下移，会使脊柱和腰腹部所受的压力增大。另一方面，俯身而坐的产品最好是无曲度的水平座面，倾斜角度越大，腿部所受的压力越大，长时间的静态坐姿将导致血液的淤积和下肢的不适，坐憩时间即会随之减少。

（2）仰身后靠

无论在室内还户外公共空间，仰身后靠的坐姿都代表了一种休闲与放松，用户直接依靠在座椅靠背上，或将后背侧靠在廊柱、树干、墙体等可以依托的物体上，达到伸展放松的目的。在仰身后靠于座椅靠背这种坐姿下，人体下肢自然下垂，臀部后移，身体稍稍后仰，轻轻靠于椅背，腰背部得到了座椅靠背充分的支撑。一般来说带有靠背的休闲座椅，为了更好地提升就座舒适度，产品的座面倾斜角度应保持为2°~7°，靠背倾斜角度为100°~110°，这样可以使人体脊柱系统及其相关肌群实现充分的放松。而后背侧靠于依托物则是一种非典型的仰身后靠的坐姿形式，其主要是由于产品在设计中没有设置靠背部分或使用者为了达到更佳放松、休闲的目的，而主动采取的一种手段。如图5-14所示，通常情况下，在设有靠背的休闲产品中，绝大多数用户会采用此种坐姿，而后一种形式由于就座的姿势具有随意性，且不一定符合某些社会情境和社会角色，因而为了防止被人知晓或受外人的干扰，常发生于人群密度较小、安全感较强、环境恬静幽雅的场所。

（3）叠腿而坐

在公共休闲产品的用户坐憩行为中，叠腿而坐是一种最为常见、适合于各种性质场所的坐姿形式，其主要指使用者将两条腿在垂直方向上相互叠放，实现身体上的休息。叠腿而坐可以使人们用较小的动作幅度获得更大的休息空间和领域范围，使用者通过脚尖的前突和身体的侧倾，在无形当中扩大了自身的就座休憩空间。同时，调查发现，根据人们就座时脚尖前突的方向不同，在一定程度上也暗示了用户的个人空间与人际空间的差异性。如图5-15所示，与熟人结伴而坐时，叠坐者的脚尖通常彼此相交或朝向同一方向，这样可以更有效地缩短相互距离，使人际距离保持在亲密距离（0~450mm）的范围内，且利于相互沟通交流。而与陌生人共同就座时，则相反，多数叠坐者的脚尖朝向相反，背对背而坐；也有少数就座者采用脚尖相对的坐姿，通过增大肢体间相对距离的方式来调整与他人的人际距离。

图5-14

图5-14 仰身后靠

图5-15 叠腿而坐中的
个人空间和人
际空间
A：与友人同坐
B：与陌生人同坐

图5-15A

图5-15B

5.2.1.2 坐憩行为的空间属性

通过对公共空间中坐憩人群的观察，我们可以发现在逗留位置的选择上，人们倾向于选择沿空间四周或两个空间过渡区域的产品，或喜欢寻找一个背部及两侧空间具有依靠物的产品，抑或是产品的位置能够观望到空间中丰富的人群活动。整体上，呈现出边界性和依靠性的空间特点。

（1）边缘性

从我国古代的"择中"思想到亚历山大的"中心场论"，中心总是比四周边缘位置显示出一种特殊的感觉。当人们处于某个均质性极强的空间中心，且周围没有任何可供依靠或参考的物质时，很容易丧失方向感，不知该朝向哪一面，同时感觉周身暴露于众人面前，无所依从，安全感消失，形成中心恐惧感，其所承受的心理压力远大于其他位置，不是迫不得已，很少有人愿意光顾这个位置。

就公共休闲产品而言，同样具有"远离中心，趋向边缘"的特点。人们在选择坐憩的位置时，总是设法就座于空间边缘或公共空间中更小的空间单元内，而完全开敞的空间或处于场地中心位置的产品则无人光顾，除非空间四周的边界区已人满为患，此种现象在城市公共空间中随处可见。如图5-16所示，空间中最受人们欢迎的位置是那些沿树木、花丛、花坛、山旁、水边等构筑物设置的边缘区域的休闲产品，而不是场地中心的座位，这样使用者既不会处于众目睽睽之下，又具有良好的视野，能看到人群中的各种活动，可以随时参与进去，同时在心理上还可形成一个可防范的空间，他人只能从前方接近，更易于观察和反应，安全感较强。

由此可见，如果边缘空间不复存在，那么空间就绝不会那么富有生气，人们坐憩行为的边缘性充分体现了使用者对产品实用和心理意图的追求，产品的设置在某些情况下，可适当增加对空间边缘线性（曲线或折线）空间的利用，形成阴角或阳角休憩空间，这样不仅增加了边缘空间的吸引力，同时适当增加人群可坐的长度能更有效地使人逗留和聚集，达到人群的合理化分布。

图5-16 坐憩行为的边
缘性

图5-16

（2）依靠性

在公共休闲产品的使用过程中，人们并不是均匀地分散在空间中，而且也不一定停留在设计者认为最适合休闲行为发生的地方。相对而言，使用者总是喜欢选择就座于植物、柱子、墙体、景观小品等有所凭靠的、四周可为自身所占有与控制的产品，即依靠性。依靠性主要是由于人们的感知器官多集中于前部，对后部和左右两侧空间反应较为迟钝，是人体安全感较为薄弱的位置，因此会本能地寻求具有防护作用的空间或物体。

如果找不到这种具有明显围合性的空间，如图5-17A所示，那么使用者会退而求其次，选择空间中由建筑物、墙体、景观小品、植物绿化等物质要素界定、围合出的一种具有良好后防条件的边缘位置空间，面前开阔、轻松自然的坐憩环境。

如果在诸如街道两侧、步行街等空间开敞、人流密集、不具备上述可利用物质要素的空间中，如图5-17B所示，使用者则会通过靠背休闲椅、柱子、树木等可以凭靠物体周边的产品，直线型产品的平行排列，外向型排列等方式设置的产品在小尺度上增强使用者对背后空间的控制。

此外，如图5-17C所示，在实际使用中，一方面由于四面无所依靠的设置方式，极容易诱发使用者不安情绪的出现；另一方面，这种沿人行道外缘设置的产品，使用者无法观察到来自后方的威胁，存在一定的安全隐患。

5.2.2 观望行为

观望是人的一种天性，是对各种人或事物的猎奇，人们在这个过程中，通过局外人的身份参与其中，关注空间中有趣的人或事情的动态发展过程，从而获得独特的心理与情感体验。这种浅层次的观望还可以产生更深层次的社会体验。一方面，人们通过对他人行为的观望以及观望后的思维活动，将对观察者自身的自我认知与自我发展产生积极的影响；另一方面，人们还可能会结合自身的经历，

图5-17 坐憩行为的依
靠性

图5-17A

图5-17B

图5-17C

与家人、朋友一起分享自己的想法，促进更高层次休闲活动的发生，具有一定的社会意义。公共休闲产品中的观望行为形式多样，其作用对象没有特定的范围，既可以是行走在街道上的陌生人，也可以是坐在旁边聊天、下棋的熟人，是一种非约束的交流。

例如，在本书4.3.3.2中，上海南京路东方商厦、青岛台东利群商厦和南京狮子桥大排档3个空间中，用户观望休闲行为发生频次均超过了总人数的24%，行为的发生多聚集于空间宽敞、视野较好、无障碍物遮挡的场地边界区域或街道与广场空间的过渡区域等空间中，人们希望在观看中可以根据事件的发展满足不同观望行为的需求（图5-18）。这主要是由于步行街空间中多数坐憩休息者被场所中商家的促销活动、街头艺术表演所吸引，这也无形中使更多的人有意愿坐下来休憩观看，使人们获得情感与认知方面的满足。与此同时，在调研中还发现，由于空间中产品数量不足，还有部分观望者或选择就座于花坛、台阶等区域，或来到与之相近空间的休闲产品就座观望。

由此可见，观望行为作为大众最简便易行的休闲行为，是其他活动所无法取代的，增加看的机会也就是要求休闲产品能提供更多地方可以供人们在使用中观看空间中各种活动、事物或景物，这对人们的户外休闲开展具有实际价值。休憩空间中各种实体要素的有序组织使使用者对外部环境的感知成为可能，为人们探索空间中丰富多彩的行为起到了支撑作用。其中，公共休闲产品的观看视角和公共休闲产品所在空间各种构筑物的尺度是影响观望行为质量的重要因素。

首先，产品观看视角的多样性为使用者自由选择观看的角度提供了可能性，人们可以随时开始观望行为，也可以随时退出。如图5-19所示，在空间条件允许的情况下，这种通过曲线型产品的设置、直线型休闲坐具的斜角或不规则排布方式，不仅可以改变原有产品观看角度单一性的特点，而且提高了观望者对于空间的掌控性，使人们在观看中可以根据事件的发展，随意移动、变换角度，满足不同观望行为的需求。

其次，公共休闲产品所在空间的各种构筑物的尺度，同样会明显影响人们对观望行为的把握。在人们观看的过程中，空间中各种构筑物的竖向高度对环境的

图5-18 观望行为

图5-18

影响力相比横向宽度更容易被人感知。从人的视觉感受来看，眼睛视线的高度是一个分界线。低于视线水平高度的各种"障碍物"对人们的观望行为影响较小，甚至可以被忽略；超过这个高度的"障碍物"其影响力将大大增加。如图5-20所示，在产品的坐姿使用状态下，低于300mm的构筑物，将不会对人们的观望效果产生影响；当高度到600mm时，它开始对空间产生影响；当高度超过1 200mm时，其已经完全超过了人体坐姿条件下，眼睛到地面的垂直距离$P_{50}=1\ 161$mm，从视觉上开始拥有了划分空间的能力，阻挡了使用者的大部分视线，观望行为已被完全影响。

第三，人们在观望过程中，观望效果的好坏往往受视域的影响。当视域小于180°时，被观望环境作为外部事物与观望者之间存在一定的距离，而当视域大于180°时，观望者能够感受到外部环境对自身的包裹状态，观望者自身更容易沉浸于外部环境之中。因而，如图5-21所示，若将使用者观望的视点通过产品的高度变换挑高，将给使用者带来高质量的视觉感受，以最亲密的方式感受外部事物，提升视觉愉悦度。

图5-19 产品观看视角的多样性

图5-20 空间构筑物的影响

图5-19

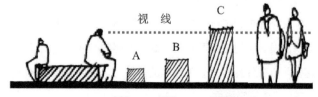

图5-20

图5-21 观望行为与视
域的关系

图5-21

5.2.3 独处行为

随着现代生活节奏的加快，大量的个人事务和人际交往使人身心俱疲，很多情况下人们都喜欢来到一个远离嘈杂、意境清幽的户外空间，坐下来获得深度的宁静状态。人们通过思索、反思、冥想、阅读等独处行为，不仅找回了那份心灵深处的宁静，也使身体得到了充分的放松。根据观察发现，独处的休闲行为对产品所在环境的私密性与领域性较高，多发生于树丛、墙壁等周边有遮挡、转折，便于隐藏自己，且又与外界可以进行视线交流的空间。一般情况下，人们在独处过程中不愿受人打扰，对陌生人侵入空间呈现排斥和消极的态度，当人际空间小于公众距离时，大多数人将由独处行为转为观望行为，若发现置身于自己无法控制或把握的程度后，人们便会因安全感丧失而终止行为，起身离去。

根据观察发现，行为主体之间的距离、光照条件、外界噪音、环境的宜人氛围等因素都是决定是否适合独处行为发生的主要因素，其需要借助各种空间环境要素来调整使用者与社会和物质世界的关系，减少杂乱的外部环境对独处行为的干扰，营造一种既有户外空间开放感，又有私密空间安全感的休闲环境。但满足独处行为的私密性需求，并非意味着要求产品提供一个完全封闭的环境，这样就失去了户外自然空间的积极意义。如图5-22所示，借助乔木、灌木等植物在产品周边形成立体化的绿化系统，这样不仅可以为人们的独处行为产生心理上的屏障功能，提供空间的依托感和围合感；还可以丰富空间的层次，创造出一种远、中、近结合的外部宜人空间，增加空间的亲近性。同时，使用者在面对诸如水面、森林等宽阔的均质空间中，由于缺乏视觉焦点，坐憩休闲过程中更容易诱发冥想、反思等行为，引导人们去体悟、思索。

此外，如图5-23所示的ESCOFET公司设计的Binocular 休闲座椅，设计者可以从休闲产品自身出发，通过三面围合的方式限制用户的视角，创造一个单视角的独处空间，这样可以在保持良好景观视角的基础上，最大限度地屏蔽来自周围的视觉干扰，形成稳定的视觉画面。

图5-22 独处行为
A：景观植物
B：重点区域

图5-23 产品的单一视角

图5-22A　　　　　　　　　　　　　图5-22B

图5-23

5.2.4 交谈行为

　　人的社会交往是由人的本质所决定的，人的一切社会属性不是与生俱来的，而是依靠社会实践衍生而来的，认知、情感、意志、文化都来自社会。社会心理学认为，交往是人类社会存在的基础，人们通过交往来组织生产，实现人与人的沟通，在交往中获取信息，在交往中体会到爱与归属、自我尊重和相互尊重以及自我实现等情感，交往在人们的社会生活中无处不在。

　　在交谈行为活动过程中，受产品造型、设置形式等因素的影响，人们常选择面对面、斜对面或并排而坐，这样不仅可以形成一个围合感、领域感较强的小型宜人空间，而且就座位置和角度的变换还可以避免造成膝盖相碰、目光对视等尴尬局面的发生。同时，组内成员间根据亲密程度的不同，尽可能保持与其他成员间不同的平衡关系，满足最小个人空间的需求。一般而言，使用者与家人、恋人等关系密切的交谈行为，人与人之间一般保持在0~450mm，而与朋友自由交流、能清楚看到对方细小表情的距离在450~1 200mm。同时，距离与交往的程度也密切相关，如果人们产生共同兴趣或感情加深，他们之间的距离就会缩短，450~1 000mm是上限；但当兴致淡薄时，此距离会增加到1 200mm。

　　根据观察发现，在2~3人小型聚合组中，人们通常会通过坐憩方式的变化，界定出一个类似于三角形的活动范围，避免空间中其他行为主体的干扰；而在

4~10人较大型聚合组中，人们同样会根据场地条件形成三角形或圆形等内聚力较强的向心空间图形（图5-24）。通过上述分析，那么在前文实地调研中所述的交谈互动行为的使用者通常会选择具有"L"型、"U"型或弧形产品的原因也就不难解释了，这主要是由于交谈行为本身对产品私密感和领域感的需求。而面对处于同一空间内的其他组或行为个体的共存情况时，在空间条件允许的情况下，组与组之间会通过将随身携带的物品放置于座面、扩大组与组之间的就座空间等排斥行为，保持宽松的距离和相对平等的关系，避免相互冲突，整体空间结构呈现一种三角形与三角形、点与三角形相互结合的形式；而当就座空间趋于紧张时，组内成员之间的距离将被压缩，就座空间趋向于一种点状结构，交谈行为的频率降低，并随着个人空间和人际空间逐渐缩小，交谈行为可能转变为观望、独处、短暂休憩等较低层次的使用行为，并最终因不能满足心理需求而呈现离散的关系（图5-25）。

图5-24A

图5-24B

图5-25A　　　　　　　　　图5-25B

图5-24 交谈行为小组
　　　内部成员间的
　　　空间图形关系
A: 2~3人小型聚合组
　　的空间图形
B: 4~10人大型聚合组
　　的空间图形

图5-25 不同行为小组
　　　之间的空间图
　　　形关系
A: 松散情况
B: 紧密情况

5.2.5 合作娱乐行为

合作娱乐行为，主要指在产品的使用过程中，行为主体与其他用户共同参与的各种娱乐活动，包括棋牌娱乐、儿童游戏、相互拍照留念等各类公共性使用行为，使人们可以在更大范围内实现社会交往和思想交流，成为整个场所活力氛围的源泉。

就棋牌娱乐行为而言，根据调研观察发现，其行为主体以老年人为主，主要发生于城市居住区休闲广场、城市公园、绿地等以休闲为主题的公共空间中，人们通常会选择设置有休闲桌椅的空间。如图5-26所示，在此类行为活动中，当小组成员数量足以保证娱乐行为进行的情况下，即处于一种内聚力极强的、封闭的圆形，会形成较强的空间归属性和领域性，组内成员开放程度较高，但当周围有来访者进入时，会引起行为主体的警惕和关注，其他人只能在旁边观看，很难加入参与其中；反之，当小组成员数量不足时，则呈现开放状态，组内成员或四处张望寻找参与者，或与周边观望人群攀谈，邀其加入。

此外，正如前文所述，由于使用者棋牌娱乐行为的持续时间相对较长，因而对所处空间环境的宜人性要求较高，若环境较差，行为主体多会自备坐具前往光照、温度等较好的其他场所。如图5-27所示，儿童的游戏娱乐行为则与老年用户群体的棋牌娱乐行为有所不同，其行为发生的环境具有多样性的特点，既可以是

图5-26 棋牌娱乐行为
图5-27 游戏娱乐行为

图5-26

图5-27

165

居住区公共空间的休闲廊道，也可以是商业步行街的直线型坐具，还可以是景观 图5-28 拍照娱乐行为
雕塑的高台、水池的边缘、花坛等非典型公共休闲产品。

如图5-28所示，在这里我们之所以将拍照娱乐活动归为用户的合作娱乐行
为，主要是由于该行为是有赖于两位或两位以上使用者相互配合、互动完成的，
虽然他们在拍照的过程中会就表情、姿势等细节进行交流，但其本意上确是为了
获得更好的拍摄效果，留住美好的瞬间，因而属于一种满足展示自我需求层面的
合作行为。此类行为的发生具有一定的随机性，外界的宜人环境、行为主体间相
互交流的过程中或周边使用者行为的感染性都会诱发拍照行为的发生。其中，宜
人的使用环境最为重要，因为只有舒适的、富有人情味的休憩环境才能够为使用
者带来丰富、愉悦的情感体验，才会让人们安坐下来，歇息、交流，悠然地享受
生活，进而产生自我表露的想法。

图5-28

5.3 公共休闲产品的用户休闲行为需求

公共休闲产品作为一种工业产品，其最终目的是将产品与人的关系形态化，即让产品的效能通过人的使用充分体现。而人能否适应产品又取决于产品设计是否与人相匹配，因而人的行为需求是提高产品品质、促进较高层次户外活动发生的根本途径。因此，本节将从人与产品之间关系的角度出发，发掘不同用户行为背后的潜在需求，并根据各项不同需求之间的相互关系，建立产品的用户需求层次模型，使之更好地体现用户的需求。

5.3.1 产品的用户休闲行为需求分析

通过对前文所述的坐憩行为、观望行为、独处行为、交谈行为、合作娱乐行为5种公共休闲产品典型用户休闲行为的分析，我们可以发现，虽然产品的使用行为有所不同，但其不少行为动机背后的需求却是相似的。经过汇总整合后，最终将产品的用户需求分为以下10项：

①舒适性需求，主要指人们在使用时不易疲劳、不会对身体产生伤害，并以必要的舒适性来最大限度地消除人们的疲劳，获得身心的放松与休闲。

②安全性需求，主要指考虑使用者的行为、使用环境等方面的因素，保证产品具有足够的力学强度与稳定性以满足使用者的多种需求。

③私密性需求，主要指在休闲活动过程中，要求使用环境具有完整性，以使人具有主体感，并能按自己的意愿支配空间，能够控制自己的动作、维持稳定的心理状态、完成自己的目标、情绪获得放松、感情得到释放。

④领域性需求，主要指个人或群体为满足某种需要，希望拥有或占有一个场所或一个区域，形成一种不受或减少外界因素干扰的休憩环境。

⑤审美需求，是作为一种重要的艺术存在形式，产品通过一种功能美、形式美、艺术美的综合体现，带来一种视觉上的审美体验。

⑥便捷性需求，主要指人们在休憩过程中对放置随身物品、丢弃废弃包装纸、满足夜间使用等，方便使用者使用的相关需求。

⑦多用性需求，主要指产品可以通过随意移动、变换角度等方式，满足不同用户使用行为的需求。

⑧环境宜人性需求，将人的内在行为需求、景观小品、绿化、光照等因素协

调统一，营造出一种促进、引导人们进行户外休闲的宜人环境，增强人的体感舒适度，使人们可以全身心地去感受景观空间和休闲活动带来的愉悦性。

⑨社会交往与合作娱乐需求，既包括按照一定兴趣、年龄等组成的、面对面聊天的主动式交往需求，也包括通过对行走在街道上的陌生人，对坐在旁边聊天、下棋的使用者观望过程中，形成的一种被动式的交往需求。

⑩展示自我需求，主要指拍照、摄影等留住美好瞬间、自我表露想法等行为的需求。

5.3.2 产品的用户休闲行为需求层次模型

在公共休闲产品中，不同的用户休闲行为会产生不同的用户需求。正如前文所述，必要性活动是行为主体都要参与的、非完全自主性的活动，而自发性和社会性活动的发生有赖于外部物质条件的好坏，其与产品整体的适用性水平呈正相关关系。因而，将不同层次的休闲行为与用户的需求相对应，用户的休闲行为需求同样会按照一定的结构关联而具有层次上的差异和递进关系，当某一需求得到最低限度的满足时，才会追求更高一级需求，并引发不同的休闲行为。

通过对上述典型用户休闲行为背后的用户需求分析，并将其与不同类型的用户休闲行为相对应，我们可以形成如表5-3中所示的公共休闲产品用户休闲行为需求层次模型。其中，我们将与必然性活动相对应的舒适性需求、安全性需求、私密性需求、领域性需求4种用户需求定义为"产品的基本需求层次"，即在产品的功能性设计中是必须要满足的一类用户需求，如果不能满足则可能导致产品无法使用或出现逃避使用的行为。例如，对于摇晃、破损的休闲产品人们会选择绕道而行；当遇到空间人群密集、私密性和领域感较差的情况时，或选择站在一边短暂休憩，或选择放弃行为的发生快速离开。我们将与自发性活动和社会性活动相对应的便捷性需求、多用性需求、审美需求、环境宜人性需求和与社会性活动相关的社会交往与娱乐需求、展示自我需求6项需求定义为"根据具体情况可以选择性满足的需求层次"，如果此类需求可以在产品的功能性设计中得到满足，用户将获得更多的精神享受和情感体验，并引发更高层次休闲行为的发生。

表5-3　公共休闲产品用户休闲行为需求层次模型

休闲行为类型	各层次的需求内容	需求层次
社会性活动	社会交往与合作娱乐需求、展示自我需求	根据具体情况可以选择性满足的需求
自发性活动	便捷性需求、多用性需求、审美需求、环境宜人性需求	
必然性活动	舒适性需求、安全性需求、私密性需求、领域性需求	必须要满足的基本需求

但在实际应用中，值得注意的是，并非用户的需求满足得越多、层次越高越好，产品应根据不同的场所性质、空间形态、主要用户群体等具体情况，有选择性地满足不同的用户需求。例如，在前文所述城市商业步行街街区的实地调研中，在街道空间中，用户的观望行为、独处自娱行为、短暂休憩行为是发生频率较高的产品使用行为。因而，设计中应重点考虑与自发性活动相对应的各项用户需求的实现；而在广场空间中，交谈行为、独处自娱行为、观望行为则是典型的使用行为，设计中应在满足自发性活动层面用户需求的基础上，增加对如何满足、促进社会性活动需求的考虑，营造出一种促进、引导人们进行户外休闲的宜人环境。试想，如果我们在步行街街道空间产品的功能性设计中，同样按照广场空间的设计要求，更多强调满足使用者社会性活动的需求，这样不仅会造成资源浪费现象的发生，而且可能因"过度满足"引起人群的聚集、滞留，妨碍空间正常的人流步行交通通行能力，适得其反。

5.4 基于用户休闲行为需求的公共休闲产品功能性设计策略

在上一节公共休闲产品的典型用户休闲行为需求中，由于舒适性需求、安全性需求、私密性需求和领域性需求是产品必须要满足的基本需求，对产品的功能性设计具有普适性和通用性；同时，通过分析发现，审美需求、宜人性需求和社会交往与合作娱乐需求不仅也是出现频率较高的需求，而且还是绝大多数自发性活动和社会性活动发生的基本物质条件，对于产品的功能性设计非常重要。而用户的便捷性需求与多用性需求由于与用户行为所在场所本身有密切关系，且实现方式多种多样，具体设计策略可参照后续第6章中所述的基于Kano、QFD和TRIZ理论集成应用的城市家具公共休闲产品功能性设计系统中的相关内容，选择适合的发明理论，有针对性地进行设计活动，满足不同的用户需求。

因而，本节将重点从上述几个方面，根据每类需求的不同特点，进一步探讨与之相应的产品功能性设计策略。

5.4.1 满足舒适性需求的设计策略

在休闲产品的功能性设计中，对使用者舒适性需求的满足，主要体现在让人们休闲行为的发生感觉舒适，即强调产品的人机关系，关注人的特性，重视人性化。因而，产品的功能性设计就不得不在人机工程上加以考虑，以人的心理需求为"圆心"，生理需求为"半径"，通过合理的设计手法将人们的生理属性，充分体现在产品的基本尺度、造型、配置方式等设计要素中，用以建立人与产品的和谐关系，最大限度地提升人在使用产品过程中的行为舒适性。

人体尺寸是功能设计最基本的依据，设计中所选择的人体各部分尺寸是通过测量的方法获得的。即用测量的方法研究人体各部分的体格特征，包括人体构造尺寸和人体功能尺寸两类。构造尺寸指静态的人体尺寸，是人体处于固定状态下测量的，为家具设计提供了基本的数据来源。而功能尺寸是指动态的人体尺寸，是人在进行某种功能活动时肢体所能达到的空间范围，如人体站立的基本高度和伸手的最大活动范围，坐姿时的下腿高度和上腿的长度及上身的活动范围等都与家具尺寸有着密切关系。

5.4.1.1 人体构造尺寸

利用人体构造尺寸数据进行休闲产品的尺度设计，首先应根据产品的类型与形式，明确产品的使用功能、使用场所、主要用户群体等相关内容，然后选择与产品密切相关的人体构造尺寸数据。我国根据人体工程学的要求，于1989年7月1日开始实施的适用于工业产品设计、建筑设计等多领域的，中国成年人人体尺寸基础数值的国家标准GB 10000—88《中国成年人人体尺寸》，为产品的设计提供了相关依据。本节将从人体测量尺寸数据的选择、人体尺寸百分位数的使用、产品功能尺寸的确定等方面进行深入分析研究，为公共休闲产品的功能性设计提供相应的尺寸参考依据。

（1）人体测量尺寸数据的选择

通过对现有产品的研究，本书将产品功能性设计中涉及相关常用的人体测量尺寸数据与现有国家标准相对应，汇总于表5-4中。而在实际设计项目中，使用人群由于具有地域性、场所性等特点，因而相关具体尺寸的选择，还应在此基础上根据具体设计对象及用户群体的年龄层次、性别等因素进一步查阅标准细则，并充分考虑不同地区间人体尺寸差异性的问题，选择适当的人体测量数据作为设计的标准。

（2）人体尺寸百分位数的使用

在国家标准中给出的不同性别及年龄的人体尺寸数据中，主要是将诸如坐

表5-4 公共休闲产品的相关人体尺寸测量数据

测量项目	18~60岁男性						18~55岁女性					
	P_1	P_5	P_{10}	P_{50}	P_{90}	P_{95}	P_1	P_5	P_{10}	P_{50}	P_{90}	P_{95}
身高	1 543	1 583	1 604	1 678	1 754	1 775	1 449	1 484	1 503	1 570	1 640	1 659
上臂长	279	289	294	313	333	338	252	262	267	284	303	308
前臂长	206	216	220	237	253	258	185	193	198	213	229	234
手功能高	656	680	693	741	787	801	630	650	662	704	746	757
最大肩宽	383	344	351	375	397	403	347	363	371	397	428	438
坐姿臀宽	284	295	300	321	347	355	295	310	318	344	374	382
坐姿两肘间宽	353	371	381	422	473	489	326	348	360	404	460	478
坐高	836	858	870	908	947	958	789	809	819	855	891	901
坐姿肩高	539	557	566	598	631	641	504	518	526	556	585	594
坐姿肘高	214	228	235	263	291	298	201	215	223	251	277	284
坐姿大腿厚	103	112	116	130	146	151	107	113	117	130	146	151
坐姿加膝高	441	456	464	493	523	532	410	424	431	458	485	493
小腿加足高	372	383	389	413	439	448	331	342	350	382	399	405
坐深	407	421	429	457	486	494	388	401	408	433	461	469
坐姿下肢长	892	921	937	992	1 046	1 063	826	851	865	912	960	975

高、坐深、坐姿肘高等研究变量分成100份，按照从小到大的顺序排列分段，每段的截止点即为一个百分位，表示小于和等于该段人体测量数据的人群总数占所统计对象总数的百分比，是人体尺寸中常用的一个定位指标。公共休闲产品本质上属于一种工业产品，因而设计中所涉及的人体百分位数的选择可参照GB/T 12985—91《在产品设计中应用人体尺寸百分位数的通则》的相关要求。具体而言，选取过程可参照以下方法：

第一，由人体某些部位决定的产品尺寸取第5百分位数为设计依据；第二，由人体的高度、宽度决定的产品尺寸取第95百分位数为设计依据；第三，目的不在于确定界限，而在于决定最佳范围和常用高度以第50百分位数为依据；第四，涉及安全问题等特殊情况时，还可能要考虑更小范围的群体，此时要采用极端的数值，即第1百分位数或第99百分位数。

如表5-5所示，以公共休闲座椅的设计为例，我们首先可根据产品的结构，概括性地分为座面、靠背、扶手3部分，将其所涉及的与人体尺寸相关的座高、座宽、座深、扶手高、靠背高、靠背宽、扶手高、扶手内宽等相关因素逐一列出；其次，将设计因素与相关功能设计要求、人体测量项目建立对应关系；最后，在此基础上，参照上述不同的方法考虑百分位的选取，获得相应的设计参考尺寸。

（3）产品功能尺寸的设定

公共休闲产品最终功能尺寸的设定是建立在人体测量尺寸数据和人体尺寸百分位数合理选用的基础上完成的。同时，为了更好地承载、适应、满足人们丰富户外活动的需要，产品最终功能尺寸的设定还应按照如下公式，从产品功能、用户群体、使用场所环境3方面进行适当修正。

产品最终功能尺寸=人体尺寸百分位数+产品功能修正量+心理修正量+场所环境修正量

产品功能修正量主要指着衣修正、穿鞋修正和主要用户群体修正3方面的内容。一方面，由于GB/T 12985—91中所给定的人体尺寸数据为裸体测量的结果，

表5-5　公共休闲座椅百分位的选取及参考尺寸的确定

设计因素		相关人体测量项目	百分位选取	参考尺寸
座面	座高	小腿加足高	P_5	≤342mm
	座宽	坐姿臀宽	P_{95}	≥382mm
	座深	坐深	P_5	≥401mm
靠背	靠背高	坐姿肩高	P_5	≤518mm
	靠背宽（单人）	最大肩宽	P_{95}	≥382mm
扶手	扶手高	坐姿肘高	P_{50}	≤251mm

因而在设计时还应考虑使用者穿鞋或穿着衣服时在高度、围度、厚度等方向上引起的数值变化。例如使用者坐姿状态添加鞋跟厚度后，会引起小腿加足高和坐姿肘高两个人体测量项目相应增加20~25mm。另一方面，在不同类型的场所环境中，由于用户群体在构成上存在一定的差异性，同样也会引起产品尺寸的变化。

表5-4中所示的是18~60（55）岁不同性别用户群体的人体尺寸均值，而在诸如居住区广场、绿地等场所中，产品的主要用户群体为老年人和儿童。例如，36~55岁这一年龄段女性的坐姿小腿加足高值比P_5百分位的均值减少4mm，而55岁以上的女性老年用户群体由于标准中尚未涉及，但按照相关研究提出的6%收缩尺寸计算，坐姿小腿加足高值将缩减至321mm，比均值低21mm，因而设计时还应对产品的功能尺寸从主要用户群体的人因角度进行适当修正。

心理修正量主要是为了从人的心理角度增加产品使用过程中的安全感和领域感而做的尺寸修正。例如，为了增强双人及多人休闲座椅的使用舒适性，座宽的尺寸设定通常会在人体尺寸百分位数和产品功能修正量的基础上，增加200mm的心理修正量，满足使用者个人空间的需求。

场所环境修正量则是指从产品具体的使用环境角度出发，根据场所不同性质、类型对产品的功能尺寸进行修正。例如，在居住区、公园、广场、绿地等休闲空间中，休闲娱乐是空间主要的行为活动，因而设置的产品也应充分体现"休闲"这一主题，可对座面、靠背的尺寸进行正值修正，增强产品的使用舒适度；而在街道、商业区等以步行、穿越为主要行为的交通空间中，产品的设置既要加速人群的流动性，避免人流聚集，阻塞步行交通，还要满足使用者的休憩需求，因而可对产品的功能尺寸进行负值修正，这也形成了我们所见到的诸如椅面带有一定倾斜角度或直接使用条状或筒状简易坐具等设计（图5-29）。

在前文中所述的人体尺寸百分位数选定的基础上，将产品功能修正量和心理修正量两个影响因素加入其中，形成了表5-6中所示的产品基本功能尺寸。

图5-29 不同空间条件
影响下的场所
环境修正量
A：休闲空间
B：交通空间

图5-29A

图5-29B

表5-6　公共休闲座椅的基本功能尺寸

设计因素		参考尺寸	修正量	基本功能尺寸
座面	座高	≤342mm	鞋跟高度25mm	≤367mm
	单人座宽	≥382mm	衣服厚度6mm	≥388mm
	双人座宽	≥382mm	衣服厚度12mm 心理修正200mm	≥976mm
	座深	≥401mm	衣服厚度6mm	≥407mm
靠背	靠背高	≤518mm	—	≤518mm
	靠背宽（单人）	≥382mm	—	≥382mm
扶手	扶手高	≤251mm	鞋跟高度25mm	≤276mm

5.4.1.2　人体功能尺寸

　　由于人们户外休闲活动具有多样性等特点，因而在满足人体基本构造尺寸的基础上，还需要设计者根据产品所处的使用环境，掌握人们在使用产品的过程中，每个动作的不同情景状态，并在此基础上分析出人们不同动作发生时所需要的活动空间大小。如图5-30中所示的休闲桌椅组合产品中户外遮阳伞的设计，参照GB/T 13547—92《工作空间人体尺寸》中关于人体动态尺寸的相关测量数据，人体在立姿状态下中指指尖点上举高测量项目的P_{95}基本尺寸为2 245mm，因而为满足使用者在此遮蔽空间中各种行为的发生，伞篷离地高度最小应保持此距离。

　　此外，人体功能尺寸的研究有利于设计师在进行产品的整体规划、配置时做出合理的分配，既可以满足人们进行各类休闲与社交活动的需求，也可以减少不必要空间的浪费，提高空间利用率。如图5-31所示的两组休闲桌椅产品之间步行空间（A、B两点间）最小尺度（d）的确定，这既需要根据设计容许并行通过人数，以及人体测量尺寸中最大肩宽的测量项目确定，更重要的是结合人体的功能

图5-30

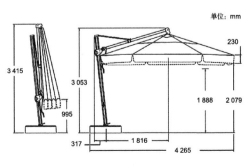

图5-30　人体功能尺寸在户外遮阳伞中的应用

图5-31 人体功能尺寸
在产品配置中
的应用

图5-31

尺寸来设计。在双向通行的步行空间中，为保证交通的顺畅，A、B两点之间的最小距离d可参照GB/T 13547—92《工作空间人体尺寸》中关于人体立姿状态下双肘展开宽度的P_{95}百分位来确定，即$d \geqslant 1\ 872mm$。在这种距离条件下，双向人流发生小幅度肢体动作时，一般不会产生碰撞等令人不悦的情况。

5.4.2 满足安全性需求的设计策略

安全感是人们户外休闲行为发生的基本前提之一。产品的安全性主要存在以下两层基本含义。首先，是产品本身的安全性，即产品具有足够的力学强度与稳定性能满足使用者多种需求。其次，产品使用者不会因环境、人群等因素而造成人身或财产的损失和威胁，从而引起心理不安、恐惧的特征。其中，产品本身的安全性尤为重要。

就产品的结构而言，休闲产品作为人们户外活动中使用频率较高的一类工业产品，一方面需要直接面对高温、冰冻、日晒等诸多不利的自然因素，或需承受水、酒、油脂、酸、碱等液体的浸渍和腐蚀；另一方面，由于使用人群的特殊性，产品的强度需要满足高频率和多人次同时使用的需求。因而，产品在设计阶段应从结构、材料等方面重点考虑。特别是构件之间的接合问题，因为产品的整体寿命往往取决于节点连接的性能，而导致产品或连接破坏的原因，往往不是因为一次承载载荷超过了设计的最大破坏极限，更重要的是，在疲劳和蠕变交互作用下构件连接部位发生松动，进而导致疲劳破坏的情况发生。

此外，针对老年人和少年儿童两个特殊的使用群体，由于其在身体生理的尺寸、行为特征和心理特征等方面与中青年使用者存在一定的区别。因而，在上述两个群体出现较为集中的空间中，对产品的安全性还应重点考虑以下方面：一是产品的表面应光滑，没有裂纹；二是产品构件的边缘、转角等部分的造型应设过渡圆滑，避免金属尖角、缝隙、毛刺等情况的出现；三是所有金属外露边缘都应加装塑料管套等配件进行封端处理；四是固定家具用的铆钉、螺栓、螺钉等金属连接件应采用嵌入式或端部为光滑的圆形转角处理的配件，避免出现锋利或凸显的部分，避免结构刮、划、夹住衣服，防止以防儿童在奔跑中碰伤；五是产品的结构构件在设计中应注重安全性和稳定性，避免使用不当产生使产品零部件出现脱落现象，造成安全隐患。

5.4.3 满足私密性需求的设计策略

对使用者而言，满足私密性需求就是希望在休闲活动过程中，要求使用环境具有完整性，以使得人具有主体感，并能按自己的意愿支配空间，能够控制自己的动作、心理状态的稳定维持、完成自己的目标，情绪获得放松，感情得到释放。根据社会心理学家所做的大量研究成果揭示，人有自我隐匿的一面，需要自我认知、自我评判和自我实现，而满足私密性的需求是促进行为发生最有效的途径。

当人们置身于自己无法控制或把握的空间环境中，特别是在拥挤的条件下，由于使用者的个人空间不断缩小，有时候甚至会出现人挤人的情况，无法满足私密性的需求，人们会丧失安全感，逐渐感到焦虑、恐惧和慌乱，限制了休闲行为的发生或降低了休闲行为的愉悦度。一般而言，在公共休闲产品中，满足使用者私密性需求主要可以从产品的造型和休憩空间植物的配置方式两个方面考虑。

（1）产品的造型

产品的形态语言同样是人们形成不同视觉和心理感受的重要因素，所谓"形"就是人们所能感受到的产品的样子，"形态"是产品形状与造型艺术的结合。可以说任意一个从背景中凸显出来的形态都是由点、线、面等形态语言按照统一与变化、对称与平衡、比例与尺度、节奏与韵律等形式美法则有机地、自然地结合起来，给人以不同的视觉刺激与信息感受，令人产生私密感或开放感。

如图5-32所示，根据产品的基本造型形式，我们可以将现有公共休闲产品概括性地分为单体型产品、直线型产品、带扶手靠背的直线型产品、曲线型产品、有机造型产品5种类型。通过比较我们可以发现：

单体型和直线型这两种产品，如图5-32A、图5-32B所示，其私密性相对较弱，这主要是由于产品在后方和左右两侧都呈现出一种完全开敞的空间形式，恰恰由于使用者所有的感知器官都位于前方，对这两个方向反应较为迟钝，是人体安全感最为薄弱的位置，因而无法满足前文所述的"依靠性"的就座需求，在使用过程中，其他使用者可能从多个方向加入，分享就座空间。

带扶手靠背的直线型产品，如图5-32C所示，私密性比前两种形式略好，使用者可以排除来自后方和左右侧的"威胁"，通常此类产品若在两人同时使用的情况下，其他使用者一般情况下不会选择在此就座。

曲线型产品，如图5-32D所示，其私密性较高，这主要是由于此类产品相对而言跨度较大，可以形成内聚力较强的"L"型或"U"型向心空间，用户在产品

图5-32 产品造型对使
用环境私密性
的影响
A: 单体型产品
B: 直线型产品
C: 带扶手靠背的直线
型产品
D: 曲线型产品
E: 有机造型产品

图5-32A

图5-32B

图5-32C

图5-32D

图5-32E

使用过程中可以通过不同角度、不同位置的变换，获得更多的私密感，避免外在因素的打扰，利于社会交往性活动的发生。

　　而有机造型产品，如图5-32E所示，则集带扶手靠背的直线型产品和曲线型产品的优点于一身，形成一种围合感较强的休憩空间，使用者不仅可以根据不同行为需求选择合适的就座位置，而且左右两侧和顶面的封闭造型，可以为人们的独处行为产生心理上的屏障功能，最大限度地屏蔽来自周围的视觉干扰，形成稳定的视觉画面。

（2）植物的配置方式

　　私密性意味着在对别人封闭的同时，又保留对别人开放的可能性。重要的是允许人们可以选择，是对别人开放还是对别人封闭，设计的重要性在于尽可能提供私密性调整的机制。就满足休闲空间的私密性设计策略而言，产品周边的植物配置方式具有十分重要的作用，其可以通过围合植物的数量、大小、高矮、株距以及观赏者与周围植物的相对位置而产品使用环境开敞、半开敞或封闭的不同空间格局（图5-33）。

5.4.4 满足领域性需求的设计策略

　　众多研究者发现，产品的使用者在休闲行为发生的过程中总是与周边其他用

图5-33 植物的配置方
式对使用环境
私密性的影响
A: 开敞空间
B: 半开敞空间
C: 封闭空间

图5-33A

图5-33B

图5-33C

户个体或群体保持一定的距离。这个距离，即围绕在使用者个体周围的个人空间和人际空间，是人们领域性需求的外在表现形式。领域性的形成有助于肯定一个人的身份，为其提供休闲行为发生的场所，有助于使用者使用过程中安全感、私密性的形成。

个人空间主要指在行为过程中，为了满足个体的安全、可控制、舒适的心理需要而存在的，主要取决于人的心理承受度。用户的个人空间不是一成不变的，始终处于动态平衡之中，其形状和大小随着人们不同的活动、人与人不同的亲疏关系以及不同使用环境的变化而变化，具有较强的灵活性与伸缩性，并对不受欢迎的来访者产生拒绝或排斥的态度，反映了个体心理上所需要的最小的空间范围。例如，在使用者坐在产品上静静享受阳光、风景、阅读或者与友人相互交谈时，有陌生人进入想要共享就座空间，大多数人的反映一般来说是排斥和消极的，人们或会暂停现有的休闲活动，或在交流时降低声调，当安全感降低到一定程度后，使用者便会终止行为，起身离去。

　　每个人都有自己的个人空间，它是一个无形的领地，直到有人闯入，方能感觉到到它的存在，这也就是美国人类学家爱德华·霍尔（Edward T. Hall）提出的"气泡理论"。如图5-34所示，根据调查及对使用者个体行为心理需求的分析发现，休闲产品的个人空间在气泡理论的基础上可以进一步细分为安全空间和舒适空间两种类型，两者相互交替，在界限上具有模糊性的特征。安全空间，即区域A（0~450mm），这个距离可以让使用者保持肢体或物品不被侵犯，是满足个体心理上安全和可控制的

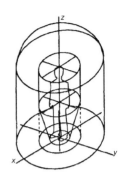

图5-34

图5-34 人体气泡理论

需要的最小距离。舒适空间，即区域B（450~1 200mm），可以让使用者保持对周围环境最大的控制，获得良好的视野，让身体自由地伸展，满足心理上舒适和与他人保持特定关系的距离需要。在使用者相对较少、空间开阔的场所中，使用者会期望保持舒适空间，忽略安全空间。

　　在城市公共空间中，行为个体除了期望保持理想的个人空间外，还对情感上的交流存在一种渴望，或与家人畅谈一番，或与友人棋牌娱乐，或与老邻居的偶遇，等等。在整个社会交往过程中，人们同样按照不同的活动、亲疏关系与其他个体保持适当的空间距离，即人际空间。Edward T. Hall将人们在交往过程中，心理上需要的最小空间划分为密切距离、个人距离、社会距离、公众距离4种。一般关系越密切、越友好，人们在相处时就越近；相反，如果遇到陌生人靠近时，人们就会感到浑身不自在，会想尽办法扩大彼此之间的距离，这也就是为什么我们会经常看到一个能容纳5个人使用的产品往往只有1~2个人。

　　因而，公共休闲产品作为一种具有公共领域价值的产品形式，虽然需要在有限的空间条件下满足更多使用者休闲行为的发生，但也不可忽视用户领域性的重要性，以避免造成资源的浪费。在产品的功能性设计中主要可以从以下方面重点考虑。

（1）清晰的领域界限

　　一个清晰的领域界限有助于使用者形成完整的领域感。对于一个休憩空间而言，如果功能定位不够明确，步行交通者与静态休憩者相互混杂，必然导致场所含义的模糊，那么人在其中的领域性要求就得不到满足。因而，在休闲产品及其周边休憩环境的设计中，可以通过不同的方式将产品的使用空间进行界定、区分，使得人们具有较强的领地占有感，从中体会到适宜的安全感。如表5-7所示，休闲产品形成使用者具有领域感的方式，主要可以通过实体界定和虚拟界定两种方式实现。

表5-7　休闲产品的领域性营造方法

界定方式	典型案例			
实体界定	遮阳篷界定	护栏界定	墙体界定	花坛界定
虚拟界定	高差界定	地面铺装界定	产品造型界定	

　　所谓实体界定主要指利用景观小品、景观绿化、花坛、护栏、遮阳篷等构筑物对产品的使用空间进行划分、界定，将休憩空间与交通空间有意识地区隔开来，用这种手法设置的产品边界围合感较强，易于形成领域感。虚拟界定则是通过不同铺地、不同高差以及产品自身造型等象征性的区隔手段来实现使用者心理上的界限划分。虽然此方法在范围的限定上较弱，但其实质在使用者心理上也起到了一定的暗示作用。在实际设计中，我们可以根据空间不同的功能要求，相互结合使用，增强产品使用空间的领域性。

（2）多样的产品设置

　　休闲产品的功能性设计不仅需要满足使用者的谈话和合作关系的发生，而且需要在有限的空间条件下，满足更多使用者休闲行为的发生，协调组与组、组与行为个体之间领域性需求的关系。因而，多样的空间设置也是我们在设计中需要重点解决的问题，其主要包括以下两层含义。

　　首先，在人际空间的作用下，不同群体之间保持相对独立，这就需要产品通过均匀排布、聚合和离散排布两种不同机制，调整群体之间的关系，满足心理上最小空间的需求。均匀排布，主要指按照一定的距离间隔设置产品，如图5-35所示，在解决同一空间中的两组休闲产品之间设置距离d的问题上，一方面应满足前文图5-31中所述的人们正常步行交通的需求，另一方面还需要照顾不同使用群体之间人际空间的心理需求，因而产品最小的间隔距离应保持社会距离为1 200~3 600mm的要求。聚合与离散排布，则是与均匀排布相反，产品以不同的间隔距离区分对待组内与组间两种不同的关系。如图5-36所示，在由多个单体型产品构成的休闲空间中，为了调和不同用户群体的多种需求，产品可按照个体距离和社会距离两种间隔交替排列的方式，形成聚合与离散两种关系，即将AB和CD设置成两个独立的休闲单元，单元内间隔d_1采用个人距离，可满足人们正常面对面的自由交流，而两个单元的组间d_2采用社会距离。

此外，设计者还可在同一空间内，通过不同类型产品的综合设置，暗示、引导不同群体（个体）可以按照休闲活动的不同需求，选择不同形式、不同位置的产品。如图5-37所示，西班牙巴塞罗那Fira Barcelona Gran Via展览中心，在以通行、穿越、观看等动态活动为主的线性空间中，场所通过休闲产品与植物绿化的搭配设置将空间合理地分割开来，向人们暗示、引导了一种运动的可能性，形成了双向人流的步行路线；而且大跨度的曲线型产品设计视觉效果动感十足，创造出一种空间

图5-35 均匀排布
图5-36 聚合与离散排布

图5-35

图5-36

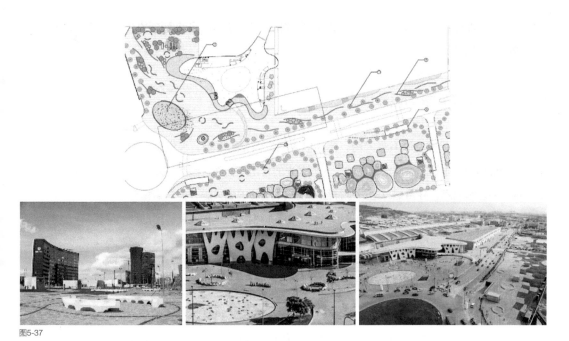

图5-37

图5-37 综合排布

图5-38 限制行为手段
的应用设计

的流动性。而在人群聚集、适合休闲行为发生的面状广场空间中，产品则以群组型和曲线型产品为主，起到了聚集人群的作用，满足使用者对领域感的需求。

（3）限制行为手段的引入

根据前期调研发现，在步行街、风景区等人群拥挤、空间狭小的公共空间中，人们在产品的使用过程中会尽可能通过坐姿的调整、把随身行李放置在身旁的空座位上面等方式，避免与陌生人肢体触碰等尴尬情况的发生，以扩大个人空间。因而，如图5-38所示，在某些可同时容纳使用人数较多的产品设计中，我们可以在就座位置之间添加扶手，通过限制产品使用者总数的方式，避免人挤人、人挨人等不舒适情况的出现，从而达到使用者对个人安全空间和领域性的要求。

此外，在空间条件允许的情况下，产品可以通过大跨度的曲线型或多角型产

图5-38

183

品的使用，增加可坐空间的长度，实现人群的合理化分布，增强产品使用过程中的领域感（图5-39）。

图5-39 大跨度产品的利用

5.4.5 满足审美需求的设计策略

审美需求与产品形态联系最紧密，旨在给人视觉以美的享受。视觉是由眼睛、视神经和视觉中枢的共同活动完成，人们在光的作用下，通过眼睛感知产品的形状、色彩等信息，并将信息通过视神经和视觉中枢传输到大脑，便对事物产生一个视觉上的认识与感受。产品的形态包含了与视觉相关的三大要素，即形、色、质，它通过各种不同的形状、体量、材质和色彩形成一定的秩序感，以引起人们不同的心理感受，满足人们不同的审美需求。

5.4.5.1 形式风格的连续与统一

美国心理学家、格式塔心理学派创始人之一的沃尔夫冈·柯勒（Wolfgang Kohler）曾说过："有机体并不是凭借局部的各自独立的事件来对局部的刺激发生反应的，反之，乃是凭借一种整体性的连续过程来对一个现实的刺激丛进行反应的，这种整体性的连续过程，作为一个机能的整体，乃是有机体对整个情境的反应。"由此可见，客观世界所表现出的各种形式在感觉中的生成，具有"通过整合使之完形"的意蕴，整体大于部分之和，整体先于部分而存在，整体决定着各部分的性质，即格式塔的"整体论"。这一观点虽然最早出现于心理学领域，但现今已被广泛应用于文学、美学、艺术、建筑等诸多领域，而对于本节所研究

图5-39

的休闲产品设计同样有着千丝万缕的联系。形式风格的秩序与完形在满足用户审美需求上主要可以从以下几个方面进行把握。

（1）图形与背景

"图形与背景"是丹麦心理学家与现象学家埃德加·鲁宾（Edgar Rubin）提出的一种视知觉现象，后被格式塔心理学进一步发展形成图底关系理论。该理论认为"图"与"底"是共存的，在一定配置的视知觉领域内，各构成对象并非出于一种同等重要的状态，有些特征明显的对象，具有前进性，更容易从背景中凸现出来，成为首先可被人们所感知的对象，即"图"；而另外一些具有后退感的对象，则成为依赖图而存在的衬托背景，即"底"。但这种图与背景的关系并不是一成不变的，当图与底的关系发生互换时，就产生了图底的转置情况，成为设计中一种有趣的构图方式。

在公共休闲产品的设计中，图与底的关系同样适用。一般而言，图与底的关系差别越大，越容易呈现在前；差别越小，则越容易融于环境之中。通常不规则的图形，轮廓分明、完整紧凑的图形以及体量密度较大的图形更容易成为"图"；而稳定、简单、小型的元素则更容易成为"底"。因而，设计中应合理区分"图"与"底"，谁为正，谁为负，应根据不同场所环境氛围营造的需要进行设置，以便使用者在认知过程中清楚地感知到所要表达的主题。

在视觉、听觉、触觉、嗅觉和味觉5种感官中，视觉被认为是理论感官或者距离性感官，具有探索远处东西的特点。当人们从远距离接近场所时，首先会不由自主地运用自身一切的感觉器官对环境进行扫描，感知空间中各种构成要素的色彩、几何形状等基本属性。在这其中，产品的色彩能够产生比造型、材质等其他设计要素更为直接、强烈的影响，正所谓"先看颜色后看花""七分颜色三分形"。色彩在明度上的深浅变化，可以形成一种明暗上的变化，即明暗感。在蒙赛尔表色体系中，色彩的明度可以分为9个阶段，用N来表示，其中N1~N3为低明度，N4~N6为中明度，N7~N9为高明度。明度差在3个等级以内的色彩组合是弱对比；明度差在3~5个等级的组合是中对比；明度差在5个等级以上的组合是强对比。

在多数强调突出宁静、恢宏、沧桑、厚重等历史视觉元素的城市公共空间中，建筑相对来说占据了空间的绝大多数面积，且具有清晰的轮廓，更为规整，处于场所中的主导地位，设计者常将建筑作为"图"，而把公共休闲产品视为"底"的一部分。如图5-40所示，在此类场所的公共休闲产品图形与背景关系的处理中，为了达到环境的协调与统一性，将其融入环境背景之中，为空间整体氛围的营造提供良好的烘托和陪衬作用，产品在色彩的选择与搭配上，大多采用明

图5-40 休闲产品作为"底"
图5-41 休闲产品作为"图"

度中对比设计的产品，色彩过渡平和，给一种含蓄、内敛的感觉。

　　而在一些以时尚、科技、抽象、多元等现代视觉元素为主题的城市公共空间中，为了形成空间的视觉亮点，设计者也常会利用图底转置的方法，将公共休闲产品作为"图"，而将整体环境作为"底"。这种方式虽然打破了产品应配合空间氛围营造的传统理念，一定程度上令人有"喧宾夺主"之感，但其本质上却丰富了空间的景观变化与视觉感受，形成一种新的秩序感；同时，由于休闲产品在体量上相对较小，这种寻求局部变化的方法实则不会破坏空间的整体性与连续性。如图5-41所示，产品在色彩的设计中，采用了明度的强对比手法，视觉效果相对突出，明暗分明，具有清新、爽朗的特点，可以有效地增强产品的层次感和立体感，起到点缀空间的作用。

（2）连续性

　　格式塔理论强调，在组织感知图形时，某些相似、距离较短、相互接近或者连续性出现的视觉信息，人们倾向于将其看作是一个整体对待。因而，在休闲产品设计时，亦可以运用这一原理，从造型、风格、材质等方面综合考虑，使产品

图5-40

图5-41

与产品，产品与整体环境之间形成统一的主题和理念。如图5-42A所示，在不规则形状的空间、纵深和宽度较大的空间或者设计者想要增强对空间边界区域的利用时，造型上的接近性可以使产品更趋于线性化，人们在观察时更容易形成视觉的连贯性，达到空间的整体性效果，给人无限的回味和意境的延伸。如图5-42B所示，在美国华盛顿广场中设置的各种休闲产品中，尽管设计使用了大理石、木材、金属等多种材质，但其在风格上均采用了仿古的设计手法，与周边的国会大厦、国家艺术馆等新古典主义风格的建筑相呼应，营造了一种厚重的历史积淀感。

（3）相似性

知觉组织总是倾向一种完整、稳定、简单的图式，当图形在形状、大小、颜色、结构等方面都体现出一种相似性的特征时，人们在对其感知过程中会将这些视觉信息进行处理，即使这些图形并没有很多的相关性，也有把它们联合在一起成为一个整体的趋势，而不是单纯地将其视作独立的线条或圆圈。

就休闲产品的设计而言，相似性可以有效地丰富产品本身及其所在产品的设计表现语言。如图5-43A所示的阿德莱德（Latelare）土著遗址公园，就空间中每组独立的休闲产品而言，其设置均以土著文化雕塑为中心，沿四周间隔设置3段弧形休闲坐具，形成一种群组型的休憩空间，虽然每段产品之间均留有可供穿行的过道空间，但人们视觉在闭合律的作用下，更容易将其视为一个具有较强的内聚力和向心力整体。而从空间的整体环境出发，园区的步行道将分散在不同位置的点状休憩空间串联在一起，形成具有相似性但并不完全相同的图式，可谓"形散而神不散"。而如图5-43B中所示的上海新天地改造项目中，设计者将传统石库门

图5-42 形式的连续性
A: 不规则形状空间连续性表现
B: 美国华盛顿广场休闲产品连续性表现

图5-43 相似性
A: 阿德莱德土著遗址公园休闲产品相似性表现
B: 上海新天地改造项目中产品设计相似性表现

图5-42A　　　　　　　　图5-42B

图5-43A　　　　　　　　　　　图5-43B

建筑中较为常用的清水青砖融入公共卫生产品，不仅可以使产品能够较好地与周边环境相互匹配，而且用现代的设计手法营造出一种凝重、端庄和古拙的传统文化意蕴，使人们看到熟悉的颜色，触摸到特有的质感，就能唤起对城市传统文化的记忆和联想。

5.4.5.2 地域文脉的贯穿与渗透

城市的地域文脉与公共休闲产品的关系是相互统一的，产品与城市公共空间中的各种建筑实体、景观绿化、景观小品等要素共同构成了城市的气质和性格，给人们营造出不同的审美情感体验。设计中对地域文脉的贯穿与延续，总体而言就是指将产品置于城市深层次的文化特征背景之下，从特定地域中凝聚隐含着当地人深厚情感的特有文化元素入手，深入挖掘灵感，并利用现代的设计理念、表现技法以及符合现代人的审美要求，将这些文化元素、符号融入产品的设计中，从而形成一种独特的地域情结，增强产品的亲切感、归属感和文化认同感，延续文脉。根据研究发现，公共休闲产品在对地域文脉的贯穿与延续中可以从以下几个方面重点考虑。

（1）保留与再现

城市在发展的过程中，留下了许多诸如建筑民居、历史遗迹、绘画雕塑等珍贵的痕迹，它们甚至可以说代表着城市未来的灵魂。针对这些地域文化元素，保留与再现的方法主要是通过直接模仿、局部元素的自由截取组合等方式，将这些传统的痕迹展现出来，产生一种"形似"的效果。虽然这种设计方法难免流于浅薄或具有抄袭的嫌疑，但却是一种较为直接的表达方式，可以让使用者触景生情，对地域文化产生一种美好的追忆。如图5-44A所示，美国路易斯安那州新奥尔良市作为阿巴拉契亚山脉以西第一个建设有轨电车系统的城市，自1835年以来，已经历了近200年的历史，虽然后来绝大多数线路都被拆除或被新的交通工具所取代，但有轨电车却已经成为新奥尔良的一种象征和标志。为了保留与再现人们对这种世界上现存最古老的有轨电车的美好回忆，在新奥尔良市区主要街头的两侧，我们都可以发现这种以有轨电车为原型设计的公共休闲产品。而图5-44B中所示的是青岛啤酒街城市家具，产品以最为直观的啤酒瓶和啤酒桶等造型为元素设计，营造出浓厚的啤酒文化氛围。

（2）隐喻与象征

在产品设计中，隐喻和象征是两种较为常用的设计表现手法。隐喻，就是通过产品本身的物质形象，将其最具精华和本质的文化元素融入产品风格、造型、色彩、装饰以及材质的设计中，使其具有较强的地域和文化烙印，让人们可以寄

图5-44 保留与再现
A：美国路易斯安那州新奥尔良市有轨电车
B：青岛啤酒街城市家具

图5-45 东京LALA码头休闲广场城市家具

图5-44A

图5-44B

情于景并产生联想和回忆。而象征，则是根据事物之间的某种联系，借助某一特定事物的外部特征，将设计者想要表达的某种概念、思想、愿景，通过艺术的方法传递给观看者。隐喻与象征虽然是两个不同的概念，但两者之间相互联系、相互渗透、相互融合。对于城市公共休闲产品的设计而言，隐喻与象征的设计方法同样适用，其与保留与再现相比，更为含蓄和间接，它对事物的感知、理解、想象是在相类似事物暗示的作用下形成的，强调"意境"的创造，使人们可以直接地感受和体验地域文化的内容。如图5-45所示，东京LALA码头休闲广场的整个设计将水、绿色、土地通过符号的形式贯穿始终，通过起伏波动的地形和白色泡沫状、珊瑚状的座椅营造出海洋的景观意象。

图5-45

图5-46 分解转化

（3）抽象与提炼

抽象与提炼的过程，是为了要表达主题意境，对事物特征中最具精华和本质的元素进行重新简化、分解、重构，形成易于识别的简单化的符号和标志，从而使表达更加准确有力和生动形象。产品的设计元素可以从具有地域性特征的历史文化、民俗、传说、文物、建筑、装饰纹样等众多物质与非物质要素中进行获取。就抽象与提炼的方法而言，主要可以从地域文化符号的分解转化、打散重构、抽象变异等方面完成。

①分解转化，主要是将具有地域性特色的文化元素通过分解和转化的设计方法应用于产品的设计中。这个过程可以从原有的元素中提炼出新的设计元素，再利用现代的设计理念将其转化为新的形式。如图5-46所示，设计师在产品的设计中将传统新古典主义风格的建筑进行分解转化，将富有标志性的正面三角形山墙和两对圆柱提取出来，并以此为元素，营造出一种厚重的历史积淀感。

②打散重构，主要是对传统文化符号分解以后，选取最具特征的符号进行重新组合，打破原来的组织形式通过形体变异进行重新排列，对原来的形态进行分解，保留其最有特征的部分进行重新构造。这种方法特别适用于从传统装饰纹样中提取文化元素，由于传统的装饰纹样往往繁复冗杂，有些可能已经不符合现代简洁明快的审美观念。因而，这就要求设计者在对传统文化进行深层次理解的基础上，利用分解、简化、合成的设计手法对其进行重新构图。如图5-47所示，著名家具设计师奇彭代尔受中国古典园林和建筑等方面的影响，在"中国式长凳"靠背的设计中将中国古典建筑中的窗户花格纹样打散成单个的设计元素符号后，将其按照一定的形式美法则进行了重新构图。

③抽象变异，主要指在传统建筑整体或局部构件、服饰造型等形态的基础上，对其进行形态上的变异转换，或根据原形的文化内涵进行各种形式的变换，甚至在内涵上进行多方位的引申。如图5-48所示的南锣鼓巷休闲座椅，将北京老

图5-46

图5-47　　　　　　　　　　　　　　图5-48

城区南锣鼓巷街区的整体形象抽象和简化，把这条传统与时尚元素交织之处的老民居屋顶轮廓以几何线条的形式概括表达，使之体现出简清、明快的造型，既满足了多人同时就座的功能性要求，又体现了独特的地域性建筑民居特色。

（4）情境化营造

俗话讲"一方水土养一方人"，由于不同地域、不同民族之间不同的生活习惯、审美习惯以及不同的文化传承而产生不同的民俗文化与社会生活，这种差异性需要通过一定的物质载体来实现。在公共休闲产品的设计中，传统地域文化的情境化营造往往是把中心聚焦于被人们认可的民俗文化和社会生活上，将某些寄寓及象征文化价值观的历史事件、历史场景、文化符号等抽取出来，在视觉上建立起一个与这些非物质文化的连接途径，使空间变得具有历史意义和纪念价值，产生情景交融、触景生情的目的。如图5-49A所示的湖南长沙市黄兴路商业步行街中以"百年长沙民俗"为主题的城市雕塑，集中反映了老长沙人的生活和休闲方式，既满足了公众的休憩需求，又使历史与现实产生交汇，实现历史生活方式的再现和乡情文化的召唤。还有如图5-49B其他形式的传统地域文化的情境化营造。

图5-47 打散重构

图5-48 南锣鼓巷休闲
产品

图5-49 传统地域文化
的情境化营造
A：湖南长沙市黄兴路
商业步行街城市
雕塑
B：其他形式传统地域
文化情境化营造

图5-49A　　　　　　　　　　　　　图5-49B

5.4.6 满足环境宜人性需求的设计策略

休憩环境的宜人性，是指从人的感觉和知觉出发对休憩环境的整体性设计，其不仅需要产品通过合理的人机尺度，为人们休闲行为的发生提供基本的物质基础；更重要的是将人的使用行为与空间微气候、景观植物绿化等因素综合考虑，从更高层次上营造出一种舒适的使用环境，使人们全身心地去感受景观空间和休闲活动带来的愉悦性。

5.4.6.1 空间的尺度

芦原义信在《外部空间设计》一书中曾对城市公共空间的尺度与人的感受之间的关系进行过较为详细的论述，其指出两座建筑间距离D与建筑高度H，在不同的比例关系下，会给使用者带来不同的心理感受。如图5-50所示，当D/H=1时，会给人形成一种压抑、紧张的感觉；当1＜D/H＜4时，空间产生一种轻松、舒适、平和的感觉；而当D/H=4时，则是空间由亲切趋向于疏远的临界点。由此可见，在公共休闲产品设置位置的选择时，D/H值控制在1~4时较为合适，这样休憩空间的尺度既不会给人造成压抑的感觉，使用者的视线也不会受到干扰。

5.4.6.2 环境的微气候

微气候泛指小规模局部区域的气候状况。虽然季节更替对部分场所的产品使用行为具有显著影响，但小规模区域内对环境微气候舒适度的调节，仍然可以在很大程度上提升产品使用的愉悦性和体验性，如前文在5.1.1.1户外休闲行为的物质环境条件中所述的日照是影响微气候宜人性最为重要的因素。

城市公共空间是由建筑物、构筑物及各种界面（地面、水面）等实体共同界定、围合而成的一种户外开敞的空间形式，要想完全避免日照的负面影响不太可能，但通过合理的外部空间组织可以减小其不利影响。例如，在前期调研中发现，无论居住区还是商业步行街区的使用者都呈现出冬季日照良好的避风处受人

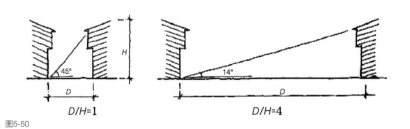

图5-50 空间的尺度与
人的感受

图5-50

喜爱，而夏季遮阴避暑的通风处使用人数较多的行为规律。

因而，一方面产品可以与景观植物的配置方式相结合，将高大的落叶树种引入（图5-51）。这样在炎炎烈日的夏季，茂盛的叶片可以起到一定遮挡、过滤阳光的效果；而在温度较低、使用者喜好良好阳光照射的冬季，落叶树会多数或全数落叶，阳光即可透过枝条照到地面，同时形成一种天然的遮阳装置。另一方面，可以通过准确掌握休憩空间不同时段的阴影变化，利用日照阴影的时间差，在可以借助周边建筑、构筑物等形成一定遮阳效果的区域设置休闲产品；而在其他场地则可通过休闲产品与固定式遮阳产品相结合的方法，改善休憩空间的微气候和品质。

5.4.6.3 自然生态元素的渗透

人类是自然的一部分，自然造物对于同属自然之中的人具有天然的吸引力，这种吸引力自人类诞生以来就存在，人与自然之间已经形成一种割舍不去的情怀。古人对于自然的理解是深刻的，认为自然不是截然分离的对应物，人的存在与自然的存在是互为包含的，天地万物与人类相通，形成一个和谐统一的宇宙系统。现代社会，虽然人们已经不具备古代的那种人居环境，但自然生态仍是一种文化源泉与表达途径。城市湿地、沿河景观、城市森林公园等公共空间，作为城市绿化系统难得的生态资源和景观资源，成为现代城市的绿肺和市民亲近自然、与自然沟通的重要场所。

因此，寻求公共休闲产品与自然生态的最佳契合，将其融入公共休憩空间的营造中，形成一种自然、宁静与温馨的氛围，同样是环境宜人性营造的重要途径。怎样真正将产品完全融入空间整体的生态系统当中，而非仅仅局限于将其与植物绿化搭配组合这种简单的设计思路，可以从以下两个方面重点考虑。

（1）借景

这里所说的借景与中国传统园林中借景的造园手法相似，表示任何产品都无法脱离其所在的使用环境。设计者可以以此为出发点，直接借助场所中现有的自

图5-51 利用植物有效
地调节微气候

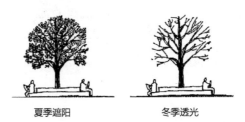

夏季遮阳　　　　冬季透光

图5-51

然生态要素，营造出属于自己的宜人"小气候"。自然生态要素涵盖的范围较为广泛，大到具象的天地、山水，抽象的光线、空气，小到植物、沙石等，这些都可以对环境宜人氛围的形成起到潜移默化的作用。

图5-52 借景
图5-53 融合设计的应用

如图5-52所示，在上海Kik创智公园的休闲产品设计中，盖天柯先生为了增进使用者与自然之间的亲密接触，设想出一个翻折的"公共地毯"体系，其将既灵动又亲和的木质材料作为设计的主要材料，使用者在此可以"以地为席"，可躺可坐，最大限度地消除疲惫，体验轻松、舒适和惬意的生活；而木板升起之处所展现出的草地树木交织出的内部生态空间和散发出的泥土清香，让人嗅到了自然的神清气爽，形成了对天空和大地的双重借景效果。此外，在设计中还可以通过"生活化"的方式，将人们熟悉的生活场景融入环境，达到贴近人们日常生活的目的，这样可以营造出一种具有较强亲切感的宜人休闲空间氛围。

（2）融合

与借景的方法相比，融合则是一种讲求产品主动创造、体现自然生态要素、营造宜人环境的设计手法。从更深层次上讲，融合即要将自然、人文、历史等外部环境特征和产品的风格、造型、色彩等设计元素综合处理，并使其和睦相处，它体现的是一种包含的雅量、一种平衡的境界和一种尊重的态度，让产品、自然、环境三者之间相互协调融合，才能营造出和谐的空间景观。

公共休闲中尝试性地将有生命的植物、动物或者代表着生命的象征符号融入其中，在产品与人之间建立一种情感桥梁和纽带，使其富有生命力和亲和力，一方面可以唤起人们对自然的向往，增添环境的乐趣与美感；另一方面还给人以一种特殊的感染力，促使人们像珍爱生命一样地去爱护产品。如图5-53所示，在设计中，还可以通过在产品中央、四周等位置融入植物的方式，这样人们可以在产品的"帮助"下，顺理成章地实现与自然交谈，有效促进人们的互动和沟通。此方法常用于诸如广场、步行街等空间中以大面积硬质地面铺装为主，不适于自然借景的场所使用。

图5-52   图5-53

5.4.7 满足社会交往与娱乐需求的设计策略

美国心理学家Robert Sommer曾对人们在社会交往行为中就座位置的选择进行过相关研究，他设置了一个有6个座位的长方形桌子，两个长边各放置两把椅子，每个短边则只有一个座位，然后观察人们在合作、谈话和共存等不同关系中的就座方式是如何选择，这也为休闲产品如何促进人与人之间社会交往活动的设计提供了相关的理论参考。根据表5-8所示，人们在谈话关系中，面对面和位于转角位置的交谈所占的比例几乎相同，而同侧只占1/3；在合作关系中，位于同侧位置的双方是对面的2倍，又是转角位置的近3倍；而在共存关系中，为了增大个人距离，人们则几乎选择面对面的就座方式。那么，前文所述的人们在交谈行为中内部成员间的空间图形关系也就不难解释了。由此可见，这一理论成果也为我们进行产品空间位置的排布提供了相关参考。因而，为满足不同群体用户的社会交往行为，休闲产品的功能性设计应从谈话和合作关系以及共存关系两方面的内容进行重点考虑。

图5-54 在不同类型休闲座椅中社会交往行为发生的方式

如图5-54所示，根据实地调查发现，在单体型、直线型、曲线型、多角型和

表5-8 人们在不同活动中对座位的选择

关系	就座位置的选择		
谈话	● 46 ●	● ● 42	● ● 11
合作	● ● 51	● 25 ●	● 19 ●

注：●表示就座位置；数字表示选择此位置的百分比。

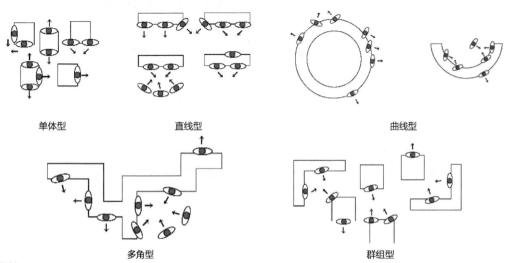

单体型　　　　　　　　直线型　　　　　　　　　　　　曲线型

多角型　　　　　　　　群组型

图5-54

群组型5种最为常用的休闲产品中，由于人们在产品的使用过程中受产品造型、设置形式等因素的影响，会对其谈话和合作关系也存在一定程度的影响。

单体型和直线型两种产品，常在人流量较大，不宜让人长时间就座逗留的空间中使用，因而人们多为并列或相背而坐，谈话和合作行为的发生只能依赖于使用者身体相互转动才能实现。或使用者选择就座于产品的两端，转身面对面交谈，但这种方式取决于两组产品之间的距离，若超过1 200mm则不适宜。同时，由于这类产品的开放程度较高，人们的个人空间容易被周边穿越和行走的人群所干扰。

曲线型产品根据造型的不同，可以分为外向排列和内向排列两种不同形式。外向排列的曲线型产品，主要以空间中的植物绿化、景观小品等为中心沿四周进行排布，使用者身体背向空间中心，面朝开阔处，因而适合单人独处，不利于社会性活动的发生。而内向排列的产品则恰恰相反，其将产品按照圆形、弧形组合排列，从周围界面向内收敛并形成一种向心倾向，不仅可以形成一个单独的休憩空间，具有强烈聚合力，而且可以在人们的心理上划分出相对独立的动静虚拟空间，增加使用者的安全感和领域感。人们可根据自己的休闲需求选择不同位置，既可以避免陌生人面对面、眼对眼等尴尬局面发生，又可以与组内成员非常自然地实现谈话或合作行为。

多角型和群组型两种产品则相对较好，由于产品在使用过程中可以通过不同角度、不同位置的变换，形成"L"型或"U"型等内向聚合型的活动口袋空间（activity pockets），使人们在公共空间中可以获得一定的安全感和领域感，促使人有目的和有计划地参与一些交往活动。使用者可根据人数的多少以及关系的亲密程度选择不同位置，适合于双向面对面的交谈，同时角度的变换也不至于造成膝盖相互碰撞、目光对视等尴尬局面的发生，是人们各种社会性活动乐于停留和感到有所依靠的产品类型。

由此可见，内向排列的曲线型产品、多角型产品以及群组型产品3种形式可以使人们根据自己的需要随意转换角度，适宜于组内谈话和合作关系的形成。

5.5 本章小结

　　人是城市公共空间的主体，是空间的创造者和感受者。城市公共空间为人们的户外生活提供了有别于个人私密性空间的开放环境，城市社会的各种组分在这个"容器"中持续进行着"化合反应"，催生出多彩的城市精神生活。而对于城市公共空间重要组成部分的城市家具来说，它与建筑、景观等要素一样，需要承载、适应、满足人们丰富户外生活的需要。因而，本章追根溯源，从使用者的角度出发，探讨分析城市家具公共休闲产品与户外休闲行为之间的内在联系。

　　第一，本章从公共休闲产品与户外休闲行为的关系角度出发，探讨了户外休闲行为发生的物质环境和使用者的心理环境；结合不同案例，将公共休闲产品中用户行为类型简化分为必然性活动、自发性活动、社会性活动3种类型，并阐述了不同环境条件对用户休闲行为产生的不同影响；同时，按照内部组织关系，将公共休闲产品的用户群体定义为一个由个体、组、群体组成的三层组织结构，并可根据不同的群体、组和个体的层次关系确定不同空间城市家具的数量、配置方式、功能需求等设计问题，综合协调不同使用者之间的行为关系，满足不同的使用需求。

　　第二，从必然性、自发性、社会性3种用户行为类型中，进一步抽取出坐憩行为、观望行为、独处行为、交谈行为和合作娱乐行为5种典型的产品使用行为进行深入分析，探索了隐藏在行为背后的用户需求，建立了公共休闲产品的用户需求层次模型。该模型将使用者的用户需求概括性地分为必须要满足的基本需求和可以选择性满足的需求两大需求层次。其中，舒适性需求、安全性需求、私密性需求、领域性需求是产品必须满足的需求，如果不能满足可能会导致产品无法使用或出现逃避使用的行为；而将便捷性需求、多用性需求、审美需求、环境宜人性需求、社会交往与娱乐需求和展示自我需求定义为"根据具体情况可以选择性满足的需求层次"，如果此类需求可以在产品的功能性设计中得到满足，用户将获得更多的精神享受和情感体验，并引发更高层次休闲行为的发生。但在实际应用中，并非用户的需求满足得越多、层次越高越好，产品应根据不同的场所性质、空间形态、主要用户群体等具体情况，有选择性地满足不同的用户需求。

　　第三，针对用户的舒适性需求、安全性需求、私密性需求、领域性需求、审美需求、环境宜人性、社会交往与娱乐需求，分别提出了相应的产品功能性设计策略。

本章参考文献

戴志中. 国外步行商业街区[M]. 南京: 东南大学出版社, 2006.

王斌. 基于行为研究的居住区户外公共空间设计[D]. 合肥: 合肥工业大学, 2005.

杨·盖尔. 交往与空间[M]. 何人可, 译. 北京: 中国建筑工业出版社, 2002.

C. 亚历山大, 李道增, 高亦兰等. 建筑模式语言[M]. 北京: 知识产权出版社, 2002.

中华人民共和国国家质量监督检验检疫总局, 中国国家标准化管理委员会. 中国未成年人人体尺寸: GB/T26158-2010[S]. 北京: 中国标准出版社, 2011.

于雷. 空间公共性研究[M]. 南京: 东南大学出版社, 2005.

张红雷. 公共坐具与坐憩行为关系研究[D]. 上海: 东华大学, 2009.

徐龙飞. 基于被动式休闲行为的城市公共空间设计[D]. 无锡: 江南大学, 2011.

皮永生. 人机与人文: 产品设计的人性化探讨[J]. 装饰, 2009 (1): 127-129.

吴智慧. 室内与家具设计: 家具设计[M]. 北京: 中国林业出版社, 2012.

国家技术监督局. 中国成年人人体尺寸: GB/T 10000-88[S]. 北京: 中国标准出版社, 1989.

杨元, 李国华. 人体尺寸百分位在椅类家具设计中的应用[J]. 家具, 2013 (4): 55-58.

盛璜. 人体工程学与室内设计[M]. 北京: 中国建筑工业出版社, 2004.

李道增. 环境行为学概论[M]. 北京: 清华大学出版社, 2000.

万邦伟. 老年人行为活动特征之研究[J]. 新建筑, 1994 (4): 23-30.

国家技术监督局. 在产品设计中应用人体尺寸百分位数的通则: GB/T12985-91[S], 北京: 中国标准出版社, 1992.

国家技术监督局. 工作空间人体尺寸: GB/T 13547-92[S]. 北京: 中国标准出版社, 1993.

郑伟. 基于人体尺寸的户外座椅设计[J]. 四川建筑, 2011(4): 40-42.

贾磊. 现代老年社区户外行为空间研究与设计策略[D]. 长沙: 湖南大学, 2009.

熊鹏. 环境行为心理学在城市居住区景观设计中的应用[D]. 南京: 南京林业大学, 2009.

张红雷. 公共坐具与坐憩行为关系研究[D]. 上海: 东华大学, 2010.

林玉莲, 胡正凡. 环境心理学[M]. 北京: 中国建筑工业出版社, 2000.

高鹏, 潘光花, 高峰强. 经验的完形: 格式塔心理学[M]. 济南: 山东教育出版社, 2009.

徐继峰. 现代中式家具和谐化设计系统研究[D]. 无锡: 江南大学, 2009.

郭建南, 史悠鹏. 色彩理论与表现[M]. 杭州: 浙江人民美术出版社, 2001.

芦原义信. 外部空间设计[M]. 尹培桐, 译. 北京: 中国建筑工业出版社, 1985.

筑龙. 阿德莱德Latelare土著遗址公园[EB/OL]. [2014-08-13]. http://photo.zhulong.com/proj/detail123546.html.

筑龙. 上海公共地毯Kik公园[EB/OL]. [2014-09-01]. http://photo.zhulong.com/ylmobile/detail122401.html.

熊灿. 基于行为模式的城市户外休闲空间形态设计研究[D]. 重庆: 重庆大学, 2009.

匡富春. 城市家具产品系统构建及其公共休闲产品的功能性设计研究[D]. 南京: 南京林业大学, 2015.

Escofe. Streets cape[EB/OL]. [2014-05-10]. http://www.escofet.com/pages/proyectos/indice.aspx?IdF=1&Session Remove=1.

Maslow, A. H. Motivation and Personality[M]. New York: Harper and Row, 1954.

NORBERG-SCHULZ C. Existence, space & architecture[M]. New York: Praeger, 1971.

Wike. Wikimedia commons[EB/OL]. [2014-03-11]. http://commons.wikimedia.org/wiki/%E9%A6%96%E9%A1%B5?uselang=zh-cn.

第6章
城市家具公共休闲产品功能性设计方法的构建与实践

本书在第5章中，通过对典型用户休闲行为的需求分析，建立了公共休闲产品用户需求层次模型。但在具体设计活动中，并非用户需求满足得越多、层次越高越好，产品需要根据具体使用场所的性质、空间形态、用户群体构成等具体情况有选择性地满足不同的用户需求，引导人们进行各种适宜性的休闲行为。

由此可见，如何真正发掘、实现不同用户的休闲行为需求，就成为设计中应重点解决的问题。而传统的基于设计者天赋、灵感、经验的直觉思维创新方法，由于缺乏系统性和通用性，已远远不能满足现代产品设计的需求。因而，本章利用Kano、QFD和TRIZ的集成应用，提出了一套以用户为导向的公共休闲产品功能性设计方法和流程。该理论通过具有可操作性和灵活性的设计方法，帮助设计人员迅速准确地找到满足用户行为需求的产品创新点，提升用户满意度。

6.1 基于Kano、QFD和TRIZ集成应用的功能性设计理论

6.1.1 Kano、QFD和TRIZ的基本理论

6.1.1.1 Kano理论

20世纪70年代，日本东京理工大学教授狩野纪昭（Noriaki Kano）博士将双因素理论引入到产品质量管理中，提出了一种在定性层面上分析、测评用户满意度与产品质量之间关系的理论模型，即Kano模型（又称卡诺模型），如图6-1所示。

该模型以用户的满意度为依据，将使用者的需求概括性地分为基本型需求（必备需求）、期望型需求（预期需求）、魅力型需求（兴奋需求、超预期需求）、无差异需求（无关型需求）、反向型需求（相反型需求）5种类型，前3种需求根据绩效指标分类就是基本因素、绩效因素和激励因素。除了这5种需求，还有一类需求为问题型需求。该模型横坐标为用户对产品功能的感知程度，越向右侧表示人们感知到的产品功能特性的超出期望程度越多；纵坐标则为用户的满意度水平，越向上表示用户的满意度越高。该模型是对用户需求分类和优先排序的有用工具，以分析用户需求对用户满意度的影响为基础，体现了产品性能和用户满意度之间的非线性关系。

图6-1 Kano模型（卡诺模型）

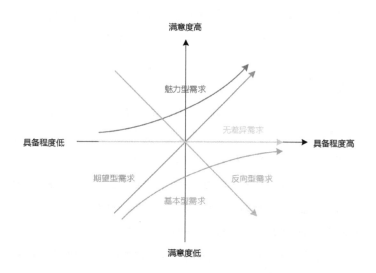

图6-1

①基本型需求：也称基本需求、必备需求，是用户认为产品"必须具备""理所当然"的功能或属性，是不需要用户表达出来的一种期望。它的满足或超额满足对用户满意度的提升作用并不明显，但如果当产品不具备满足基本需求的功能时，用户的不满意情绪将随之出现。例如，坐具的基本功能是满足人们"坐"的需求，如果产品连这种功能都无法提供，那么即便是再美观、再新奇的设计都是无用的。

②期望型需求：也称预期需求、一维需求，是用户明确提出来想要的需求或期望产品可以具备的某种功能，其在产品中实现得越多，用户的满意程度就越高；相反，如果产品没有满足此类需求，用户就会表现出不满意感，两者呈线性的增长关系。

③魅力型需求：也称兴奋需求、超预期需求，是用户没有明确提出来，但真实想要的需求，是产品提前想到并做出来的需求，也是产品具有某种令使用者意想不到、出乎意料的功能和属性，其与用户满意度水平呈指数增长关系。此类需求在人们的期望范围之外，如果产品未能满足，用户也不会感到不满意；相反，如果满足人们则会感到惊喜，从而可以极大程度地提高满意度。魅力型需求通常是基于设计者深入观察和分析用户在产品使用过程中所存在的某些问题，而赋予产品的一种创新型功能或特性。

④无关型需求：也称无差异需求，是用户不感兴趣的一类需求，无论提供或不提供此需求，用户满意度都不会有改变，用户根本不在意。即有没有该需求，对用户的满意度不会产生影响，设计中通常不会考虑此类需求。

⑤反向型需求：也称相反型需求，表示用户对产品某一功能的设置存在不同、甚至是截然相反的态度，例如在需求得到满足时会引起使用者的不满，而不满足时却会感到满意，即用户根本都没有此需求，提供后用户满意度反而会下降。

⑥问题型需求：表示用户误解、回馈有误或是问题被用于错误的阶段。

6.1.1.2 QFD理论

QFD（quality function deployment）从字面上理解，质量（Q）——用户的需要或期望是什么？功能（F）——如何满足用户的需求？展开（D）——使其在整个组织机构中执行。一般将其称之为质量功能展开，也译为质量机能展开、质量功能配置、质量职能展开、质量功能部署等。QFD理论是当今质量管理界经常提及的一种方法，它是以市场为导向的，通过系统化、规范化、多层次的演绎与分析，将用户需求转化为设计技术要素的一种量化用户需求的方法。

该理论最早产生于日本，20世纪60年代末由日本质量管理大师赤尾洋二（Yoji

Akao）和水野滋（Shigeru Mizuno）提出，随后三菱重工神户造船厂在其基础上提出了质量配置表，并将其应用于船舶设计与制造中，弥补了质量功能展开的不足。QFD理论自产生至今，已广泛应用于机械制造、家用电器、软件开发、教育等诸多领域，产品开发周期总体上缩短30%~60%，成本降低20%~40%，在提高新产品开发质量和速度方面效果显著，已成为一种行之有效的产品研发工具，旨在时刻确保产品设计满足顾客需求和价值。

质量功能展开的核心内容是客户需求转换，主要通过质量屋（house of quality，HOQ）来实现，是QFD方法的工具和精髓。质量屋是一种直观的二元矩阵框架表达形式，其在客户需求与产品各设计技术要素之间建立一种映射关系，将离散的设计信息资源整合在一起，保证需求与产品设计生产的一致性，增强产品的客户满意度与市场竞争力。质量屋的相关矩阵配置是根据质量功能展开的目标、过程和范围而确定的，不同的质量屋有不同的内容。如图6-2所示，一个标准的质量屋主要由用户需求、用户需求重要程度、设计技术要素、设计技术要素重要程度、用户需求与技术要素关系矩阵及设计技术要素关系矩阵等内容构成。

（1）左墙

质量屋的左墙部分主要由用户需求和用户需求重要程度两部分内容构成。

用户需求，是原始信息的输入部分，表达了用户对产品的功能、质量等需求信息。这部分内容主要可以通过市场调研、访谈、集中小组讨论等方式获得，由于用户的需求具有多样性、模糊性等特点，因而这些第一手资料通常需要研发设计人员对其进行重新分类、整合、概括，将用户的语言转换为工程设计语言，常借助于Kano模型、亲和图法等工具和方法完成。

用户需求重要程度，主要用以表明各需求项对用户到底有多重要。在获取用户需求信息后，应对这些原始的需求信息加以规范，并进行确认和分级，量化给

图6-2 质量屋（HOQ）

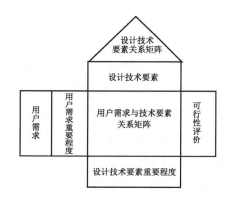

图6-2

出各项需求的重要度，形成具有层次性和条理性的需求表。传统的用户需求重要度K_i（$i=1, 2, \cdots, n$），通常用加权算法表示，采取5级或9级评价标准。

（2）天花板

质量屋的天花板部分主要表示针对需求怎样去做，即与用户需求相关的设计技术要素。设计技术要素是为实现用户需求而采取的一系列手段和措施，由设计专家小组根据用户需求推演出来的，并用标准化的设计语言予以诠释。

（3）屋顶

质量屋的屋顶部分主要用以表示各项设计技术要素之间的相互关系，它们之间的关系有正相关和负相关两种。如果一个设计技术要素的改善会引起另一设计技术要素的恶化，则两者为负相关；如果一个设计技术要素的改善会引起另一设计技术要素的改善，则两者为正相关。

（4）房间

质量屋的房间用以表示用户需求与各项设计技术要素之间的关联程度，通过相互关系矩阵的方式表达。两者之间一般可以分为强相关、一般相关和弱相关，其取值r_{ij}表示第i项用户需求与第j项设计技术要素的关系程度，关系越密切，取值越大。

（5）地下室

质量屋的地下室主要表示设计技术要素的重要度，用$h_i=\sum K_i r_{ij}$表示。

一般就是以用户需求的重要度K_i作为加权系数，分别与每项设计技术要素与全部用户需求的加权关系度之和进行比较。h_i值越大，说明该项设计技术要素对满足用户需求的贡献越大，因而越为重要，是设计中应集中力量考虑和解决的关键问题。

（6）右墙

质量屋的右墙表示可行性评价，也称为市场评价，它的目的是从用户的角度来评估不同公司生产的同类产品的市场竞争力，根据用户调查数据来获得。一般可用1~5标度来区分用户对产品的某项需求的满意程度，数值越大表示满意程度越高。通过产品的可行性评价，有助于了解本公司产品及其他公司产品的各方面性能在市场上的优势和弱点以及产品需要改进的地方，方便在制定目标时扬长补短，突出核心竞争机会，从而开发出具有强大竞争力的产品。

这6个部分的构造完成后便形成了产品设计规划阶段的质量屋，这个质量屋的基本输入是市场的用户需求，针对需求的对策是一组设计技术要素，从而形成一种需求与措施之间的映射关系。这种转换有效地将市场需求对产品的相对离散和模糊的需求转换为明确的设计技术特征，使用户需求贯穿于产品开发的整个过程，保证了产品设计、工艺设计和生产计划的连续性和一致性。

6.1.1.3 TRIZ理论

发明创新解决问题理论（theory of the solution of inventive problems）即TRIZ理论，是苏联发明创造家根里奇·阿奇舒勒（Genrich S. Altshuller）及他的同事于1946年最先提出的，他在苏联海海军专利局工作的过程中，发现人们解决问题时有着相当强的关于解决问题的原理、方法的规律性。因此，他通过对成千上万发明专利进行系统分析、总结研究后，发现了一种隐藏于发明背后的模式，即基于人类知识、面向发明创新解决问题的系统方法学。经过50多年的发展，TRIZ理论已经形成了一套较为完善的理论体系和针对相关问题解决方案的工具箱，如技术系统进化理论、矛盾解决原理、最终理想解、物场分析与转换原理、40个发明创造原理、TRIZ发明创造问题的标准算法等。

发明创新解决问题理论作为一种典型的逻辑型创新方法，在很大程度上弥补了传统基于设计者天赋、灵感、经验的直觉思维创新方法存在系统性、通用性和全面性的不足，其通过对问题不断地分析和转化，以及不断地标准化的过程，将初始问题最根本的矛盾清晰地显现出来，并通过详细的问题解决模型，为产品的设计者提供了全方位的思考设计问题的思维方法和技术支持，有效地打破了思维定式的束缚，避免了思维惰性的出现。

6.1.2 传统工业设计的流程分析

工业设计是工业现代化和市场竞争的必然产物，是融合自然科学与社会科学，综合技术、艺术、人文、环境等因素的系统工程，其本质在于通过系统的思想与方法，创造一个功能与形式、宏观与微观相平衡和协调的良好系统，提升人们的生活品质。经过上百年的发展与演变，已经形成了一套行之有效的解决设计问题的程式，即工业设计流程。工业设计的流程，主要包括设计方法和设计程序两个方面。

6.1.2.1 工业设计方法

工业设计的目的就是为了满足人们的需求，取得产品与人之间的最佳匹配关系，即通过合理的方式解决"设计什么""如何设计"等问题。而工业设计方法，亦称设计科学、设计工程或设计方法学。通俗地讲，就是为了将上述问题由繁到简、由抽象到具体、由模糊到清晰而采取的各种途径和办法，也就是思维过程中所运用的工具和手段，它是人们在实践过程中总结出来的一种具有规律性的东西。科学的工业设计方法是实现创造性思维活动的基础，它通过合理的方式提示或引导人们将设计的思路集中到问题解决的某一个特定的路径上，保证了创造性思维充分、有效地发挥，进而提升了人们的创造能力；而人们不断增长的创造能力，同时又反作用于设计方法，加速了更多方法的形成与发展，不断地启发人们的创造性思维。由此可见，两者相辅相成，密不可分。

工业设计方法是整个方法论体系中的一个子体系，具有多层次、多水平的特点。它既有诸如系统论、功能论、突变论、人本主义、辩证唯物主义等与其他方法体系相同的一般方法和哲学方法，也有人机工程学、形态分析学、仿生学等富于领域特色的特殊设计方法。工业设计方法的分类方式众多，其中按照思维形式的分类方法最为常见。一般而言，工业设计方法大致可以归结为强化创造动因的群体激智法（如头脑风暴、KJ法等）、扩展思路的广角发散技法（如5W2H设问法、检核目录法等）、非推理因素的知觉灵感法（如灵感法、机遇发明法等）、思维为主的一般定性创造技法（如联想法、模仿法、移植法等）、定量的现代设计科学方法（如信息论、系统论等）。

6.1.2.2 工业设计程序

工业设计是一个系统的、综合的过程，也是一个艺术与技术结合的过程。实践告诉我们，要想完成一件完美的作品，必须要按照一定的程序进行，正所谓"无规矩不成方圆"，这样才能明确目的，避免盲目性，使工作循序渐进、有条不紊地展开，最终达到预期效果。工业设计是一项复杂的、有计划的设计活动，它涉及多个部门的通力协作，且每一个设计步骤都必须在整个产品的设计程序下运作。所谓设计程序是指一个设计从开始到结束全过程中所包含的各阶段的工作步骤，这是一个衡量、组织各项设计要素，将思维的虚体想象在现实生活中得以实现的过程。换言之，设计程序也就是从设计的整体利益出发，有目的地实施设计计划的次序，其在各个环节上都设定明确的阶段性目标和需要解决的关键性问题，并从总的进程上呈现出一种逐步递进的逻辑关系。

6.1.2.3 传统工业设计流程的不足

如图6-3所示传统产品设计的整个流程就是在用户需求、市场环境、技术环境、设计思潮和流行趋势等因素综合把握的基础上，进行的产品功能、造型、结构、工艺等方面的系统设计，使产品各项功能形成完善的组织系统，并建立起有序的联系。在这个设计的过程中，一般要求设计人员在相关设计方法的指导下，充分发挥自身和群体的创造能力，通过对前人有效设计经验和人类已有的相关科

图6-3 传统产品设计
流程

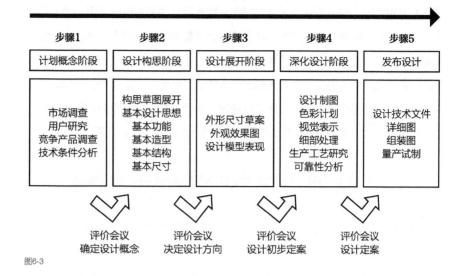

图6-3

技成果的借鉴，从不同的层次和角度提出设计构想，并从多种方案中筛选出符合市场需求的可行性设计，最终寻找到一种理想解。

但在这个过程中，受企业内部执行情况、市场条件和技术条件的变化、设计人员个人素养和知识结构体系等诸多内外因素的影响，传统工业设计流程还存在许多不确定和不足之处。

首先，传统工业设计程序虽然是基于功能论设计思想形成的，但在用户需求的识别与分析过程中由于缺乏必要增效工具，信息和数据的损失在所难免。现代社会随着物质文明和精神文明的不断发展，人们对产品的功能性、艺术性、经济性等方面赋予了更多的诉求。而通过市场调研和用户研究等途径获取的用户需求信息具有零散性、重复性、模糊性和无序性等特点，且因为人们的需要有轻重缓急，这就要求设计人员不仅需要对已有的大量零散信息进行重新分析、处理、转换，还需要确定每个需求的优先级。针对这个问题，传统工业设计程序会通过需求评审会，结合专家的经验和企业现有的技术水平，评估用户需求信息、设定产品设计概念。但在这个过程中，由于缺乏科学的、系统的分析手段，往往会影响用户需求信息挖掘的准确性和充分性，导致产品设计概念的偏差，极大地影响了产品最终的设计质量。

其次，传统基于设计者创造性思维的工业设计方法，在执行过程中由于缺乏系统的筛选机制，程序的稳定性难以控制。无论是全新型产品还是改新型产品的设计，都是一项系统的、复杂的设计过程，在产品策划、设计与实施过程中会受到诸多内部与外部因素的影响。尽管创造性思维方法为人们提供了众多可参考的设计思路和方向，但由于缺乏具有可操作性和灵活性的筛选机制，因而如何选择适合的、高效的创新方法就成为一种影响设计质量的不确定因素。同时，这些基于灵感、发散和群体智慧的普适性创新方法，由于描述方式和抽象程度的不同，在选择和使用过程中也会因设计人员的个人知识、经验和创新能力的差异，产生不同的结果，使整个程序的稳定性难以控制。因而，在设计过程中，如何快速、准确地选择合适的创造性思维方法指导设计就成一个值得深思的问题。

6.1.3 Kano、QFD和TRIZ集成应用的功能性设计理论框架

传统的城市家具休闲产品设计仅要求产品能满足用户基本的使用需求同时具有优美的造型即可，但随着现代社会物质生活水平的不断提高，人们逐渐开始强调设计要将人的生理、心理、情感等需求注入产品的功能造型、材料结构中，真正实现为用户而设计，使人们在使用中产生心理满足和精神愉悦等多重享受。因而，这不仅需要设计者发挥创造性思维，而且需要建立一套科学的、整体的创新设计理论体系，使设计研发人员能够建立起有效的交流，最终达到预期效果。

而前文提到的Kano、QFD和TRIZ理论在产品设计中有着不同的侧重点，Kano模型可以帮助设计人员挖掘出使用者"要什么"的问题，QFD能够解决设计过程中"做什么"的问题，而TRIZ可以解决"怎么做"的问题。若将三者有机地融入传统工业设计流程中，则可以为休闲产品的功能性设计提供一种有效的集成化支持工具，使设计研发人员能够将获取到的用户需求充分、准确地转化为产品设计信息，并快速选择到适合的产品设计方法，同时在提升用户满意度的基础上提高设计效率。

基于Kano、QFD和TRIZ理论集成应用的休闲产品功能性设计系统的总体思路是：

首先，运用Kano模型从功能角度分析、挖掘通过用户需求调查、用户使用反馈、研发人员经验等途径收集到的需求信息，结合亲和图法对各种离散的需求信息进行重新整合、分类，并识别出每一种用户需求所属的Kano类别，建立用户需求层次模型。

然后，运用QFD质量功能展开，将遴选出潜在的期望型和魅力型用户需求与需求所对应的设计技术要素分别输入产品质量屋的左墙和天花板，建立映射关系，形成产品用户需求质量屋，从而获得产品功能性设计矛盾矩阵。

最后，根据质量屋屋顶存在矛盾的不同类型，运用TRIZ发明解决问题理论所提供的问题解决理想模型和创新原理，综合解决、创新，获得产品功能性设计的

初步方案。

如图6-4所示，基于Kano、QFD和TRIZ理论集成应用的休闲产品功能性设计理论模型主要可以分为设计概念形成、设计矛盾定义、设计矛盾解决3个阶段。

图6-4 基于Kano、QFD和TRIZ理论的产品功能性设计模型

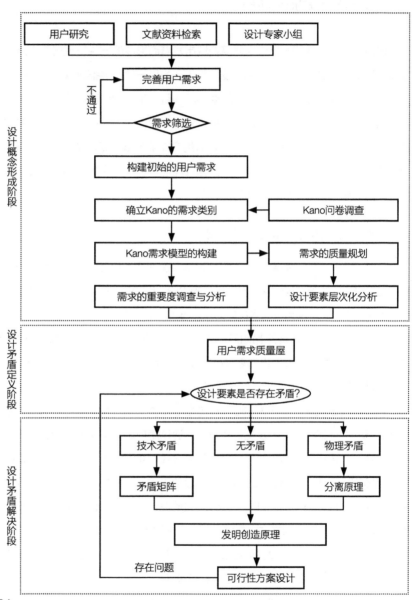

图6-4

6.2 基于Kano、QFD和TRIZ集成应用的功能性设计方法

6.2.1 设计概念的形成阶段

城市家具公共休闲产品作为伴随着城市发展而形成的一种新型景观产品，从本质属性上来看是一种工业产品，设计与生产的每一件产品都是以满足人的需求为目标的。因而，如何有效获取和挖掘不同场所、不同用户群体的行为需求，并在产品功能设计中准确地反映需求信息，就成为设计人员在进行产品研发中需求重点考虑的一个问题。而Kano理论正是以用户需求为出发点，以提高用户满意度为目标的理论模型，其有助于设计者更为直观地识别产品应具备的功能和质量特性，挖掘隐藏在不同行为背后的用户需求。

6.2.1.1 初始用户需求的识别与分析

产品用户需求的识别与分析，是基于Kano模型产品功能定义阶段的第一步，也是整个模型的实施过程中耗费时间最长的阶段。因为用户需求是研发设计中数据输入的关键部分，前期用户需求挖掘的充分与否，对输出的设计结果至关重要。

一般而言，公共休闲产品用户行为需求的获取途径，主要可以通过用户研究、文献资料的检索查阅、设计专家小组等形式完成。

（1）用户研究

用户研究是实现以用户为中心设计流程的始端，是一种了解用户需求信息的有力工具，为产品的设计研发提供了方向。通过用户研究，企业和设计人员可以获取包括目标用户的性别、年龄、使用行为方式、知觉特征、认知心理特征以及对产品的需求等翔实可靠的原始资料，以形象生动地还原生活画面。这部分信息有助于我们明确、细化产品概念，有针对性地提出功能性设计的架构，满足用户的使用需求。用户研究的方法主要可以分为定性和定量两种类型。

定性分析研究法中主要包括背景资料收集与分析、观察与访谈法、个案研究法、心理描述法、情景调查法、角色与场景法等。

定量分析法中包括问卷调查、实验室可用性测试方法等。其中，在此阶段最为常用的主要有观察法和访谈法两种。

观察法，主要指设计者根据所研究的公共休闲产品的目标使用场所，首先对场所进行相应的功能分区，明确不同性质空间在场所中的主要功能。如图6-5所

图6-5 目标场所的功能
分区

图6-5

示，在前文所述的青岛台东步行街公共空间中，根据功能的不同，可以分为街道空间、休闲广场和迎宾广场3种不同的空间类型。然后，在此基础上，分别观察并记录每类不同空间中的人群构成、用户行为方式、行为持续时间以及使用者在产品使用过程中所表现出来的某些特殊行为反应、表情和现象等相关信息，发现寻找一些有趣的、现有产品缺失的用户需求作为新产品设计的突破点（表6-1）。

访谈法，是由设计人员针对研究所确定的要求与目的，按照提前设计好的访谈提纲，通过个别访问或集体交谈的方式完成。在公共休闲产品功能性设计中，访谈法应建立在前期实地调研和观察法的基础上展开，即通过对场所中公共休闲产品用户群体构成的统计分析，明确产品的使用对象，然后就用户的主要户外休

表6-1 用户使用行为观察表

序号	图例	地点	主要行为方式	就座方式	持续时间	备注
1		商业步行街	休憩、聊天	双人就座	10min	就座时两人侧身而坐实现面对面聊天
2		商业步行街	休憩、观望、玩手机、聊天	多人就座	人均5~10min	有的用户将随身携带的物品置于两侧；朝阳面无人就座；聊天者侧身而坐
3	……	……	……	……	……	……
n		商业步行街	打电话	单人就座	8min	就座前用随身携带的纸巾将座面的污渍擦拭干净；通话结束后起身离开

213

闲行为、使用动机、使用频率、用后感受、不满意之处、意见建议等方面的内容进行深入探讨，以求获得用户的主要使用诉求、潜在行为需求等内容。

（2）文献资料的检索查阅

文献资料是人们用一定技术手段建立起来的储存与传递信息的载体，形式多样。对于选定设计项目相关文献资料的检索与查阅，有助于设计者深入了解产品形成的历史背景、现状和发展趋势。在此过程中，我们还应运用分析整理、归纳总结或演绎推理等方法，对收集到的相关资料进行系统的研究分析。具体而言，文献资料的检索查阅主要包括以下过程。

首先，根据目标场所不同的分区，查阅相关资料，明确不同空间的主要功能和公共休闲产品与场所、公共休闲产品与其他城市家具之间的关系，以及产品在功能性设计中应重点解决的问题等内容。

其次，从在目标场所中如何将产品与人的关系形态化的角度出发搜集现有文献资料，考虑产品的用户群体层次化结构、不同用户群体的生理需求和社会心理需求，以及在户外休闲行为活动中可能出现的各种使用行为需求。

最后，将分析整理、归纳总结而成的场所中户外休闲行为活动中可能出现的各种使用行为需求与目标场所不同区域的主要功能、空间特点建立对应关系。在这个过程中，结合文献资料，一方面需要重点考虑促使人们的休闲行为发生的积极因素有哪些，产品的功能应如何设置才能更好地体现这些积极因素等问题；另一方面，要深入分析可能出现的各种用户休闲行为与空间功能、主题的匹配性，其中包括是否存在某些行为可能会对空间功能的实现产生负面影响。例如，在以步行和观望为主题的、人群聚集的街道空间中，若用户存在棋牌娱乐等使用行为，由于其可能在一定程度上降低人群的通行速度，妨碍步行交通，则可将其定义为"不适宜"行为，产品在设计中可通过相关手段削弱这种行为发生的负面作用或可能性。

（3）设计专家小组

此外，由于Kano模型中所涉及的魅力型需求通常是使用者意想不到的惊喜需求，而必备需求则是使用者认为理所当然由产品必须提供的基本需求。对于这两种需求，普通使用者在访谈过程中一般难以提及，而需要熟悉产品设计的技术人员和专家提出。因而，为了获取更为全面的用户需求信息，初始用户需求的获取不应局限于普通用户，还应包括产品的设计人员、专家等群体。设计专家小组的构成主要应由策划、设计、生产、管理等部门的企业设计专家和高校相关设计专业教师共同组建设计专家小组，按照一定的方式组织专家会议，发挥专家集体的智能结构效应，就产品的潜在用户需求作出判断。

6.2.1.2 初始用户需求的检验与筛选

通过上述途径，我们可以获取产品初步的用户需求。由于前一个步骤为了实现需求信息的完整性，相关信息来自多种途径，这也势必会造成许多需求具有零散性、重复性、模糊性和无序性等特点。因而，设计人员一方面需要从功能角度出发，对已有的大量零散信息进行重新分析、处理和转换，用简洁的设计语言对原有的用户需求信息进行完整、准确地重新概括，并剔除不合理和无用的信息；另一方面，需将表达相同或相似含义的需求进行合并。

为了保证下一步Kano需求问卷调查的准确性和有效性，本书将会在使用者和设计与技术人员中，选取一部分具有代表性的人员进行初始用户需求信息的筛选与检验，并对其进行修改。本阶段将采用李克特的五点量表法，将设定的初始用户需求项，按照次序分别设置"非常重要""较为重要""无所谓""不太重要"和"非常不重要"5个评价标准，对应的值分别为5、4、3、2、1，进行小样本的用户需求项认同程度检验。同时，根据检验结果对初始用户需求进行修改。

由于初始用户需求调查问卷仅发放给一部分使用者、设计人员和专家进行小范围试用。因而，本书将采用遗漏值变量、偏态系数、临界比值与同质性检验4项量化指标，对小样本问卷题目的准确性和有效性进行检验，若有合计2项以上（包含2项）量化指标不符合检验标准，则考虑删除该题项目。

（1）遗漏值变量

遗漏值的数量评估，主要是为了检验被调查者是否拒绝回答，或因题目的设置存在某些问题，使之难以做出正面回答，进而造成遗漏情况的发生。当项目分析输出结果表明某个题目出现高遗漏值时，即>5%，表示该题项不宜采用，应予以删除。

（2）偏态系数

偏态检验，是描述性统计分析中的一种，变量分组后，总体中各个体在不同的分组变量值下分布并不均匀对称，而呈现出偏斜的分布状况，统计上将其称为偏态分布。偏态（skewness）是统计数据分布偏斜方向和程度的度量，是统计数据分布非对称程度的数字特征。而偏态系数则是反映频率密度分配曲线的平均情况和离散程度，是测量偏斜程度的有效指标。在偏态检验中，过高或过低的偏态倾向，都表示问卷题项可能存在鉴别度不足的问题。一般的检验标准为，偏态系数的绝对值>0.7，则判定为超出标准。

（3）临界比值

临界比值（critical ratio，简称CR）是用来检验问卷的题项是否能够鉴别不同被调查者反映程度的指标，如果不能鉴别，说明该题项在调查中没有意义，应当删除。操作步骤如下：

首先，分别计算出初稿问卷每位受试者所有题项的得分总和，并按照从高到低的顺序重新排序；其次，取得分前25%的作为高分组，得分后25%的作为低分组；最后，分别求出高低两组受试者在每个题项上得分的平均值，并以独立样本T-test计算两者差异的显著性水平，即该题项的CR值。如果CR值达到显著水平（小于0.05），就表示该题项能够鉴别不同调查者的反应程度，在调查中是有意义的；若超出判定标准，则该题项应考虑删除。

（4）同质性检验

同质性检验是指对所回收的初稿问卷调查结果，合并分析数据内部的合理性。由于问卷中涉及各个题项的目的是为了测量产品同一种属性，因而数据内部具有一致性和稳定性的特征，可用相关性分析法来度量其密切程度。其中，计算各测量项修正条款的总相关系数，即CITC技术（corrected item-total correlation），是相关分析法中的常用的一项指标，若CITC小于0.3，则判定为超出标准。

6.2.1.3 确立Kano的需求类型

就用户的行为需求而言，其不仅是按照一定的结构关联具有层次上的差异和递进关系，即当某一需求得到最低限度的满足时，才会追求更高一级需求，并引发不同的休闲行为；而且也存在满足需求的重要程度不同，例如某些需求的满足或超额满足对用户满意度的提升作用并不明显，而另一些需求的满足，可以极大程度地提高满意度。因而，本阶段的目的即是通Kano理论的相关方法，对产品的各种用户需求进行分类，这样可以将大幅提高用户满意度的相关需求提取出来。

（1）Kano问卷的设计与发放

为了更好地识别用户需求的类型，本研究将初始用户需求层次模型（表5-3）中3个层次的各项用户需求设计成具有正向和反向两个不同归属类型的问题的Kano用户需求问卷调查表，用于表明如果产品具备或不具备某种功能时用户的不同反应，同时每个问题都设置了满意、理所当然、无所谓、可以接受、不满意5种不同的答案可供选择（表6-2），并将其发放给使用者、相关设计技术人员及该研究领域的专家等被选定的调查群体进行询问和打分。

表6-2　Kano用户需求问卷调查样表

问题内容	答案选项
1.如果产品具有QE功能，您觉得怎么样	1.满意　2.理所应当　3.无所谓　4.可以接受　5.不满意
2.如果产品不具有QE功能，您觉得怎么样	1.满意　2.理所应当　3.无所谓　4.可以接受　5.不满意

（2）Kano需求类别的判断

在完成Kano用户需求调查问卷的调查工作后，设计人员首先应对回收的有效调查结果进行信度、效度分析和统计处理。然后对应Kano评价表，对调查的结果进行统计分析，判断需求项的归属类别（表6-3）。其中，表中的"M"表示基本型需求，"O"表示期望型需求，"A"表示魅力型需求，"I"表示无关型需求，"R"表示相反型需求，"Q"表示问题型需求。

表6-3　Kano用户需求评价表

QE正向问题	QE反向问题				
	满意	理所应当	无所谓	可以接受	不满意
满意	Q	A	A	A	O
理所应当	R	I	I	I	M
无所谓	R	I	I	I	M
可以接受	R	I	I	I	M
不满意	R	R	R	R	Q

同时，在完成Kano需求归属类别的评价工作后，设计人员还应计算出每项用户需求中M、O、A、I、R、Q所占的比例，并采用"取最大值"的原则，判断该项需求所属的Kano类别（表6-4）。

表6-4　Kano用户需求归类表

名称	A	O	M	I	R	Q	Kano归属项
QE$_1$	1.6	40.3	54.1	2.4	1.5	0.1	M
QE$_2$	41.2	53.7	2.5	1.8	0.8	0	O
......	......	......	......	......	......	......	......

6.2.1.4 Kano需求模型的构建

在上述6种不同Kano用户需求中，期望型需求是使用者期望产品可以具备的某种功能，实现的越多，用户的满意程度就越高；魅力型需求则会令使用者意想不到、出乎意料，与用户满意度水平呈指数增长关系；基本型需求是使用者认为产品理所当然必须具有的，可以将其视为产品的最低配置要求；而其他几种需求对用户的满意度基本不会产品影响或产生相反的作用（表6-5）。

表6-5 基于Kano模型的用户需求筛选方法

需求类别	与用户满意度的关系	筛选结果
基本型M	影响较弱	保留
期望型O	直接影响	重点考虑
魅力型A	直接影响	重点考虑
无关型I	无影响	剔除
相反型R	无影响	剔除
问题型Q	反作用	剔除

因而，在Kano需求模型的构建中，应重点考虑用户期望型和魅力型需求的实现问题；基本型需求予以保留，在设计中可将其视为产品的强制性标准，是产品必须满足的需求，如果不能满足可能导致产品无法使用或出现逃避使用的行为；而无关型、相反型、问题型需求则可以剔除。由此形成最终的用户需求模型。

6.2.1.5 Kano用户需求重要度的评判

在传统QFD理论中，对各用户需求的分类是基于需求之间存在线性关系的假设实现的，例如需求CR_i的重要程度是25%，CR_j的重要程度是75%，则认为CR_j重要度是CR_i的3倍。但在实际项目中，用户的某些需求虽然重要程度不高，但对最终的满意度却会产生极大的影响；而某些需求虽然重要度很高，但对产品满意度水平的提升贡献较少。因而，在完成需求模型的构建后，设计技术人员还应根据Kano问卷的调查结果，对各期望型和魅力型需求进行重要程度的评判。为了更好地还原用户的真实需求，减小线性关系对结果的影响，本研究主要结合Berger等人（1993）提出的用户满意度系数的思想以及Matzler和Hinterhuber（1998）提出的一种Kano模型和QFD的集成方法（MH法）完成用户需求重要度的评判。

用户满意度系数（S_i-D_i系数），主要是用来评价用户对各项需求的敏感程度水平，进而可以帮助确定那些敏感度高、对提升用户满意度贡献较大的关键因素。S_i为满意系数，即魅力型和期望型需求在所有需求中占的比例，该值越大，代表其对用户满意度水平的提升具有越显著的影响；D_i为不满意系数，即期望型和基本型需求在所有需求中占的比例，该值越大，代表其对用户满意度水平的降低具有越显著的影响。因而，根据如下计算公式可得若满足某项用户需求，产品满意度的提升率和下降率。其中，A_i、O_i、M_i、I_i分别代表用户对第i项用户需求归类评价中，魅力型、期望型、基本型和无关型需求所占的比例。

$$S_i = \frac{A_i + O_i}{A_i + O_i + M_i + I_i} \tag{6-1}$$

$$D_i = \frac{A_i + O_i}{A_i + O_i + M_i + I_i} \qquad (6-2)$$

同时，根据MH法中提出的针对每项用户需求的CR_i，可选取公式6-1和6-2得出的S_i和D_i两值中权重较高的作为此项用户需求的绝对权重（W_i），并对其进行归一化处理，计算每项用户需求的相对权重值K_i，可用于后续QFD质量屋构建中，左墙用户需求重要程度一栏中。

$$W_i = \max \left| \frac{S_i}{\sum_{i=1}^{n} S_i}, \frac{D_i}{\sum_{i=1}^{n} D_i} \right| \qquad (6-3)$$

$$K_i = \frac{W_i}{\sum_{i=1}^{n} W_i} \qquad (6-4)$$

6.2.1.6 期望型和魅力型需求的设计技术要素识别与分析

根据前述的Kano需求分析方法，产品功能性设计的重点是针对用户群体的期望型和魅力型需求，将其转化为不同的功能配置形式或是系列化的主参数值，从而转入下一步产品功能的设计环节。

技术需求也可以称为技术特征，是用以满足用户需求的手段，由用户需求推演出的，是产品开发设计人员使用的标准化语言。质量机能展开的核心工具——质量屋的目的正是将用户的语言与设计开发人员的语言联系起来，从用户的需求出发，在产品开发设计中实现用户需求。因此，在完成Kano需求模型的构建后，还需要对设计人员进行访谈，挖掘开发设计人员在产品开发设计过程中所考虑的维度，即是从哪些方面实现用户需求的，进而识别和分析与用户需求相对应的相关设计技术要素。

6.2.2 设计矛盾的定义阶段

6.2.2.1 产品设计中的矛盾

城市家具公共休闲产品功能性设计的主要任务就是以满足人们在公共户外休闲中的生理和心理需求为宗旨，在产品的造型、材料、结构、工艺等条件共同作用下，将产品与人的关系形态化。随着经济的发展和社会交流的日益增多，作为城市家具重要组成部分的公共休闲产品设计越来越受到重视，产品功能性设计的重心已不再是仅仅需要解决有形实体之间的冲突，而是越来越多地转移到如何综合处理使用者、产品、环境、社会等多元关系上，使之能够寻找到最佳的平衡点。

根据TRIZ理论的观点，实现产品创新的最佳途径就是发现并解决前人尚未解决或尚未完全解决的问题或矛盾，这就要求产品在设计中，需要从技术性、艺术性、经济性、生态性、社会性等方面进行综合分析，不断发现、解决各种现存和潜在的设计矛盾。TRIZ理论认为矛盾主要有物理矛盾和技术矛盾两种类型。物理矛盾就是指对技术系统的同一设计要素有相互排斥、甚至截然相反的需求。例如，在家具设计中，使用者既要求家具有足够大的储藏空间，又要求产品自身要占地面积小，这就是一对大与小的物理矛盾。技术矛盾就是指当技术系统中的某一个特性或设计要素得到改善的同时，导致另一个特性或设计要素发生恶化而产生的矛盾。例如，使用者既要求家具要功能多样，又要求产品可靠性要高，这种适应性和多用性与稳定性之间就存在着一对技术矛盾。

就矛盾产生的根源而言，其主要是各种设计要素在如何处理产品的功能、外观造型形式、场所环境三者之间关系的过程中形成的。例如，使用者希望公共休闲产品的设计可以有足够的个人空间，满足安全感和领域感的需求；但在实际使用中产品为了满足多数人的就座休憩需求，又不得不在有限的空间条件下压缩使用者的个人空间，与陌生分享就座空间，这就是一对典型的物理矛盾。此外，使用者希望公共休闲产品可以使用就座舒适性高的材料，但产品由于长期需要直接面对高温、雨雪、日晒等诸多不利自然因素，故多采用金属、石材等耐久性材料，因而也降低了就座的舒适性，这就是设计中需要解决的技术矛盾。

6.2.2.2 设计矛盾的定义

设计矛盾定义的核心是用户需求质量屋的构建，如图6-6所示，主要可以分为以下5个步骤。

第一，将6.2.1.5中得出的Kano魅力型、期望型需求项CR_i和的用户需求重要

图6-6 用户需求质量屋

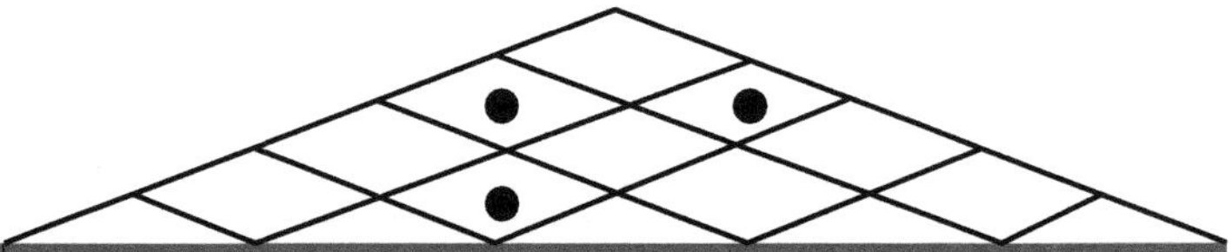

用户需求	需求重要度	设计技术要素				
	K_i	DR_1	DR_2	DR_3	DR_4	DR_i
CR_1	0.2	1	3	5	1	0
CR_2	0.2	3	1	1	5	3
CR_3	0.1	5	5	3	1	5
CR_i	0.5	5	1	3	0	1
设计技术要素重要度h_i		3.8	1.8	3	1.3	1.6

图6-6

度K_i两部分内容作为质量屋的左墙,以得出的设计技术要素DR_i作为质量屋的天花板,完成质量屋中原始信息的输入。

第二,设计专家小组按四级的评价标准,分析产品功能需求与设计技术要素之间的关系度R_{ij},将定性的关系评价转换为定量的关系评价,一般用◎=5表示相关性强,○=3表示相关性一般,△=1表示相关性弱,空白=0表示无相关性。

第三,根据设计专家小组的评价结果,通过加权算法,计算每项设计技术要素的重要度h_i。

第四,分析质量屋屋顶矩阵中各技术要素间的相互影响关系,如果一个设计要素的改善会引起另一设计要素的恶化,则两者为负相关,用●表示;如果一个设计要素的改善会引起另一设计要素的改善,则两者为正相关,不需标出。

第五,分析各负相关设计要素之间的关系,确定矛盾的类型。

6.2.3 设计矛盾的解决阶段

设计矛盾解决阶段是产品功能性设计的核心阶段,也是设计概念的形成阶段。在本阶段,设计专家小组将根据质量屋HOQ屋顶矩阵中产生的各类矛盾,从理想问题解决模型中,选择与之对应的解决策略,为矛盾的解决指明具体方法或方向,是选择—评价—选择循环往复,直到获得满意结果的过程。

TRIZ设计矛盾的解决方法虽然为技术性领域出现的各种矛盾提供了矛盾解决原理、标准矛盾参数、40个发明创造原理等较为完善的理论体系和针对相关问题解决的工具箱。但相对于公共休闲产品的功能设计而言,不免存在诸如39个标准工程参数过于烦琐,40条发明创造原理抽象程度不同、过于专业化等局限性。因而,针对上述问题,本研究首先将在原有理论的基础上对具体领域涉及的标准参数和发明原理进行适当的调整,制定相应的矛盾解决矩阵,以提高矛盾解决矩阵的实用性。

6.2.3.1 产品设计标准矛盾参数的整合

TRIZ理论中的39个标准工程参数是在大量专利研究的基础上,高度概括、抽象形成的,涵盖了工程技术领域引发技术矛盾的主要方面。但就公共休闲产品设计而言,产生矛盾的因素还是相对有限的,因而本研究从39个标准工程参数中提取出与本领域关系密切的19个工程参数,并按照设计中矛盾要素的相关特点,将其重新整合为功能层面、外观形式层面、外部环境层面三大类型(表6-6)。

表6-6 产品设计标准矛盾参数

类型	矛盾参数	类型	矛盾参数
功能层面	1产品的稳定性	外观形式层面	11产品的重量
	2产品的结构强度		12产品的长度
	3产品的可靠性		13产品的面积
	4产品的耐久性		14产品的体积
	5产品的安全性		15产品的造型
	6产品的可制造性		16产品的数量
	7产品的可操作性	外部环境层面	17环境温度
	8产品的可维修性		18环境光照
	9产品的适应性及多样性		19环境中的不利因素
	10产品的复杂性		

6.2.3.2 产品设计发明创新原理库

我们不难发现，在TRIZ理论提供的40条发明创新原理中，大部分规律可以直接用于产品的功能性设计中，且与已有许多设计方法和实际案例相契合。但有些原理或在描述时过于晦涩，需要结合产品设计领域的特点，进一步明确其具体的含义才可用于设计中；或过于专业化，可能不太适应于现阶段的产品设计。

本研究在现有发明创新原理的基础上，对其进行了重新整合和诠释，最终形成了适应于产品设计的28条创新原理，如表6-7所示。

产品设计28条创新原理的详细解释见附录C。

针对物理矛盾，4种不同分离方法所对应的产品设计发明创新原理也可进行整合、简化为表6-8所示。

此外，针对无矛盾的设计技术要素，本研究在上述产品设计的28条创新原理的基础上，根据不同原理之间的相关性，重新整合形成了可供无矛盾设计技术要素设计启发、参考的产品常用创新原理，如表6-9和表6-10所示，该原理主要分为功能创新和形式创新两部分。

6.2.3.3 产品设计矛盾解决矩阵

根据TRIZ理论中的矛盾解决矩阵，本研究将19个通用参数与28条发明创新原理相互对应，形成简化的产品设计发明创新矛盾矩阵，使得创新原理更接近产品设计理念。矩阵的横轴表示设计中希望改善的工程参数，而纵轴表示伴随这一工程参数得到改善而出现的恶化参数，横纵轴交汇处的数字则是用于解决该矛盾发

表6-7 产品设计28条发明创新原理

序号	原理名称	序号	原理名称
1	分割原理	15	周期性作用原理
2	抽出原理	16	反馈原理
3	局部特性原理	17	中介物原理
4	不对称原理	18	自助原理
5	合并原理	19	复制原理
6	多功能原理	20	一次性用品替代原理
7	嵌套原理	21	替换机械系统原理
8	质量补偿原理	22	气压或液压结构替代原理
9	预置防范原理	23	柔性壳体或薄膜结构原理
10	反向作用原理	24	多孔材料原理
11	曲面化原理	25	变换颜色原理
12	动态化原理	26	同质性原理
13	不足或过度作用原理	27	改变状态原理
14	多维化原理	28	复合材料原理

表6-8 分离原理与产品设计创新原理的对应表

分离原理	可应用的产品设计创新原理
空间分离	1、2、3、4、7、10、14、17、19、23
时间分离	9、12、13、15、22
条件分离	1、5、6、7、8、10、11、16、18、20、26、27
整体与部分分离	21、24、35、27、28

表6-9 产品设计功能创新原理

序号	原理名称	序号	原理名称
1	分割	11	反馈
2	抽出	12	中介物
3	局部特性	13	自助
4	多功能	14	一次性用品替代
5	嵌套	15	替换机械系统
6	质量补偿	16	气压或液压结构替代
7	预置防范	17	柔性壳体或薄膜结构
8	反向作用	18	多孔材料
9	不足或过度作用	19	复合材料
10	多维化		

表6-10 产品设计形式创新原理

序号	原理名称	序号	原理名称
1	分割	9	复制
2	抽出	10	柔性壳体
3	局部特性	11	多孔材料
4	不对称	12	变换颜色
5	合并	13	同质性
6	嵌套	14	改变状态
7	曲面化	15	复合材料
8	周期性作用		

明创新原理的编号，如附录D所示。

此外，在实际应用中，矛盾的确定需要从通用设计问题中转化过来，在转化时需要对问题进行定义描述，描述的准确性涉及后面问题解的准确性，如果定义的两个参数在矩阵表的交叉处没有数据，则需要重新定义描述，可以用最相近的参数代替后再次查找。

6.2.3.4 产品设计矛盾的综合解决

产品设计矛盾的综合解决，即通过对矛盾解决原理、19个标准矛盾参数、28条发明创新原理的综合运用，实现产品的方案设计。TRIZ理论根据物理矛盾与技术矛盾不同的问题属性与产生根源，提出了相应的解决方案模型。

（1）物理矛盾

解决物理矛盾的核心就是分离矛盾，如图6-7所示，根据不同的问题属性提出了空间分离、时间分离、条件分离、系统级别的分离4条解决矛盾的分离原理，

图6-7 解决物理矛盾的
方式

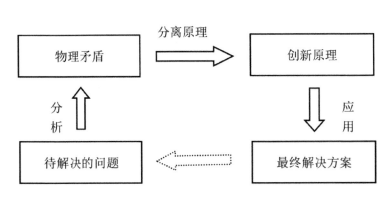

图6-7

每条分离原理中与相关的发明创新原理相对应，设计者可以从中得到创造性的启示，进而获得矛盾解决的创新设想（表6-8）。

（2）技术矛盾

针对系统中的技术矛盾，如图6-8所示，首先借助19个产品设计标准矛盾参数，将引起技术矛盾的参数转换为标准的工程参数；其次，通过矛盾矩阵表的形式，将工程参数与发明创新原理相互对应，根据序号查找对应的发明创新原理，从而得到解决技术矛盾的发明创新原理。但这里提供的创新原理并非直接给设计人员提供以具体的解决方案，而仅仅是表明了几种矛盾求解的方向性。因而，设计者应尽可能根据原理中所提供的求解方向，尝试每条原理应用的可能性，经过比较、选择后得到最理想的设计方案，通常最终理想解所选定的发明创新原理多于一个。如果所有可能的解决方案都不满足设计的要求，这就需要对存在的矛盾重新定义并再次求解。

由此可见，在方案设计阶段，设计人员即可根据产品设计矛盾解决矩阵中推荐的发明创新原理，充分发挥创造力，从产品的造型、材料、结构、工艺等方面对产品概念展开深入设计，寻找可行的产品功能性设计方案。此外，针对无矛盾的设计要素，设计人员可根据表6-9和表6-10中所分类整合的功能和外观形式创新原理，从中选取适合的方法依次试用，直到找到理想的解决方案。

图6-8 解决技术矛盾的方式

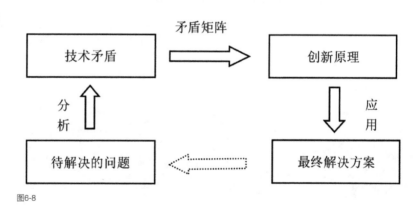

图6-8

6.3 基于Kano、QFD和TRIZ集成应用的功能性设计实践

6.3.1 设计项目背景及现有公共休闲产品调研分析

6.3.1.1 设计项目历史概况

青岛奥林匹克帆船中心坐落于青岛市东部新区浮山湾畔，依山面海，风景优美，是2008年第29届奥运会和第13届残奥会帆船比赛会场，总用地面积45hm²，奥帆赛赛时用地面积约30hm²（图6-9）。赛后原奥帆中心为了使市民和游客可以近距离接触奥帆赛、体验奥运激情、参与奥林匹克主题活动，将中心纪念墙码头西区的比赛设施略做调整，形成了青岛奥林匹克主题公园。公园西侧与青岛音乐广场、五四广场、奥运景观桥相通，东端与奥林匹克帆船中心相连，占地面积1万余m²（图6-10）。

青岛奥林匹克主题公园是原奥帆中心的海洋文化、欢庆文化和自然文化3条轴线之一的海洋文化创意景观区域。该场所空间主要由奥运大道、火炬大道、八角广场、滨海水岸步行道（奥帆商业步行道）等构成。设计将海港、渔船、风帆、海浪、海洋生物等诸多极具代表性的海洋元素，融入地面铺装、城市家具和景观环境要素的设计中，营造出浓郁的海洋文化氛围（图6-11）。例如，空间内设置

图6-9 青岛奥林匹克帆船中心

图6-10 青岛奥林匹克主题公园平面图

图6-11 青岛奥林匹克主题公园的环境构成要素

图6-9

图6-10

图6-11

226

的信息标识产品，设计以风帆和海浪两种元素为主题，银色的风帆在湛蓝的海浪中飘扬，构成了一幅高扬风帆、搏击惊涛骇浪的画面，既表达了奥帆赛的举办，又寓意着新世纪的青岛正扬帆远航，融入世界。

6.3.1.2 设计项目公共休闲产品的实地调研分析

（1）空间的主要功能分区

青岛奥林匹克主题公园的功能分区，如图6-10所示，从空间的功能角度出发，可以分为步行道空间、休闲广场空间以及供人们了解奥运文化、弘扬奥运精神、传承奥运遗产之用的广场空间。结合空间功能分区和公共休闲产品的功能性设计，本研究将青岛奥林匹克主题公园的公共空间概括性地分为步行道和广场两种类型。

（2）产品的类型

根据对调查的资料研究发现，在青岛奥林匹克主题公园的两种不同空间中，设置的主要休闲产品有休闲桌椅组合、休闲座椅、遮阳篷3种类型。其中，根据产品造型的不同，休闲座椅主要有直线型、兼用型等类型（图6-12）。

图6-12 青岛奥林匹克主题公园公共休闲产品的类型

根据调查发现，在现有产品中，休闲桌椅组合、直线型休闲座椅和兼用型休闲座椅应用最为广泛，种类繁多，组合形式也相对多样，为人们在公共空间中的观景、交流、餐饮等休闲行为提供了丰富的物质载体。

图6-12

此外，根据观察发现，空间中现有休闲桌椅大多为临近售卖餐饮食品商家、旅游观光游船商户自行设置的，以满足人们户外就餐、等候等需求，这也造成了产品风格多样、造型各异、色彩丰富的局面，视觉效果混乱，缺乏内在的联系。同时，现有产品的种类虽然较多，但在许多空间却存在数量上远不能满足人们正常休憩需求的问题。根据分析发现，这主要是由于本场所中多数空间设计之初的用途是为满足奥运会的帆船赛的比赛、船舶停放、运动员休息之用，因而空间原有产品主要以兼用型休闲产品和遮阳产品为主。在赛后场所的重新整合和再利用过程中，添加了部分可移动式休闲桌椅组合、直线型产品、多角型产品，但数量上相对较少，使用者许多休闲行为的发生需要在各种非典型休闲产品的辅助下才能实现。

（3）产品的空间配置方式

如图6-13所示，根据对调查资料的研究发现，现有公共休闲产品按步行道和广场空间两种不同类型空间，呈现出各不相同的空间配置方法。

①步行道

在滨海步行道的西段，即从左侧入口处奥运特许商品专卖店、餐饮销售、奥运景观雕塑全球巡展等商业聚集的线性轴线空间区域到八角广场区域，空间中仅在场所入口处，按照奥运景观桥的弧线造型设置了一组兼用型公共休闲产品。但在实际使用中，如图6-14所示，多数休闲产品被售卖纪念品的小商小贩占用，在

图6-13 青岛奥林匹克主题公园典型休闲产品的配置分布图

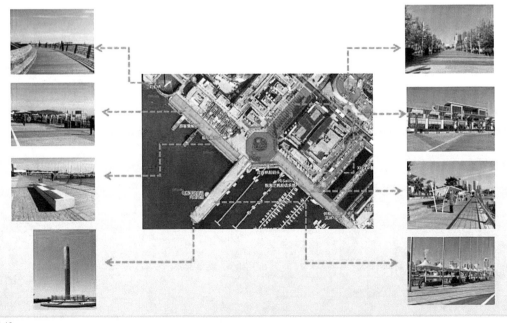

图6-13

228

一定程度上削弱了产品的功能性，使用者几乎不会在此选择就座休闲。

在场所中心区域的奥运火炬台步行道，在沿坝体到奥运火炬台这段200m长的步行街道空间中，并未设置任何休闲产品。根据观察发现，在此区域中，使用者多是借助火炬台台阶、锚桩、护栏等作为非典型休闲产品辅助满足人们的休憩需求（图6-15）。

在滨海步行道的东段，由于靠近游船码头，为了方便人们的等候和观景需求，产品设置了休闲篷和休闲座椅组合搭配的独立休憩空间。但此区域的产品设计同样缺乏空间的整体感。如图6-16所示，在相邻的几个休闲观景亭内部的休闲座椅设计上，每个亭内的"风景"都各不相同，在风格和造型上毫无整体性可言，各自以其孤立的形式出现在人们面前，占据着独自的空间，缺乏内在的联系，忽略了整体景观的完整性与连续性，易给人造成视觉上的混乱，与形式美法则背道而驰。

图6-14 公共休闲产品
被占用情况

图6-15 锚桩作为非典
型休闲产品

图6-16 产品缺乏整体性

图6-14   图6-15

图6-16

②广场空间

广场空间现有公共休闲产品的设置形式较为相似，即在两种不同性质空间交汇处的过渡区域，通过非典型休闲产品，满足人们休闲行为的需求。如图6-17所示，在八角广场，人们的使用行为或可利用台阶，或就近选择旁边的休闲广场实现。

图6-17 广场中的公共
　　　　休闲产品

图6-18 公共休闲产品的
　　　　用户群体构成
A：滨海步行道
B：八角广场

6.3.1.3 设计项目中公共休闲产品的用户群体构成及其使用行为分析

为了进一步了解青岛奥林匹克主题公园公共休闲产品的用户群体构成和用户行为特征等相关内容，本研究结合空间的实际情况，选择了滨海步行道的西段和八角广场两个区域的现有公共休闲产品作为观察点，在观察日的上午11:00到下午3:00之间，每间隔2h以20min为一个时间段统计，对产品的用户群体构成和主要用户休闲行为两项内容进行记录。

（1）产品的用户群体构成分析

如图6-18所示，通过对两个观察点现有公共休闲产品的使用者统计发现，用户群体涵盖了青少年儿童、中青年人和老年人。其中，中青年使用者占3个空间总人数的57.5%，青少年儿童为25%，而老年人则相对较少，占空间总人数的17.5%。这是由于本设计项目具有一定的特殊性，场所空间既属于青岛一处重要的旅游景点，也是周边居民进行户外休闲娱乐的公共主题公园。因而，空间的主

图6-17

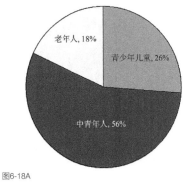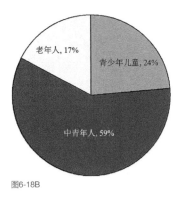

图6-18A　　　　　　　　　　　　　　图6-18B

要用户群体为来此观光旅游的中青年人及少年儿童。

（2）产品的用户休闲行为分析

根据实地调研发现，人们在此空间公共休闲产品的使用中，主要包括交谈、嬉戏、观望、等候、打电话、听音乐、饮食、吸烟、阅读、照看小孩等众多休闲行为。为便于统计和分析，将上述主要的用户行为概括性地分为短暂休憩、交谈、独处自娱、观望、伴随（照看小孩）、餐饮6种典型用户行为。如图6-19所示，通过对不同公共休闲产品中用户行为的频率统计发现，八角广场空间中，用户的观望行为、短暂休憩行为和伴随行为是发生频率最高的3种典型产品使用行为；而在滨海步行道（西段）空间中，短暂休憩、观望行为则相对较多。其中，餐饮行为较多的原因主要是由于该空间毗邻销售餐饮食品商家，因而部分使用者会选择在此享用美食，特别是中午时段。

6.3.2 设计项目实施的目标与原则

（1）以用户行为需求为导向，注重产品的人性化

公共休闲产品作为一种工业产品，其功能性设计的目的是人而非产品，任何产品形式的存在均需以人为基本出发点。因而，产品不仅需要起到体现场所精神、配合空间氛围营造的作用，更重要的是通过创造性的设计将产品与人的关系形态化，满足不同用户群体、不同用户行为的使用需求，从真正意义上实现为用户而设计，使人们在使用中产生心理上的满足和精神上的享受。通过前期调研发现，本设计项目具有一定的特殊性，在用户群体构成和用户行为需求上体现出复

图6-19 公共休闲产品的
　　　用户休闲行为发
　　　生频次统计

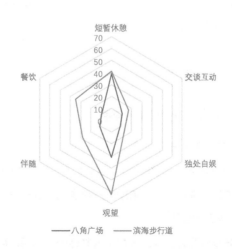

图6-19

杂性的特点。就用户群体而言，其涵盖了青少年儿童、中青年人和老年人3类主要人群；而就用户休闲行为需求而言，不同类型空间中既有短暂休憩的使用者，也有观望、独处、餐食的使用者，还有进行交谈、嬉戏、伴随、互相拍照等社会性活动的人群。因而，休闲产品的功能性设计应从人与产品关系的角度出发，深入挖掘在特定空间条件下，不同用户群体、不同使用行为背后的潜在需求，使之更好地引导和促进人们休闲行为的发生。

（2）以满足用户的基本需求为前提，保证产品基本功能的实现

公共休闲产品作为人们户外活动中使用频率较高的一类工业产品，使用者的基本需求是产品必须满足和具备的功能和属性，是产品的"本职工作"，也是人们的最低要求。如果产品连这种功能都无法提供，用户的不满意或负面情绪将随之出现，那么即便是再美观、再新奇的设计都是无用的。通过前文分析，公共休闲产品的用户基本需求包括舒适性、安全性、私密性、领域性等众多方面，但就本设计项目而言，产品的安全性是需要重点考虑的问题。一方面由于场所紧邻浮山湾畔，受海风侵蚀、强酸碱等自然因素的影响比较严重；另一方面需要满足高频率和多人次同时使用的需求，空间中现有产品的金属部件和连接件极易出现生锈、损坏的情况，妨碍人们的正常使用。因而，在本项目公共休闲产品的功能性设计中，为保证产品功能性的顺利实现，产品应从结构、材料等方面重点考虑使用环境对产品耐候性和安全性的影响。

（3）以实现用户的期望型和魅力型需求为目标，提高产品的满意度

就公共休闲产品的功能性设计而言，用户的期望型和魅力型需求虽然没有基本型需求那样苛刻，是产品必须具备、必须实现的功能和属性，但这类需求一旦得到满足，人们则会感到惊喜，从而可以极大程度地提高用户的产品满意度、使用愉悦性和体验性。因而，在产品的功能性设计中，应以将实现用户的期望型和魅力型需求作为设计的最终目标。

6.3.3 设计概念的形成阶段

6.3.3.1 初始用户需求层次模型的构建

（1）初始用户需求的识别与分析

用户需求的识别与分析是基于Kano、QFD和TRIZ理论集成设计方法的第一步，是研发设计中的数据输入部分，前期用户需求挖掘的充分与否，直接关系到需求展开和质量特性展开的全面性。

经过前期对青岛奥林匹克主题公园现有公共休闲产品用户群体构成的统计分

析，最终选择了中青年和老年两个年龄阶层的用户作为访谈的主要对象，其中包括中青年用户20位、老年用户12位，共计32人次。访谈过程主要在用户使用产品的过程中进行，就现有产品的用后感受和意见建议两个方面进行询问，共收集到40余项产品的建议和抱怨信息。在此基础上，结合前期对现有公共休闲产品的调研和用户使用行为的观察，通过对这些具有零散性、重复性、模糊性信息的重新分析、处理、转化和补充，初步得到了如表6-11中所示的8条产品主要的用户需求信息。

表6-11　休闲产品用户需求信息

序号	建议或抱怨信息描述
1	产品配置不完善，在沿海步行道、中心纪念墙码头等景色较好区域的产品数量较少
2	空间中部分产品出现生锈、损坏的情况，无法正常使用
3	产品就座舒适性较差，特别在冬季使用时，使人产生冰冷感
4	产品设置在无遮挡的开敞空间，休憩环境的体验感较差
5	产品的卫生状况较差，表面污渍、食品包装袋等废弃物妨碍就座
6	产品周边人流密集，穿行、通过妨碍使用，缺乏领域感和安全感
7	产品在多数使用情况下，需要与陌生人分享就座空间
8	产品缺乏整体性，各种设置的休闲产品给人一种杂乱无序的视觉空间效果

针对上述用户反映的较为集中的8个方面产品用户需求信息，设计小组再次运用观察法、情景调查法和角色与场景分析法，通过对场所中现有产品的再次实地体验和感受，想象用户在使用产品时可能出现的各种情景和具体的用户行为需求。同时，利用头脑风暴法对获得的用户需求深入细化，最终补充完善得到了表6-12中所示的41条可能存在的产品用户需求信息。

（2）初始用户需求的检验与筛选

①初始用户需求问卷的设计与发放

采用李克特的五点量表法，将表6-12中通过分析、挖掘、细化形成的公共休闲产品初始用户需求项，按照次序分别设置成具有"非常重要""较为重要""无所谓""不太重要"和"非常不重要"5个评价标准的调查问卷，进行小样本的认同程度检验与筛选。同时，为了避免被调查者在填写问卷过程中，可能会由需求项描述术语造成不明白或误解的情况发生，在设计相应问卷题项时会对其进行相应的补充和举例说明，例如高度可调节（通过不同的座面高度，满足青年人、老人、儿童等不同用户群体的就座舒适度要求），完整问卷设计详见附录E。

表6-12　补充完善后的休闲产品用户需求信息

序号	用户需求信息	序号	用户需求信息
1	就座舒适，可以满足长时间使用	22	提供便于公众棋牌娱乐活动的辅助功能
2	座面高度可以调节	23	具有方便搁置随身携带物品的功能
3	可以满足腰背部倚靠和支撑	24	为电子产品提供辅助电源充电功能
4	腰背部倚靠和支撑的角度可调节	25	为电子产品提供无线网络功能
5	辅助使用者起立、就座及保持平衡	26	提供诸如实时天气、周边空气质量、噪音指数、交通情况等实时信息
6	可以提供坐、靠、躺等多种休闲方式	27	提供景区语音导览、历史文化介绍等功能
7	满足携带儿童家长的特殊使用需求	28	可以提供广告宣传、公共信息发布等功能
8	避免与陌生人出现肢体触碰的尴尬	29	避免灰尘、杂物等附着产品表面
9	结构的承重负荷可靠性强	30	可以提供收集垃圾、烟灰等清洁卫生功能
10	零部件安全性高	31	便于使用者餐饮等使用要求
11	结构转折圆润自然，无潜在安全问题	32	避免占座、将物品置于座面等不文明行为
12	材质无毒无害，具有环保性	33	减少风对使用舒适性的影响
13	与人体接触部位舒适性好	34	减少日晒对使用舒适性的影响
14	疏水性好	35	减少雨雪天气对使用舒适性的影响
15	配合空间氛围的营造	36	提供夜间局部灯光照明
16	充满生气，富于艺术性	37	宜人的空间氛围
17	简洁、大方、美观	38	相对独立、安静、舒适的休憩环境
18	比例协调、体量与空间协调	39	空间开阔、景色优美的观看视野
19	隐喻传达当地的历史文化与民俗风情	40	满足不同休闲活动的行为需求
20	具有趣味性和公众参与性，可以引导使用者进行各种户外休闲活动	41	合理组织空间步行交通秩序
21	可以局部加热或降温，提高舒适度	……	……

在初始用户需求问卷的发放中，本研究有针对性地选取了50位对城市家具公共休闲产品非常熟悉的调查对象进行小样本试用。其中，调查对象包括40名场所中公共休闲产品使用者、5名设计从业人员和5位高校设计专业教师。同时，为了提高数据的有效性，本问卷采用面对面的方式进行填答，如果在调查过程中受试者对题目的设置有任何疑问，研究人员可对其进行解答，协助题目的完成。

②初始用户需求问卷的项目分析

在初始用户需求问卷的项目分析中，将针对回收的有效问卷进行效度和信度等方面的检验，并以此为根据对题项进行净化与修改，提高问卷的有效性和精确性。本次调研共回收有效问卷50份，项目分析主要使用统计软件SPSS 18.0，对初稿数据的遗漏值变量、偏态系数、临界比值（*CR*值）和同质性（*CITC*值）4项量化指标分别进行检验，结果详见表6-13。

本研究将遗漏值变量＞5%，偏态系数的绝对值＞0.7，*CR*值＞0.05和*CITC*值＜0.3这4项量化指标作为题项的检验标准，若有2项或2项以上达到或超过量化指标，即表示该题项不宜采用，应予以删除。如表6-13中所示，通过综合分析与判断，初稿问卷中第2题"座面高度可以调节"、第3题"可以满足腰背部倚靠和支撑"、第4题"腰背部倚靠和支撑的角度可调节"、第6题"提供坐、靠、躺等多种休闲方式"、第21题"局部加热或降温"、第22题"便于公众棋牌娱乐活动"、第27题"景区语音导览、历史文化介绍"7道题目未达检验标准。

表6-13　休闲产品用户需求初稿问卷分析总表

序号	遗漏值	偏态系数	*CR*值	*CITC*值	未达标准	备注
1	0	−0.297	0.347*	0.323	1	
2	0	−0.747*	0.116*	0.302	2	删除
3	0	0.890*	0.438*	0.241*	3	删除
4	0	−0.847*	0.418*	0.123*	3	删除
5	0	−0.131	0.049	0.348	0	
6	0	0.193	0.095*	0.269*	2	删除
7	0	−0.255	0.125*	0.373	1	
8	0	−0.251	0.033	0.687	0	
9	0	−0.231	0.021	0.457	0	
10	0	−0.067	0.017	0.481	0	
11	0	−0.372	0.009	0.530	0	
12	0	−0.026	0.011	0.376	0	
13	0	−0.424	0.014	0.416	0	
14	0	−0.220	0.877*	0.356	1	
15	0	0.043	0.006	0.562	0	
16	0	0.360	0.019	0.406	0	
17	0	−0.115	0.008	0.531	0	
18	0	0.213	0.092*	0.489	1	
19	0	−0.013	0.217*	0.444	1	
20	0	0.116	0.037	0.376	0	
21	0	−1.183*	0.208*	0.279*	3	删除
22	0	0.255	0.094*	0.295*	2	删除
23	0	0.266	0.048	0.357	0	

序号	遗漏值	偏态系数	CR值	CITC值	未达标准	备注
24	0	0.051	0.093*	0.306	1	
25	0	0.364	0.035	0.350	0	
26	0	−0.113	0.392*	0.353	1	
27	0	0.831*	0.664*	0.042*	3	删除
28	0	−0.026	0.111*	0.310	1	
29	0	0.030	0.002	0.753	0	
30	0	−0.028	0.527*	0.377	1	
31	0	−0.226	0.092*	0.319	1	
32	0	0.185	0.671*	0.370	1	
33	0	0.135	0.274*	0.363	1	
34	0	−0.034	0.004	0.656	0	
35	0	−0.052	0.711*	0.349	1	
36	0	0.054	0.381*	0.458	1	
37	0	0.235	0.059*	0.396	1	
38	0	−0.165	0.011	0.583	0	
39	0	−0.219	0.096*	0.351	1	
40	0	−0.360	0.004	0.674	0	
41	0	−0.567	0.418*	0.476	1	

注：*表示该项量化指标未达到检验标准。

（3）初始用户需求层次模型的构建

如图6-20所示，根据检验与筛选后的初始用户需求项，本研究将利用KJ法，根据不同需求项之间的亲和性，对其进行重新整理与分类，明确它们之间的隶属关系，构建初始用户的需求层次模型。

6.3.3.2 Kano需求模型的构建

（1）Kano问卷的设计与收集

①Kano问卷的设计

调查问卷由每一位被调查对象填写，内容包括被调查者的基本情况（性别、年龄和用户构成等），以及用户对设置的每个正反Kano问题的偏好态度表述两部分内容。其中，正反Kano问题的设置可根据Kano理论提供的问题模板，将用户需

图6-20 休闲产品用户
需求层次模型

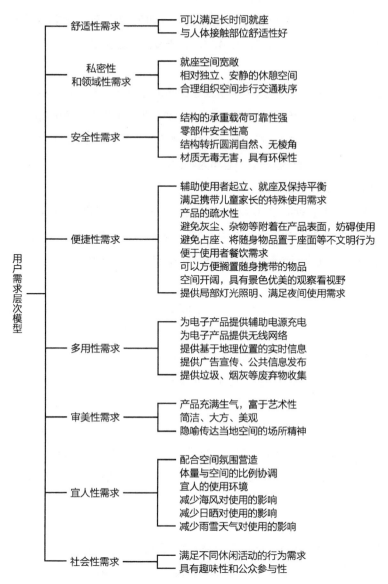

图6-20

求层次模型中的34项需求信息转换成正向和反向两个标准问题，最终形成标准的公共休闲产品用户需求Kano调查问卷。

在关于问卷应采用几点量表的问题上，学者Berdie认为在大多数的情况下，五点量表是最可靠的，如果选项超过了5点，一般人则难以有足够的辨别力；同时，三点量表限制了温和意见与强烈意见的表达，而五点量表则刚好可以表示温和意见与强烈意见之间的区别。

因而，本研究采用李克特五点量表法，按照用户对每一个问题的不同感觉分别设置为"不喜欢""可以接受""无所谓""理所当然"和"非常喜欢"5个评价标准，对应的值分别为1、2、3、4、5，问卷设计详见附录F。

②Kano问卷的发放

由于本项目是针对青岛奥林匹克主题公园进行的特定场所Kano用户需求问卷，因而问卷调查采用随机抽样的方法，现场给相关使用者发放纸质的调查问卷，并采用面对面的方式进行填写。同时，考虑到一定量回收率和无效问卷等因素的影响，故确定最终的抽样样本容量为400份。

③Kano问卷的收集

在本次调查过程中，总共发放纸质问卷400份，实际回收有效问卷共计376份，问卷的有效回收率为94%。其中，无效问卷的判断标准主要是被调查者填写的认真程度，若出现问卷答案千篇一律的情况，则将该问卷剔除。

④Kano问卷的描述性统计信息

根据回收的376份有效调查问卷，使用统计软件SPSS 18.0中的描述性统计模块对样本的基本信息进行统计分析。

如表6-14所示，在本次调查样本的性别结构中，男性占54.52%，女性占45.48%，两者比例基本相当，说明随机样本的抽样比例结构较为合适。在调查样本的年龄结构上，20~55岁的中青年使用者占66.50%，20岁以下使用者占19.95%，而55岁以上的老年群体则相对较少，占13.55%，这主要是受本项目的使用场所为旅游景区性质的主题公园影响。而就调查对象所在地的构成结构而言，观光游客所占的比例相对较大，占74.73%，而周边居民仅为25.27%。

（2）信度分析

信度分析，主要指为了保证在重复测量过程中，所得出的结果具有一致性和稳定性的特征，而对数据进行的可靠性检验。常用的检验方法为Cronbach α 系数法。本研究使用统计软件SPSS 18.0中的可靠性统计分析模块，对样本正向和反

表6-14 Kano调查问卷的描述性统计信息

项目		人数（位）	比例（%）
性别	男	205	54.52
	女	171	45.48
年龄	20岁以下	75	19.95
	20~55岁	250	66.50
	55岁以上	51	13.55
用户构成	周边居民	95	25.27
	观光游客	281	74.73

向两种问题的度量子量表和总体量表的信度进行分析。

如表6-15中所示的分析结果，正向问题各项维度的α值均大于0.724，且总量表的α系数达到了0.846；反向问题各项维度的α值均大于0.714，且总量表的α系数为0.827。

根据Cronbach α系数的判定标准可知，本次Kano调查问卷所得出的结果具有较好内部一致性和稳定性特征，可以通过内部信度检验。

表6-15　Kano调查问卷的Cronbach α系数分析

子量表	题项	正向问题	反向问题
舒适性需求	1~2	0.823	0.805
私密性和领域性需求	3~5	0.841	0.817
安全性需求	6~9	0.836	0.831
便捷性需求	10~18	0.752	0.714
多用性需求	19~23	0.724	0.798
审美性需求	24~26	0.848	0.829
环境宜人性需求	27~32	0.813	0.824
社会交往性需求	33~34	0.827	0.818
总量表	1~34	0.846	0.827

（3）Kano需求项归属类别的分析

根据Kano用户需求调查问卷的统计结果，参照Kano评价表（表6-3），对得到的每个用户需求项的Kano类别进行统计分析，并采用"取最大值"的原则，分别计算出基本型需求（M），期望型需求（O），魅力型需求（A），无关型需求（I），相反型需求（R）和问题型需求（Q）所占的比例，由此确定每项需求最终的Kano归属类别（表6-16）。

表6-16　Kano需求项类别分析表

序号	M	O	A	I	R	Q	Kano归属项
1	0.4123	0.0696	0.1504	0.3677	0.0000	0.0000	M
2	0.3676	0.0975	0.2256	0.3094	0.0000	0.0000	M
3	0.1226	0.2173	0.5348	0.1142	0.0111	0.0000	A
4	0.1253	0.2814	0.3370	0.2396	0.0167	0.0000	A
5	0.4596	0.1114	0.1309	0.2981	0.0000	0.0000	M
6	0.7354	0.1253	0.0975	0.0418	0.0000	0.0000	M
7	0.7799	0.1532	0.0418	0.0251	0.0000	0.0000	M
8	0.5794	0.0780	0.2981	0.0445	0.0000	0.0000	M

序号	M	O	A	I	R	Q	Kano归属项
9	0.7688	0.1783	0.0418	0.0111	0.0000	0.0000	M
10	0.1811	0.0891	0.1198	0.6100	0.0000	0.0000	I
11	0.0557	0.1700	0.3203	0.4540	0.0000	0.0000	I
12	0.4318	0.0640	0.1560	0.3482	0.0000	0.0000	M
13	0.1253	0.3232	0.4596	0.0919	0.0000	0.0000	A
14	0.0418	0.1253	0.2340	0.5989	0.0000	0.0000	I
15	0.0975	0.1198	0.3064	0.4345	0.0418	0.0000	I
16	0.1672	0.1811	0.2173	0.3370	0.0974	0.0000	I
17	0.1504	0.1421	0.3370	0.3705	0.0000	0.0000	I
18	0.1309	0.3426	0.2396	0.2674	0.0195	0.0000	O
19	0.0306	0.0891	0.4095	0.4290	0.0418	0.0000	I
20	0.0863	0.0390	0.3928	0.4596	0.0223	0.0000	I
21	0.0000	0.0000	0.4513	0.5403	0.0084	0.0000	I
22	0.0000	0.0000	0.2089	0.7911	0.0000	0.0000	I
23	0.0501	0.1253	0.4318	0.3928	0.0000	0.0000	A
24	0.1978	0.2479	0.3593	0.1421	0.0529	0.0000	A
25	0.0724	0.0696	0.3121	0.5320	0.0139	0.0000	I
26	0.0613	0.0864	0.4595	0.3928	0.0000	0.0000	A
27	0.4986	0.0696	0.0836	0.3482	0.0000	0.0000	M
28	0.4596	0.0808	0.0891	0.3705	0.0000	0.0000	M
29	0.1198	0.1346	0.4318	0.3147	0.0000	0.0000	A
30	0.0920	0.1059	0.2396	0.5040	0.0585	0.0000	I
31	0.1226	0.0836	0.4568	0.3147	0.0223	0.0000	A
32	0.0418	0.0780	0.2507	0.6295	0.0000	0.0000	I
33	0.0529	0.1198	0.5794	0.2479	0.0000	0.0000	A
34	0.0195	0.0975	0.3844	0.4986	0.0000	0.0000	I

（4）Kano需求模型的构建

在Kano需求模型的构建中，由于满足魅力型和期望型两种用户需求是提升用户满意度水平的主要途径，在设计中需要重点考虑；基本型需求予以保留，在设计中可将其视为产品的强制性标准，是产品必须满足的需求；而无关型、相反型、问题型需求对用户满意程度的贡献较小，在设计中可以剔除。

因而，如表6-17所示，经过上述分析和筛选，我们最终获得了就座空间宽敞、避免与陌生人出现肢体触碰；降低日晒对使用舒适性的影响；产品的表面卫生性；提供夜间局部灯光照明；满足不同休闲活动的行为需求；充满生气，富于艺术感；隐喻传达历史文化与民俗风情；宜人的使用环境；相对独立、安静、舒适的休憩空间；可以便于废弃物投递10项魅力型和期望型需求，以及可以满足长时间就座、与人体接触部位舒适性好、合理组织空间步行交通秩序等10项基本型需求。

6.3.3.3 Kano用户需求重要度的评判

就公共休闲产品的功能设计而言，一方面需要满足用户的基本型需求；另一方面，魅力型和期望型两种需求作为提升用户满意度最为直接的手段，尤为重要。因而，本研究将上述两种需求提取出来，将其作为设计的最终目标。

就各种魅力型和期望型需求而言，其不仅按照一定的结构关联具有层次上的差异和递进关系，而且也存在"轻重缓急"之分。因此在产品的功能性设计中应视具体情况和用户需求重要程度的不同展开。用户满意度系数（S_i-D_i系数），作为一种用于评价用户对各项需求的敏感程度水平高低的关键因素，其可以通过分别计算魅力型和期望型需求在所有需求中占的比例，来判断该项需求对提升用户满意度的贡献程度，即重要程度。根据公式6-1~公式6-4，通过计算可以分别得出上述10项Kano用户需求的S_i、D_i和W_i值，并对其进行归一化处理，得到每项用户需求的相对权重值K_i。其中，K_i可直接用于QFD质量屋的左墙"用户需求重要程度"一栏中（表6-18）。

表6-17 Kano用户需求层次模型

序号	用户需求项目	类别	序号	用户需求项目	类别
1	避免与陌生人出现肢体触碰	魅力	11	可以满足长时间就座	基本
2	降低日晒对使用舒适性的影响	魅力	12	与人体接触部位舒适性好	基本
3	产品表面卫生性	魅力	13	合理组织空间步行交通秩序	基本
4	满足不同休闲活动的行为需求	魅力	14	结构的承重载荷可靠性强	基本
5	充满生气，富于艺术感	魅力	15	零部件安全性高	基本
6	隐喻传达历史文化与民俗风情	魅力	16	结构转折圆润自然、无棱角	基本
7	宜人的使用环境	魅力	17	材质无毒无害，具有环保性	基本
8	相对独立、安静、舒适的休憩空间	魅力	18	疏水性好	基本
9	可以便于废弃物投递	魅力	19	配合空间氛围营造	基本
10	提供夜间局部灯光照明	期望	20	体量与空间的比例协调	基本

表6-18　Kano用户需求层次模型

序号	用户需求项目	Kano类别	S_i	D_i	W_i	K_i
1	避免与陌生人出现肢体触碰	魅力	0.7605	0.3437	0.2827	0.1280
2	降低日晒对使用舒适性的影响	魅力	0.5527	0.2109	0.2055	0.0931
3	产品表面的卫生性	魅力	0.7828	0.4485	0.2910	0.1318
4	满足不同休闲活动的行为需求	魅力	0.9399	0.3417	0.3494	0.1582
5	充满生气，富于艺术感	魅力	0.7630	0.3487	0.2836	0.1284
6	隐喻传达历史文化与民俗风情	魅力	0.5459	0.1477	0.2029	0.0919
7	宜人的使用环境	魅力	0.5659	0.2542	0.2104	0.0953
8	相对独立、安静、舒适的休憩空间	魅力	0.6289	0.4136	0.2338	0.1059
9	可以便于废弃物投递	魅力	0.5571	0.1754	0.0720	0.0326
10	提供夜间局部灯光照明	期望	0.5938	0.1412	0.0767	0.0347

6.3.4 设计矛盾的定义阶段

6.3.4.1 设计技术需求的识别与分析

在获取公共休闲产品的Kano用户需求之后，就可以确定产品设计中的具体目标，继而进入解决问题的操作阶段。在本阶段中，首先要做的工作就是针对用户群体的期望型和魅力型需求，寻找实现用户需求的措施，即技术措施。

在设计技术需求的识别与分析过程中，本研究主要通过设计专家小组的形式进行集智讨论，在综合考虑各项用户需求及其重要程度的情况下，最后从中提取出：①产品满足个人的最小就座空间；②产品的造型简洁；③产品的材料舒适；④产品的材料光洁性和疏水性好；⑤产品的色彩柔和；⑥产品的局部装饰；⑦产品的结构强度高；⑧产品结构简单易于使用和维护；⑨产品使用的可靠性高，故障率低；⑩产品合理区隔不同用户的行为活动；⑪产品具有贮藏空间，可以容纳垃圾、烟灰等废弃物品以及电路、照明等设备；⑫产品增加电路照明系统；⑬产品在空间布局中的位置选择13项设计技术需求。

6.3.4.2 用户需求质量屋的构建

在产品设计矛盾定义阶段，其核心是将用户功能需求与产品设计技术要素间建立质量屋二元矩阵图表，并通过设计小组对产品功能需求与设计技术要素之间的权重关系的比较，最终确定设计中存在的主要矛盾、各项设计技术要素之间的重要度关系。如图6-21所示，将6.3.3.2中得出的10项Kano魅力型、期望型需求项

图6-21 用户需求质量屋

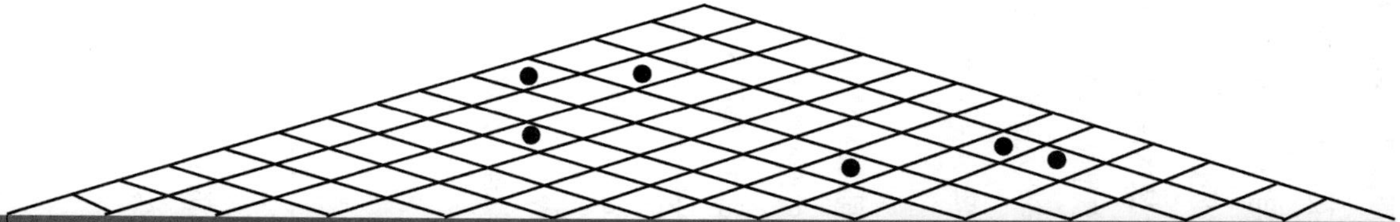

用户需求	需求重要度 K_i	个人就座	造型简洁	材料舒适	材料光洁疏水	色彩柔和	局部装饰	结构强度高	使用维护便利	故障率低	使用功能区隔	贮藏空间	电路照明系统	空间布局位置
避免与陌生人出现肢体触碰	0.1280	5	3	0	0	0	0	3	3	1	3	1	0	0
降低日晒对使用舒适性的影响	0.0931	1	3	3	0	1	0	3	3	3	0	0	0	3
产品表面的卫生性	0.1318	0	0	0	5	0	3	0	3	1	0	3	0	0
满足不同休闲活动的行为需求	0.1582	3	3	3	0	0	0	5	5	3	5	0	1	0
充满生气，富于艺术感	0.1284	3	5	0	3	5	5	3	0	0	3	3	3	0
隐喻传达历史文化与民俗风情	0.0919	3	5	0	3	5	5	3	0	0	3	3	0	0
宜人的使用环境	0.0953	3	3	3	3	3	3	0	0	0	3	3	0	5
相对独立、安静、舒适的休憩空间	0.1059	3	3	0	0	3	0	0	0	0	3	0	0	5
可以便于废弃物投递	0.0326	1	3	3	0	0	3	3	5	5	0	5	3	0
提供夜间局部灯光照明	0.0347	0	3	0	0	0	3	3	5	5	0	3	5	0
设计要素重要度 h_i		2.5048	3.0449	1.1376	1.6058	1.7982	1.9847	2.3171	2.1862	1.3502	2.4395	1.7373	0.8147	1.2853

设计技术要素

（CR_i）和6.3.3.3的用户需求重要度（K_i）两部分内容输入质量屋的左墙，同时将6.3.4.1中得出的13项设计技术要素（DR_i）输入质量屋的天花板部分，完成质量屋中原始信息的输入。同时，设计专家小组通过讨论，确定用户需求与技术措施、技术措施与技术措施之间的关系，从而建立最终的用户需求质量屋。

通过比较公共休闲产品用户需求质量屋中各项设计技术措施的重要程度（h_i）发现，在各项设计技术措施中，应重点从产品的造型（$h_i=3.0449$）、如何合理区隔不同用户的行为（$h_i=2.4395$）、产品满足个人的最小就座空间（$h_i=2.5048$）、结构强度（$h_i=2.3171$）及使用维护和便利性（$h_i=2.1862$）5个方面考虑设计的实现方式问题。

同时，根据比较分析质量屋屋顶中各项设计技术措施间的相互影响关系，发现设计存在以下6对技术矛盾：①产品具有贮藏空间与产品的造型简洁；②材料的舒适性程度高与产品使用的可靠性高，故障率低；③产品合理区隔不同用户的行为活动与产品结构强度高；④产品合理区隔不同用户的行为活动与产品使用的可靠性高，故障率低；⑤产品增加电路照明系统与产品结构简单易于使用和维护；⑥产品增加电路照明系统与产品使用的可靠性高，故障率低。

此外，还存在一对物理矛盾，即产品既需要满足个人就座，又需合理区隔不同用户同时使用两方面的需求。

6.3.5 设计矛盾的解决阶段

设计矛盾解决阶段的核心内容是将QFD质量屋中反映出的技术与物理矛盾按照TRIZ理论提供的问题解决理想模型和创新原理综合应用，去解决、创新，完成设计。

6.3.5.1 设计矛盾标准参数的转化

（1）物理矛盾

根据前文得出的设计中存在的物理矛盾，"产品既需要满足个人就座，又需合理区隔不同用户同时使用两方面的需求"，通过分析我们可以发现这对矛盾存在的焦点在于，休闲产品在同一空间条件下无法更有效地协调使用者个人独自坐憩与诸如相互攀谈、棋牌娱乐、游戏等多人社会性交往活动同时使用时行为主体的个人空间与人际空间等方面的需求，因而属于空间问题条件下的物理矛盾。

（2）技术矛盾

设计矛盾标准参数的转化，就是参照表6-6中所示的19个标准参数，将前文所得出的5对技术矛盾转化成相应的产品设计标准矛盾参数的语言（表6-19）。

表6-19 设计矛盾标准参数的转化

序号	矛盾描述	改善参数	恶化参数
1	产品具有贮藏空间与产品的造型简洁	14 体积	15 产品的造型
2	产品材料舒适与使用的可靠性高，故障率低	9 产品的适应性及多样性	4 产品的耐久性
3	产品合理区隔不同用户的行为活动与产品结构强度高	9 产品的适应性及多样性	2 产品的结构强度
4	产品增加电路照明系统与产品结构简单易于使用和维护	10 产品的复杂性	8 产品的可维修性
5	产品增加电路照明系统与产品使用的可靠性高，故障率低	10 产品的复杂性	3 产品的可靠性

例如，"产品合理区隔不同用户的行为活动"可以转化为"产品的适应性及多样性"参数，而与之相矛盾的"产品结构强度高"则可以转化为"产品的结构强度"参数。其中，通过分析发现，可将"产品的适应性及多样性"定义为改善参数，"产品的结构强度"定义为恶化参数。

6.3.5.2 设计发明创新原理的筛选

（1）物理矛盾

根据前文所述，设计中"产品既需要满足个人就座，又需合理区隔不同用户同时使用两方面的需求"所产生的物理矛盾属于空间问题。因而，可使用TRIZ理论中提供的空间分离原理及其对应的发明创新原理进行解决。如前文表6-8所示，分离原理与产品设计发明创新原理的对应表中提供的分割原理、抽出原理、局部特性原理、不对称原理、嵌套原理、反向作用原理、多维化原理、中介物原理、复制原理、柔性壳体或薄膜结构原理10条发明创新原理可供参考。通过分析发现，针对本项目中的物理矛盾，可供参考的发明创新原理为分割原理、抽出原理、不对称原理及多维化原理。

（2）技术矛盾

根据附录D中简化的产品设计发明创新矛盾矩阵，通过对应改善参数和恶化参数轴交汇处的发明创新原理编号，可得表6-20。

"产品具有贮藏空间与产品的造型简洁"可利用原理：分割原理、动态化原理、气压或液压结构替代原理、不对称原理、嵌套原理、抽出原理、改变状态原理。

"产品材料舒适与使用的可靠性高，故障率低"可利用原理反向作用原理、分割原理、改变状态原理、抽出原理、不足或过度作用原理。

表6-20　设计矛盾矩阵表

创新原理序号		恶化参数				
		结构强度	可靠性	耐久性	可维修性	造型
改善参数	产品的适应性及多样性	27,3,25,6	—	10,1,27,2,13	—	—
	产品的复杂性	—	10,27,1	—	1,10	—
	体积	—	—	—	—	1, 12,22,4,7,2,27

"产品合理区隔不同用户的行为活动与产品结构强度高"可利用原理改变状态原理、局部特性原理、变换颜色原理、多功能原理。

"产品增加电路照明系统与产品结构简单易于使用和维护"可利用原理分割原理、反向作用原理。

"产品增加电路照明系统与产品使用的可靠性高，故障率低"可利用原理反向作用原理、改变状态原理、分割原理。

6.3.5.3 产品方案设计的打造

方案设计阶段，设计专家小组将根据TRIZ理论推荐的发明创新原理，充分发挥想象能力，从产品的造型、材料、结构等方面深入展开设计，寻找可行的产品创新设计方案。通过对前文所述的各种发明创新原理的综合分析与筛选后，结合产品的具体情况，进行了直线型（图6-22~图6-24）和多角型（图6-25~图6-27）两款不同类型的公共休闲产品，以替代现有产品设计。具体而言，产品结合创新理论主要进行了如下方面的设计。

一是利用分割原理，将传统休闲产品整体式座面的设计分割成可以横向移动的单体座面。一方面可以通过不同数量的座面移动、组合解决不同行为需求间的冲突，落座方式灵活多变，既可以单人就座休息，又能满足多人社交娱乐的需求；另一方面还可以通过座面间距的调整，满足使用者心理上私密性与领域性的要求。此外，活动式的座面设计还为人们增添了一丝使用的趣味性元素。

图6-22 直线型公共休闲
　　产品的效果图
A：产品日间效果图
B：产品夜间效果图
C：卫生箱位置细节图

图6-22A　　　　　　图6-22B　　　　　　图6-22C

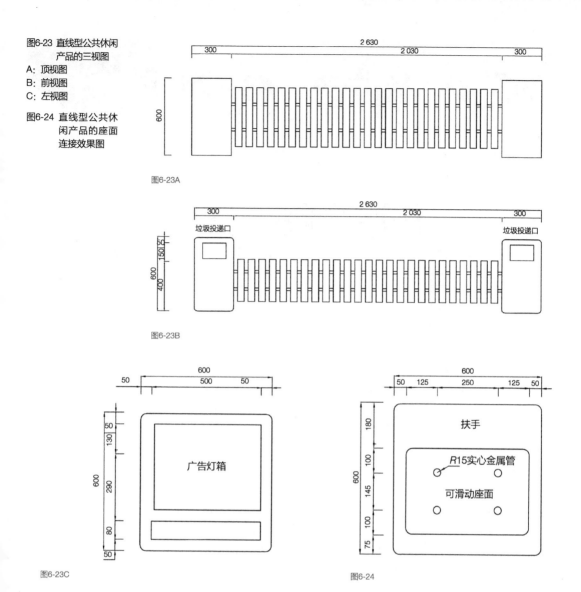

图6-23 直线型公共休闲
　　　产品的三视图
A: 顶视图
B: 前视图
C: 左视图

图6-24 直线型公共休
　　　闲产品的座面
　　　连接效果图

图6-23A

垃圾投递口　　　　　　　　　　　　　　　　　垃圾投递口

图6-23B

广告灯箱

图6-23C

扶手

R15实心金属管

可滑动座面

图6-24

　　　二是设计中为了不影响产品造型上的简洁与美观，采用嵌套原理。这样可以将容纳垃圾、烟灰等废弃物品，电路、照明等设备的贮藏空间与公共休闲产品的扶手位置相结合。同时，引入了广告灯箱的设计，这样不仅可以增强产品的经济性，为后期维护保养提供一定的资金支持，而且在人们夜间使用时，广告灯箱的设计还在一定程度上起到了环境照明的作用。

　　　三是为了解决"产品材料舒适与使用的可靠性高"之间的矛盾，利用改变状态原理。设计中在保证产品稳定性和耐久性的需求基础上，改变了传统产品以金属、石材等单一材质为主的设计形式，采用了金属和木塑复合材料的组合设计方式。这样，一方面提高了产品的就座舒适度，在视觉、触觉上给人一种舒适温

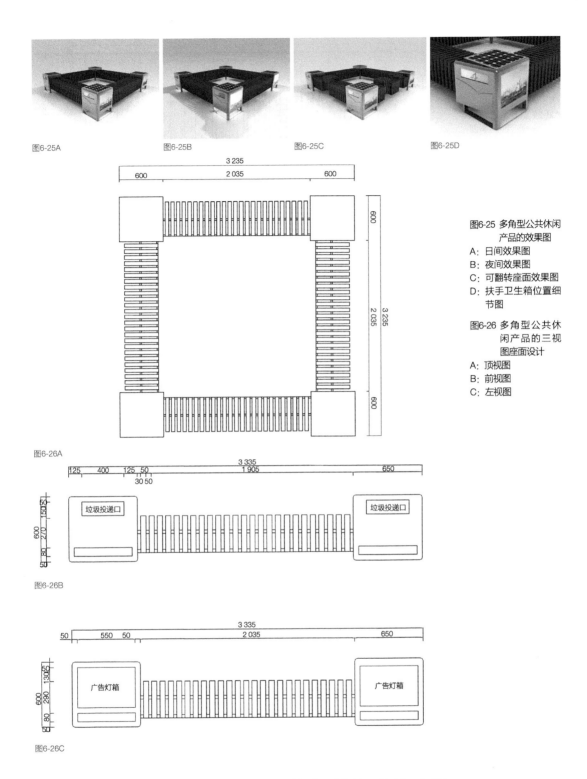

图6-25A 图6-25B 图6-25C 图6-25D

图6-25 多角型公共休闲
产品的效果图
A：日间效果图
B：夜间效果图
C：可翻转座面效果图
D：扶手卫生箱位置细
节图

图6-26 多角型公共休
闲产品的三视
图座面设计
A：顶视图
B：前视图
C：左视图

图6-26A

垃圾投递口 垃圾投递口

图6-26B

广告灯箱 广告灯箱

图6-26C

暖、柔和亲切的感觉；另一方面通过木塑复合材料与金属材料间刚与柔、人工与

自然的对比效果，使产品更加优雅、自然，富有艺术感和现代气息。

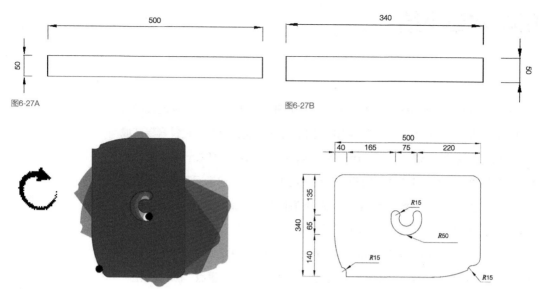

图6-27A

图6-27B

图6-27C

　　四是由于设计中将传统休闲产品整体式座面的设计分割成可以横向移动的单体座面，因而为了解决"产品需要满足不同用户的行为活动与产品结构强度高"的矛盾，设计中引入局部质量原理，在木塑复合材料座面与金属框架相接合的圆孔位置采用金属材料嵌入加固的方式，避免长期使用对木塑复合材料圆形导孔位置承载性能的影响。

　　五是为了解决因产品增加电路、照明系统对后期维护和使用可靠性的影响，采用分割原理，将电路与照明装置进行可拆装式设计，便于后期零部件的维护与更换。

　　六是设计中还利用改变状态原理，将太阳能电池引入设计中与座椅扶手结合设计，这样一方面可以通过光电效应直接将绿色无污染的太阳能资源转化成电能，预先储存起来，为人们在就座时使用各类电子产品提供辅助供电功能；另一方面在夜间可以为座椅自带的辅助照明进行供电，降低了产品对于固定电源的依赖性。

　　此外，由于现有兼用型公共休闲产品主要集中设置于餐饮销售区域后方的公共休闲广场，与其他区域的产品相比，设计中还应考虑使用者的餐饮需求。因而通过多维化原理的利用，产品在使用时不仅可以满足使用者基本的就座休闲需求，而且在使用者需要放置手中的餐饮、随身物品时，还可以通过对位置旁边的可调节木轴在垂直方向上轻轻一推，便可以创造出属于自己的专用小桌。

（1）直线型公共休闲产品

　　直线型公共休闲产品的效果图如图6-22所示。

（2）多角型公共休闲产品

　　多角型公共休闲产品的效果图如图6-25所示。

6.4 本章小结

　　城市家具作为一种由室内延伸至户外的产品形式，其本质在于满足人们的不同户外需求。传统的设计方法在将用户需求的层层转化过程中，往往容易造成需求与功能的脱节，无法真正满足用户的需求；同时，传统基于设计者天赋、灵感、经验的直觉思维创新方法，由于缺乏系统性和通用性，已远远不能满足现代产品设计需求。因而，本章利用Kano、QFD和TRIZ理论的集成应用，建立了以满足用户需求为目标的城市家具公共休闲产品功能性设计方法。

　　①从Kano、QFD和TRIZ的基本理论角度出发，详细阐释了3种理论的概念、特点、优势等方面的内容，并说明其在产品设计中的不同的侧重点，Kano模型可以帮助设计人员挖掘出使用者"要什么"的问题，QFD能够解决设计过程中"做什么"的问题，而TRIZ可以解决"怎么做"的问题。

　　②根据Kano、QFD和TRIZ理论在产品设计中的不同作用，将三者有机地融入了传统工业设计流程中，形成了一种具有设计概念的形成、设计矛盾的定义、设计矛盾的解决3个不同阶段的产品功能性设计集成化支持工具。在该理论的应用中，Kano理论可以从用户休闲行为需求与产品功能关系的角度出发，分析、挖掘、建立用户的需求层次模型；然后利用QFD质量屋，将遴选出潜在的期望型和魅力型用户需求与需求所对应的设计技术要素建立映射关系，从中获取设计中应重点解决的问题和存在的主要矛盾；而TRIZ发明创造解决理论，则为问题的综合解决、创新，提供了必要的指引。此方法使设计研发人员能够将获取的用户需求信息，充分、准确地转化为产品设计信息，并快速选择到适合的设计方法，在提升用户满意度的基础上提高设计效率。

　　③为了验证基于Kano、QFD和TRIZ理论集成应用的城市家具公共休闲产品功能性设计理论的可行性和有效性，本章以青岛奥林匹克主题公园为具体项目进行了设计实践活动。第一，从设计项目的背景情况出发，通过文献收集、实地调研等方法，就空间中现有产品种类、配置方式、使用现状、使用群体构成等问题进行了分析；并通过对产品用户行为的观察和访谈等途径，收集、归纳、整理出用户集中反映的8项产品建议和抱怨信息。第二，基于上述8项用户需求信息，运用观察法、情景调查法和角色与场景分析法，对用户需求深入细化，最终补充完善得到了潜在的41条产品用户需求信息。同时，通过小样本的初始用户需求调查问卷调研，对上述需求信息进行净化处理，形成34条产品初始用户功能需求，并建

立初始用户需求层次模型。第三，通过 Kano问卷的调研，最终得到避免与陌生人出现肢体触碰、满足不同休闲活动的行为需求等10项魅力型和期望型需求。同时，设计专家小组针对用户群体的期望型和魅力型需求，通过集智讨论得出13项实现用户需求的设计技术需求。第四，通过QFD质量屋的构建分析发现，设计中主要存在产品具有贮藏空间与产品的造型简洁、产品合理区隔不同用户的行为活动与产品结构强度高5对技术矛盾和产品既需要满足个人就座，又需合理区隔不同用户同时使用1对物理矛盾。第五，通过TRIZ理论提供的矛盾矩阵和设计发明创新原理的筛选，利用分割、动态化、局部特性等发明创新原理，完成产品的方案设计工作。

本章参考文献

中国质量管理协会. 国际先进质量管理技术与方法[M]. 北京: 中国经济出版社, 2000.

段黎明, 黄欢. QFD和Kano模型的集成方法及应用[J]. 重庆大学学报: 自然科学版, 2008(5): 515-519.

刘鸿恩, 张列平. 质量功能展开(QFD)理论与方法: 研究进展综述[J]. 系统工程, 2000, 18(2): 1-6.

伊伟. 基于QFD和Kano模型的服务设计方法研究[D]. 沈阳: 东北大学, 2008.

穆建华. QFD 和 TRIZ 的集成及应用研究[J]. 昆明: 昆明理工大学, 2006.

张磊. 基于TRIZ理论的工业设计创新方法研究[D]. 石家庄: 河北工业大学, 2007.

朱媛. 回归设计的起点[D]. 杭州: 浙江大学, 2007.

简召全. 工业设计方法学[M]. 北京: 北京理工大学出版社, 2000.

吴翔. 产品系统设计[M]. 北京: 中国轻工业出版社, 2006.

许剑彬. 浅析基于用户研究的工业设计[J]. 艺术与设计, 2008(7): 120-122.

戴力农. 当代设计研究理念: 超人性化设计方法[M]. 上海: 上海交通大学出版社, 2009.

王雅方. 用户研究中的观察法与访谈法[D]. 武汉: 武汉理工大学, 2009.

郑忠国, 童行伟, 赵慧. 高等统计学[M]. 北京: 北京大学出版社, 2012.

龙玉玲. 基于Kano模型的个性化需求获取方法研究[D]. 长沙: 中南大学, 2011.

熊伟. 质量机机能展开[M]. 北京: 化学工业出版社, 2005.

段黎明, 黄欢. QFD和Kano模型的集成方法及应用[J]. 重庆大学学报, 2008(5): 515-519.

郑忠国, 童行伟, 赵慧. 高等统计学[M]. 北京: 北京大学出版社, 2012.

费逸. 居家养老服务满意度研究[D]. 上海: 上海交通大学, 2009.

林燕. 社区非营利组织服务质量公众满意度研究[D]. 杭州: 浙江大学, 2006.

权婧雅. 基于QFD和Kano的新产品开发模糊前端分析模型研究[D]. 杭州: 浙江大学, 2009.

肖骏. 基于TRIZ理论的家具设计研究[D]. 哈尔滨: 东北林业大学, 2010.

吴明隆. SPSS统计应用实务[M]. 北京: 中国铁道出版社, 2001.

匡富春, 刘鑫. 基于QFD和TRIZ的家具创新设计理论研究[J]. 家具, 2013(5): 29-34.

匡富春. 城市家具产品系统构建及其公共休闲产品的功能性设计研究[D]. 南京: 南京林业大学, 2015.

匡富春, 杨秀. 一种多功能可调节座椅: ZL 202021455273[P]. 2021-01-26.

BERGER C. Kano's methods for understanding customer-defined quality[J]. Center for Quality Management Journal. 1993(4): 3-36.

BERDIE D R. Reassessing the Value of High Response Rates to Mail Surveys[J]. Marketing Research, 1994, 1(3): 52-64.

MATZLER K, HINTERHUBER HH. How to make product development projects more successful by integrating Kano's model of customer satisfaction into quality function deployment[J]. Tech innovation, 1998, 18(2): 25-38.

JUM C. Nunnally, Ira H. Bernstein. Psychometric Theory[M]. New York: McGraw-Hill, NY, 1967.

HULLAND J, CHOW YH, SHUNYIN L. Use of causal models in marketing research: a review[J]. International Journal of Research in Marketing, 1996, 13(2): 181-197.

第7章
结论与展望

7.1 结论

随着现代社会文明程度的不断提高，城市家具作为一种工业产品，其功能性设计的重心已不仅仅是需要解决有形实体之间的冲突，而且越来越多地转移到如何综合处理产品的多元关系上，使之能够寻找到最佳的平衡点，既在产品的风格、造型、装饰等方面配合场所精神、景观氛围的营造，更重要的是能够体现产品的本质属性，为人们提供一个健康、舒适、高效的户外生活的环境。因此，本书从工业设计的视角出发，对城市家具的产品系统及其功能性设计展开全面系统的研究，主要得出以下几个方面的结论：

①利用文献收集与整理、类比推理法、归纳演绎等相关方法，在国内外城市家具产品设计的相关书籍及文献资料的基础上，明确了有关城市家具产品的内涵、特性、历史及发展趋势；并以产品的功能性为切入点，从城市家具是户外活动的承载者、城市家具是用户需求的体现者、城市家具是城市公共空间的塑造者、城市家具是社会文化的传承者4个方面，重点论述了城市家具的基本功能。

②通过对北京、上海、杭州、南京、青岛以及美国纽约、华盛顿、费城、新奥尔良等国内外城市家具配置较为完善城市的实地调研，首先明确了国内外相关城市家具的产品系统及其分类方法，在此基础上，结合前期的调研成果和搜集到的文献资料，运用分类学、产品设计等相关学科的知识，从产品的功能、基本属性、设置形式、结构方式、材料等方面出发，对产品进行了重新分类整合，构建起一套较为完善的城市家具产品系统及分类体系。同时，按照产品功能的分类体系，从公共休闲产品、健身游乐产品、公共卫生产品、便捷服务产品、信息标识产品、交通产品及照明产品7个方面，对每一类产品的类型、现有国家相关的设计标准等内容进行了分类系统研究。

③为了更加深入地了解我国现有城市家具公共休闲产品的设计和使用现状，本书以上海、南京、青岛3个地区的城市居住小区和商业步行街两个典型空间的公共休闲产品作为调查样本，对不同空间中现有产品的设置类型、空间配置方式、用户群体构成、用户使用行为模式等方面的内容进行深入调研，并通过用户访谈的形式，就用户的使用感受、意见和建议等方面展开访谈。根据实地调研和用户访谈的相关资料，整理、分析现有产品在功能性设计上存在的问题和不足，总结得出现有产品存在的主要问题集中表现在：产品缺乏系统性设计；产品配置不完善；产品忽略用户的行为心理需求；产品缺乏空间宜人"小气候"的营造；产品程式化严重，文化失衡；产品缺乏完善的管理维护机制6个方面。

④从必然性、自发性、社会性3种用户行为类型中，进一步抽取出坐憩行为、观望行为、独处行为、交谈行为和合作娱乐行为5种典型的产品使用行为进行深入分析，探索了隐藏在行为背后的用户需求，并将其分为必须要满足的基本需求和可以选择性满足的需求两大需求层次。其中，舒适性需求、安全性需求、私密性需求、领域性需求是产品必须满足的需求，如果不能满足，可能会导致产品无法使用或出现逃避使用的行为；而将便捷性需求、多用性需求、审美需求、环境宜人性需求、社会交往与娱乐需求和展示自我需求定义为"根据具体情况可以选择性满足的需求层次"，如果此类需求可以在产品的功能性设计中得到满足，用户将获得更多的精神享受和情感体验，并引发更高层次休闲行为的发生。但在实际应用中，并非用户的需求满足得越多、层次越高越好，产品应根据不同的场所性质、空间形态、主要用户群体等具体情况，有选择性地满足不同的用户需求。此外，针对用户的舒适性需求、安全性需求、领域性需求、审美需求、环境宜人性、社会交往与娱乐需求，分别提出了相应的产品功能性设计策略。

⑤根据Kano、QFD和TRIZ理论在产品设计中的不同侧重点和优势，将三者有机地融入了传统工业设计流程中，通过设计概念形成、设计矛盾定义和设计矛盾解决等阶段，分别解决了"要什么""做什么"和"怎么做"的问题，为公共休闲产品的功能性设计提供了一种有效的集成化支持工具。在该理论的应用中，Kano理论可以从用户休闲行为需求与产品功能关系的角度出发，分析、挖掘、建立用户的需求层次模型；然后利用QFD质量屋，将遴选出潜在的期望型和魅力型用户需求与需求所对应的设计技术要素建立映射关系，从中获取设计中应重点解决的问题和存在的主要矛盾；而TRIZ发明创新解决理论，则为问题的综合解决、创新，提供了必要的指引。此方法使设计研发人员能够将获取的用户需求信息，充分、准确地转化为产品设计信息，并快速选择到适合的设计方法，在提升用户满意度的基础上提高设计效率。

⑥为了验证基于Kano、QFD和TRIZ理论集成应用的城市家具公共休闲产品功能性设计理论的可行性和有效性，以青岛奥林匹克主题公园为具体设计项目进行了设计实践活动。第一，通过Kano问卷调研发现，本项目主要存在避免与陌生人出现肢体触碰、满足不同休闲活动的行为需求等10项魅力型和期望型需求。第二，结合提取出的13项设计技术需求，通过QFD质量屋的构建分析发现，设计中主要存在产品具有贮藏空间与产品的造型简洁、产品合理区隔不同用户的行为活动与产品结构强度高5对技术矛盾和产品既需要满足个人就座，又需合理区隔不同用户同时使用1对物理矛盾。第三，通过TRIZ理论矛盾矩阵和设计发明创新原理，利用分割、动态化、局部特性等创新原理，对该场所进行了直线型和几何型两套不同方案的设计工作。

7.2 展望

本书是多学科的交叉研究，虽然本书对城市家具产品系统及功能性设计进行了较为全面和系统的分析，但是从整体来看，由于受限于人力、物力及笔者研究水平等因素的影响，尚存一些缺点和问题亟待以后解决。

①由于城市家具所含产品体系较为庞大，研究内容众多，在本书中由于受时间和篇幅的限制，只选择了与人们日常生活接触最为密切的公共休闲产品作为功能性设计进一步研究的对象，无法涵盖整个产品体系。因而，在后续的研究中，可将产品功能性设计研究的范围拓展到其他类型的产品，并对其进行分门别类的系统性研究。

②通过对城市家具公共休闲产品功能性设计的现状分析，可以发现造成使用者不满和抱怨的原因，不仅是因产品缺乏系统性设计、忽略用户的行为心理需求等产品功能设计水平滞后造成的；更重要的是在产品后期使用中由于缺乏完善有序的监管机制，往往造成某些产品遭到损毁、遗失后很长一段时间难以发现，妨碍并影响了人们的正常使用。因而，如何通过产品后期管理维护机制的建立，转变城市建设中"重建轻管"的思想，同样可以在一定程度上提高产品使用者的满意度。

③在基于Kano、QFD和TRIZ理论集成应用的城市家具公共休闲产品功能性设计模型中，由于受时间和篇幅的限制，本书只是比较粗略地搭建起整个设计构想，实现起到抛砖引玉的作用。而在模型的具体应用中，可能在每个环节的衔接过程中会出现各个问题，是否可以应用于城市家具其他类型产品的设计中还有待研究。因而，可进一步将该模型细化分阶段进行具体研究与改进。例如，在设计矛盾的解决阶段，本书虽然从39个标准工程参数和40条发明创新原理中提取出与本领域设计关系密切的19个工程参数和28条创新原理可供参考，但笔者认为还可继续细化分解，并结合可视化开发平台，形成产品设计TRIZ创新原理及应用资料库，通过更为直观的方式启发设计。此外，该模型是否适合于城市家具其他产品的功能性设计也亟待研究。

附录A   城市居住区公共休闲产品使用情况调研汇总

表A.1 实施调研的气候背景

调查地点	调查季节	调查日期	天气	温度
青岛敦化路	春夏	6月3日	晴	16~21℃
青岛十五大街	春夏	6月4日	多云	16~22℃
青岛湖光山色	春夏	6月5日	多云	18~24℃
青岛敦化路	秋冬	10月21日	晴转多云	12~19℃
青岛十五大街	秋冬	10月22日	晴	12~19℃
青岛湖光山色	秋冬	10月23日	晴	14~19℃

表A.2 春夏季节城市居住区公共休闲产品的用户使用情况核查表

调查地点	调查时段	观察点产品种类	休憩人数	主要用户人群	主要行为
青岛敦化路休闲广场	清晨	休闲廊道1个	10	中青年、老年	小憩、整理服装、交谈等
	上午		25	老年、儿童	交谈、阅览、观望、照看小孩、织毛衣等
	中午		0	——	——
	下午		46	老年、儿童	棋牌、交谈、阅读、观望、照看小孩等
	傍晚		63	中青年、青少年、老年	观望、小憩、交谈、游戏、等候等
青岛敦化路沿河景观木栈道	清晨	直线坐具2个休闲桌椅3个	4	中青年、老年	小憩、整理服装、交谈、观望等
	上午		22	老年	阅读、观望、晒太阳、交谈等
	中午		2	中青年	观望、等待
	下午		35	老年	棋牌、交谈、观望、独处等
	傍晚		26	中青年、老年	交谈、观望、小憩、伴随、等候等
青岛十五大街楼前休闲广场	清晨	直线坐具4个休闲桌椅2个	3	中青年、老年	小憩、整理服装、观望、交谈等
	上午		5	老年、儿童	交谈、阅览、观望、照看小孩等
	中午		0	——	——
	下午		18	老年、儿童	棋牌、交谈、观望、阅览、照看小孩等
	傍晚		24	中青年、老年、青少年	游戏、交谈、观望、小憩、照看小孩、等候等
青岛湖光山色中央景观轴	清晨	直线坐具2个兼用坐具2个	6	中青年、老年	小憩、整理服装、观望、交谈等
	上午		19	老年、儿童	交谈、阅览、观望、照看小孩等
	中午		3	中青年	等待、观望
	下午		28	老年、儿童	棋牌、交谈、观望、阅览、照看小孩等
	傍晚		39	中青年、老年、青少年	游戏、交谈、观望、小憩、照看小孩、等候等

表A.3 秋冬季节城市居住区公共休闲产品的用户使用情况核查表

调查地点	调查时段	观察点内产品种类	休憩人数	主要用户人群	主要行为
青岛敦化路休闲广场	清晨	休闲廊道1个	8	中青年、老年	小憩、整理服装、交谈等
	上午		21	老年、儿童	交谈、阅览、观望、晒太阳、照看小孩等
	中午		0	——	——
	下午		41	老年、儿童	棋牌、交谈、阅读、晒太阳、观望、照看小孩等
	傍晚		54	中青年、青少年、老年	观望、小憩、交谈、游戏、等候等
青岛敦化路沿河景观木栈道	清晨	直线坐具2个 休闲桌椅3个	2	中青年、老年	小憩、整理服装、观望等
	上午		21	老年	阅览、观望、独处、交谈等
	中午		4	中青年	观望、等待、餐饮等
	下午		32	老年	棋牌、交谈、观望、独处等
	傍晚		23	中青年、老年	独处、观望、小憩、交谈等
青岛十五大街楼前休闲广场	清晨	直线坐具4个 休闲桌椅2个	3	中青年、老年	小憩、整理服装、观望、交谈等
	上午		4	老年、儿童	交谈、阅览、观望、照看小孩等
	中午		1	老年	——
	下午		16	老年、儿童	棋牌、交谈、观望、阅览、照看小孩等
	傍晚		23	中青年、老年、青少年	游戏、交谈、照看小孩、观望、小憩、等候等
青岛湖光山色中央景观轴	清晨	直线坐具2个 兼用坐具2个	4	中青年、老年	小憩、整理服装、观望、交谈等
	上午		17	老年、儿童	交谈、阅览、观望、照看小孩等
	中午		2	中青年	等待、观望
	下午		26	老年、儿童	棋牌、交谈、观望、阅览、照看小孩等
	傍晚		35	中老年、青少年	游戏、交谈、观望、小憩、照看小孩、等候等

附录B 城市商业街公共休闲产品使用情况调研汇总

表B.1 实施调研的气候背景

调查地点	调查季节	调查日期	天气	温度
上海南京路	春夏	5月19日	多云	19~26℃
南京狮子桥	春夏	5月20日	多云	18~30℃
青岛台东	春夏	6月10日	多云	18~25℃
上海南京路	秋冬	11月17日	晴	7~15℃
南京狮子桥	秋冬	11月4日	晴	10~20℃
青岛台东	秋冬	10月28日	晴转多云	16~22℃

表B.2 春夏季节城市居住区公共休闲产品的用户使用情况核查表

调查地点	调查时段	观察点内产品类型	休憩人数	主要行为
上海南京路东方商厦	9:00—11:00	2个兼用型（共可容纳24人同时就座）	18	观望、等候、交谈、嬉戏、拍照、打电话、饮食、吸烟、照看小孩等
	11:00—13:00		45	
	13:00—15:00		32	
	15:00—17:00		49	
上海南京路世纪广场	9:00—11:00	花坛、台阶等兼用型和非典型休闲产品	32	交谈、嬉戏、观望、等候、打电话、听音乐、饮食、吸烟、阅读、照看小孩、躺卧等
	11:00—13:00		68	
	13:00—15:00		51	
	15:00—17:00		76	
南京狮子桥大排档	9:00—11:00	2个直线型（共可容纳8人同时就座）	14	饮食、观望、等候、拍照、玩手机、交流、照看小孩等
	11:00—13:00		22	
	13:00—15:00		8	
	15:00—17:00		28	
青岛台东利群商厦	9:00—11:00	1个曲线型（共可容纳16人同时就座）	11	观望、等候、交谈、玩手机、饮食、照看小孩等
	11:00—13:00		24	
	13:00—15:00		17	
	15:00—17:00		26	
青岛台东当代休闲广场	9:00—11:00	3个群组型	5	交谈、嬉戏、观望、等候、打电话、听音乐、饮食、吸烟、阅读、遛狗、棋牌娱乐、照看小孩、躺卧等
	11:00—13:00		32	
	13:00—15:00		26	
	15:00—17:00		39	

表B.3 秋冬季节城市居住区公共休闲产品的用户使用情况核查表

调查地点	调查时段	观察点内产品类型	休憩人数	主要行为
上海南京路东方商厦	9:00—11:00	2个兼用型（共可容纳24人同时就座）	16	观望、等候、交谈、嬉戏、拍照、打电话、饮食、吸烟、照看小孩等
	11:00—13:00		39	
	13:00—15:00		28	
	15:00—17:00		45	
上海南京路世纪广场	9:00—11:00	花坛、台阶等兼用型和非典型休闲产品	28	交谈、嬉戏、观望、等候、打电话、听音乐、饮食、吸烟、阅读、照看小孩、躺卧等
	11:00—13:00		63	
	13:00—15:00		65	
	15:00—17:00		84	
南京狮子桥大排档	9:00—11:00	2个直线型（共可容纳8人同时就座）	11	饮食、观望、等候、拍照、玩手机、交流等
	11:00—13:00		23	
	13:00—15:00		16	
	15:00—17:00		26	
青岛台东利群商厦	9:00—11:00	1个曲线型（共可容纳16人同时就座）	8	观望、等候、交谈、玩手机、饮食、照看小孩等
	11:00—13:00		22	
	13:00—15:00		19	
	15:00—17:00		25	
青岛台东当代休闲广场	9:00—11:00	3个群组型	4	交谈、嬉戏、观望、等候、打电话、听音乐、饮食、吸烟、阅读、遛狗、躺卧、棋牌娱乐、照看小孩等
	11:00—13:00		27	
	13:00—15:00		25	
	15:00—17:00		35	

附录C 28条产品设计发明创新原理

表C.1 28条产品设计发明创新原理

序号	原理名称	原理释义
1	分割原理	将产品的功能、造型、结构等要素相互分割，形成相互独立的部分或功能单元
2	抽取原理	将产品的无用功能、造型、结构等要素去除，仅保留必要的部分和功能
3	局部特性原理	将产品、环境或外部作用的均匀结构变为不均匀；或使产品的不同部分具有不同的功能、特性等
4	不对称原理	将产品对称的功能、结构、色彩、材质、配置方式等变为非对称的设计，改变原有的平衡状态
5	合并原理	将产品中具有相同或类似作用的要素集成在一起，提高系统的整体性和易用性
6	多功能原理	使产品的整体或某一部件在空间、时间上可以具有多种功能
7	嵌套原理	产品的某些功能、结构可以在水平、垂直、旋转等方向嵌入到另一功能、结构内，可以起到功能多样、节省空间、减少体积等作用
8	质量补偿原理	产品通过与周边环境的相互作用，实现对原有结构、部件在重量上的补偿或替代
9	预置防范原理	产品通过增加某些功能、部件、结构，防止负面作用产生不良后果
10	反向作用原理	将产品的功能、结构、造型、材质等构件倒置设计，例如可动部分变为不可动，坚硬的部件变为柔软的部件等
11	曲面化原理	产品用曲线造型的部件代替直线部件
12	动态化原理	改变产品的外部环境的特性，以便在使用过程的各个阶段，都能获得最佳性能和体验；使产品的某些固定部件或结构在水平、垂直等方向上可相对移动
13	不足或过度作用原理	为了达到某种效果或目的，产品的某些功能、结构、造型在一定程度上可按照原有效果扩大或缩小设计
14	多维化原理	如果产品功能在本维度上很难实现，就可以从一维变到二维或三维空间，例如单层结构变为多层或可以倾斜、侧向等
15	周期性作用原理	使产品中的某些部件或要素由连续状态转变为周期性运动状态或改变其频率
16	反馈原理	通过引入信息反馈来改善某些产品的操作性能
17	借助中介物原理	在产品中引入其他的结构、造型、材料等载体，将两部件结合在一起执行、实现某一功能
18	自助原理	使产品尽量少的减少对环境和周边其他相关产品的依赖，能利用系统本身来完成自动服务的功能
19	复制原理	产品使用简化的、便宜的复制品来替代昂贵的、易碎的或不方便操作的部件
20	一次性用品替代原理	产品用廉价物品替代昂贵物品，在某些功能属性上做出妥协
21	替换机械系统原理	产品使用机械构件来代替家具某一部件，使其更便于实现多种功能
22	气压或液压结构替代原理	产品使用气体或液压结构代替原有结构中的固定组件
23	柔性壳体或薄膜结构原理	产品将原有传统意义上的造型、结构转换为曲线、圆形等柔性造型或采用透明、充气等薄膜材料
24	多孔材料原理	产品在不影响结构品质的情况下，可通过多孔材料的使用，达到节省材料、减轻重量（坚固性、轻便性、透气性等）效果
25	变换颜色原理	改变产品或使用环境的颜色
26	同质性原理	与使用环境相互作用，产品在设计时使用与外部环境同种材料（或者具有相似性属性的材料）制成
27	改变状态原理	改变传统意义上产品的造型、色彩、材料、结构及使用环境等要素
28	复合材料原理	产品使用复合材料代替同性质的材料

附录D　产品设计矛盾解决矩阵

恶化参数（列 1–19）　改进参数（行，序号 1–10）

序号	1	2	3	4	5	6	7	8	9	10	11	12	13	14	15	16	17	18	19
1	+	14, 12		10, 20, 27, 3, 27, 16	27, 28, 20,	27, 15	25, 27, 23	2, 27, 13	27, 23, 2	2, 27, 19	19, 1, 28	10, 12, 1, 21	2, 9, 10	21, 27, 28	1, 4	12, 25, 27	27, 1, 25	25, 3, 20, 13	27, 17, 23
2	10, 14, 27	+	9, 3	20, 3, 19	12, 27, 2	9, 3, 25	25, 28, 18, 2	20, 9, 3	12, 3, 25	2, 10, 18, 21	28, 19, 20, 1	12, 11, 21, 19	28, 21	11, 14, 12	23, 27, 28	22, 20	23, 28	27, 15	27, 1
3		9	+	2, 27, 3, 18, 20, 6, 28			20, 14, 28	1, 9	10, 27, 8, 17	10, 27, 1	3, 8, 21	12, 22, 21, 9	25, 27, 28, 4	2, 27, 17	27, 1, 13, 9	21, 28, 3	3, 27	9, 25, 10	20, 27, 2, 28
4	10, 3, 27, 27, 16	20, 3	9, 2, 10, 20, 6, 28	+	13	20, 1, 4, 27	20, 1	22, 20, 1	1, 27, 10, 2	4, 22, 12	6, 20, 15, 13	1, 28, 27	3, 14, 15	3, 11, 14, 12	11, 19, 21, 18	3, 27, 28, 24	15, 27, 28	2, 15, 4, 27	12, 26, 21, 14, 1, 28, 26
5					+		2, 5, 10, 13	27, 1, 9	2, 1, 3, 13		27, 1		1, 28	23, 27, 4	27, 1	3, 17, 1	27, 2, 17	15, 17, 25	
6	9, 10, 1	1, 3, 25	17, 2, 28	20, 1, 4, 27		+			7, 1, 4, 13	15, 1, 24	1, 20, 10	27, 1	13, 28	27	1, 21, 10, 20	27, 16, 1, 17	20, 19	21, 17, 20, 1	17, 2
7	25, 27, 23	25, 28, 3, 21	14, 20, 8, 28	22, 3, 8, 18, 1, 13		2, 5	+	19, 1, 25		20, 19, 1	6, 10, 1, 18	12, 14, 20	1, 14, 10, 13, 12	1, 13, 27, 12, 4, 24	12, 22, 21	27	19, 20, 10	10, 14, 1, 17	2, 18, 21
8	2, 27	27, 3, 25, 6	27, 10, 8, 17	10, 1, 27, 2				+	12, 1, 13	25, 19, 14	2, 20, 27, 9	1, 14, 10	12, 10, 25, 13, 18	18, 2, 27, 9, 1	1, 10, 2, 4	2, 21, 18	4	12, 1, 10	27, 2, 13
9	27, 23, 11	9, 1, 2	9, 1, 13	9, 22, 21, 20, 1		1, 10, 24	1, 19, 12	1, 13, 7, 4	+	12, 22, 21	1, 6, 12, 8, 15, 12, 22, 13	1, 21, 18, 3, 24	27, 23, 22, 7, 12, 19	12, 27, 22	12, 1, 8	3, 27, 12	20, 2, 3, 27	6, 19, 1	27, 9, 25, 24
10	2, 14, 15	2, 10, 21	10, 27, 1	4, 21, 1, 12	15, 1	20, 19, 1, 10	20, 19, 17	1, 10	22, 12, 21	+	19, 23, 2, 19, 27, 22	1, 15, 19, 17	11, 1, 10, 13, 6	19, 6, 1, 13	22, 10, 1, 21, 12	10, 3, 20	2, 14, 10	17, 14, 10	15, 22, 28

恶化参数

序号	1	2	3	4	5	6	7	8	9	10	11	12	13	14	15	16	17	18	19
11	1, 27, 15, 19, 28	21, 20, 28, 2, 20	1, 3, 9, 20, 21, 8, 3	5, 24, 27, 2, 20, 15, 6	27, 24, 1	20, 20, 21, 1	27, 3, 2, 17, 6, 10, 1, 25	2, 20, 21, 9	22, 5, 12, 8, 15	19, 23, 1	+	12, 8, 22, 1, 27	22, 14, 27, 23, 10, 2	22, 2, 28, 21, 5, 27, 11, 2	11, 27, 28, 10, 22,	3, 19, 24, 15, 6	6, 22, 4, 21, 15, 25	15, 1, 25, 27	35, 2, 15
12	1, 8, 12, 27	8, 27, 22, 12, 11, 21, 19	11, 22, 21	15, 1, 27	14, 12	1, 22, 14, 12, 20	12, 22, 27, 4, 2, 18	1, 21, 3	11, 12, 1, 13, 27	1, 15, 17, 19	8, 12, 22, 27, 21, 28	+	12, 14, 4, 7, 28	7, 14, 4, 27, 8, 2, 11	1, 8, 22, 10, 11, 12, 7	22, 27	12, 15, 3, 27	25, 3, 18	1, 12, 14, 17
13	9, 2, 10	3, 12, 28, 11	22, 25, 27, 28, 4	6, 3, 2, 15, 23	14, 2, 1, 28	10, 1, 19, 17, 28, 13	12, 14, 10, 13, 4	12, 10, 1, 13	12, 23, 13	11, 1, 10	2, 14, 22, 4, 23, 11	11, 12, 4, 19, 7	+	27, 8, 2, 11, 7, 14, 4	5, 22, 4	22, 23, 6, 10, 2, 28, 4	2, 12, 13, 27	12, 25, 15, 10	26, 21, 1, 20, 2, 27
14	21, 1, 27, 28	11, 12, 7, 14	11, 1, 28, 9, 2, 27.13	6, 27, 4	14, 2, 28, 1, 23, 27, 4	22, 1, 28, 27	12, 10, 23		12, 22	19, 1, 24	2, 19, 22, 28, 27, 15, 11	1, 7, 4, 27, 15, 11, 8, 2,	1, 7, 4, 14	+	1, 12, 22, 4, 7, 2, 27	22, 23, 7, 27, 3	27, 6, 4	2, 10	20, 27, 15, 20
15	26, 1, 4	1, 23, 11, 28	15, 27, 28, 13	11, 19, 18	27, 1	1, 25, 14, 21	25, 12, 19	2, 10, 1	1, 12, 22	19, 22, 1, 21	8, 22, 28, 12, 19, 3	4, 5, 10, 11, 7	5, 4	4, 11, 12, 7, 2, 27	+		11, 15, 25	11, 15, 10, 12, 25	1, 2, 27
16	12, 2, 14, 28	11, 27				19, 20	19, 20	4, 13	2, 20	3, 10, 20	27, 6, 24, 20, 19, 27	22, 11, 27	12, 11, 22, 2, 28, 4	12, 22	27, 11		3, 14		27, 26, 22, 24
17	1, 27, 25	23, 28	3, 21, 28	3, 27, 28, 24	3, 27, 28	15, 25, 21, 19	27, 21, 19	2, 25, 27	12, 1, 15	6, 25, 10	6, 27, 25	15, 25, 13	15, 25, 19	28, 12, 6, 4	11, 15, 25	3, 14, 23	+	25, 27, 15	27, 26, 27, 2
18	25, 3, 20	27, 15	15, 27, 3	2, 15, 6	27, 15, 25,	15, 27, 21, 19	21, 19, 15	12, 14, 10, 13	27, 9, 24	6, 25, 10	15, 1, 25, 2, 27	15, 25, 13	1, 26, 21, 20, 2, 27	2, 10	25, 23	1, 15	25, 23, 13	+	12, 15
19	27, 28, 20	12, 27, 2	20, 17, 2, 28	12, 26, 24, 13		17, 27, 2	2, 18, 21	27, 2	27, 2, 24	15, 22, 28	2, 20, 10, 17	14, 1, 4	1, 26, 21, 20, 2, 27	16, 27, 15, 20	27, 1	27, 26, 22, 24	27, 2, 17	15, 17, 25	+

改进参数

附录E 公共休闲产品的用户需求重要度调查问卷

调查地点：_____ 调查时间：_____ 调查人员：_____

您好！非常感谢您在百忙之中为我们填写这份问卷！现在正进行城市家具公共休闲产品的用户需求信息调查。假设您是产品的使用者，请根据自身使用过程中的真实感受，对以下关于产品功能需求重要程度选择您的陈述态度，希望能得到您的大力支持，谢谢！

第一部分

1.您的性别：男（   ）；女（   ）。

2.您的年龄：20岁以下（   ）；20~55岁（   ）；55岁以上（   ）。

第二部分

针对公共休闲产品的用户需求项，请您仔细考虑每个需求项对您的重要程度，然后在您认同的选项上打"√"。

序号	产品可满足的用户需求描述	非常重要	较为重要	无所谓	不太重要	不重要
1	符合人体基本尺寸要求，具有较好的就座舒适性，可以满足长时间的就座需要					
2	座面高度可以调节，满足青年人、老人、儿童等不同用户群体需求					
3	可以满足腰背部倚靠和支撑（例如设置座椅靠背）					
4	腰背部倚靠和支撑的角度可调节					
5	辅助使用者起立、就座及保持平衡（例如设置座椅扶手）					
6	可以提供坐、靠、躺等多种休闲方式					
7	满足携带儿童家长的特殊使用需求，如单独的儿童座椅					
8	座位之间空间宽敞，避免与陌生人出现肢体触碰的尴尬场景					
9	结构的承重负荷可靠性强，不存在安全隐患					
10	零部件安全性高，避免脱落，对老年人、儿童造成威胁					
11	在结构上转折圆润自然，无棱角、缝隙等潜在安全问题					
12	材质无毒无害，具有环保性					
13	与人体接触部位（例如靠背、扶手、座面等）采用舒适性好的材质					
14	产品具有良好的疏水性能（雨雪天气后不会因积水影响使用）					

序号	产品可满足的用户需求描述	非常重要	较为重要	无所谓	不太重要	不重要
15	风格、造型、色彩等配合空间氛围的营造					
16	充满生气，富于艺术性					
17	简洁、大方、美观					
18	造型比例协调、体量与空间协调					
19	风格、造型、材料、色彩等隐喻传达当地的历史文化与民俗风情					
20	具有趣味性和公众参与性，可以引导使用者进行各种户外休闲活动					
21	可以局部加热或降温，提高冬夏两季的就座舒适度					
22	提供便于公众棋牌娱乐活动的辅助功能					
23	具有方便搁置随身携带物品的功能					
24	为电子产品提供辅助电源充电功能					
25	为电子产品提供无线网络功能					
26	提供诸如实时天气、周边空气质量、噪音指数、交通情况等基于地理位置的实时信息					
27	提供景区语音导览、历史文化介绍等功能					
28	可以提供广告宣传、公共信息发布等功能					
29	避免灰尘、杂物等附着在产品表面，妨碍正常使用					
30	可以提供收集垃圾、烟灰等清洁卫生功能					
31	可以提供小桌板，便于使用者餐饮等，满足使用要求					
32	通过限制行为手段，避免使用者占座、将随身物品置于座面等不文明行为的发生					
33	减少风对使用舒适性的影响					
34	减少日晒对使用舒适性的影响					
35	减少雨雪天气对使用舒适性的影响					
36	在夜间使用时可以提供灯光照明，既便于使用，又起到点缀、装饰空间夜景效果					
37	结合植物、绿化等自然要素，渲染一种宜人的空间氛围					

序号	产品可满足的用户需求描述	非常重要	较为重要	无所谓	不太重要	不重要
38	相对独立、安静、舒适的休憩空间，避免因行人通过、穿行等降低就座的舒适度					
39	就座空间开阔、具有景色优美的观看视野					
40	使用者可以根据自己的需要，调整位置以灵活多变的形式满足小坐、观望、聊天等不同休闲活动的行为需求					
41	产品可以合理组织空间步行交通秩序					

此外，在城市家具公共休闲产品的使用过程中您是否还存在其他什么需求？

_____

_____

调查到此结束，再次感谢您的支持与配合！

附录F 公共休闲产品的Kano需求信息调查问卷

调查地点：_____ 调查时间：_____ 调查人员：_____

您好！非常感谢您在百忙之中为我们填写这份问卷！现在正进行城市家具公共休闲产品的Kano需求信息调查。假设您是产品的使用者，请根据自身使用过程中的真实感受，对以下每一个问题中的描述信息选择您的陈述态度，希望能得到您的大力支持，谢谢！

第一部分

1.您的性别：男（ ）；女（ ）。

2.您的年龄：20岁以下（ ）；20~55岁（ ）；55岁以上（ ）。

3.您是：周边居民（ ）；旅游游客（ ）。

第二部分

针对公共休闲产品的用户需求项，请您仔细考虑每个需求项对您的重要程度，然后在您认同的选项上打"√"。

序号	产品可满足的用户需求描述	不喜欢	可以接受	无所谓	理所应当	非常喜欢
1	产品具有较好的就座舒适性，可以满足长时间的就座需要					
	产品就座舒适性较差，不能满足长时间的就座需要					
2	产品与人体接触部位（例如靠背、扶手、座面等）采用舒适性好的材质					
	产品与人体接触部位（例如靠背、扶手、座面等）采用舒适性较差的材质					
3	座位之间空间宽敞，可以避免您与陌生人出现肢体触碰的尴尬场景					
	座位之间空间狭窄，您在使用中可能经常与陌生人出现肢体触碰					
4	产品可以提供相对独立、安静、舒适的休憩空间，避免行人通过、穿行					
	产品不能提供相对独立、安静、舒适的休憩空间，在使用中会出现行人通过、穿行等行为，影响人们就座					
5	产品可以合理组织空间步行交通秩序					
	产品无法合理组织空间步行交通秩序					
6	产品结构的承重负荷可靠性强					
	产品结构的承重负荷可靠性较弱，使用中可能会出现安全隐患					

序号	产品可满足的用户需求描述	不喜欢	可以接受	无所谓	理所应当	非常喜欢
7	产品零部件安全性高，避免脱落，对老年人、儿童造成威胁					
	产品零部件安全性较差，可能会出现脱落现象，对老年人、儿童造成威胁					
8	产品在结构上转折圆润自然，无棱角、缝隙等潜在安全问题					
	产品结构上转折之处棱角分明，存在缝隙等潜在安全问题					
9	产品材质无毒无害，具有环保性					
	产品材质挥发有害气体，不环保					
10	产品可以辅助使用者起立、就座及保持平衡（例如设置座椅扶手）					
	产品无法辅助使用者起立、就座及保持平衡（例如不设置座椅扶手）					
11	产品可以满足携带儿童家长的特殊使用需求，如单独的儿童座椅					
	产品不能满足携带儿童家长的特殊使用需求，如无独立的儿童座椅					
12	产品疏水性好，雨雪天气后不会因积水、积雪影响使用					
	产品疏水性较差，雨雪天气后会因积水、积雪影响正常使用					
13	产品的卫生性较好，例如可以有效避免灰尘、杂物等附着在产品表面，妨碍使用					
	产品的卫生性较差，例如无法避免灰尘、杂物等附着在产品表面，不妨碍使用					
14	产品可以避免使用者占座、将随身物品置于座面等不文明行为的发生					
	产品无法避免使用者占座、将随身物品置于座面等不文明行为的发生					
15	产品可以提供小桌板，便于使用者餐饮等使用要求					
	产品无法提供小桌板，不便于使用者餐饮等使用要求					
16	产品可以方便搁置随身携带物品					
	产品无法搁置随身携带物品					

序号	产品可满足的用户需求描述	不喜欢	可以接受	无所谓	理所应当	非常喜欢
17	产品的就座空间开阔，具有景色优美的观看视野					
	产品的就座空狭窄，不具有景色优美的观看视野					
18	产品在夜间使用时可以提供局部灯光照明					
	产品无法在夜间提供局部灯光照明					
19	产品可以为电子产品提供辅助电源充电					
	产品无法为电子产品提供辅助电源充电					
20	产品可以为电子产品提供无线网络					
	产品无法为电子产品提供无线网络					
21	产品提供诸如实时天气、周边空气质量、交通情况等基于地理位置的实时信息					
	产品可以无法提供诸如实时天气、周边空气质量、交通情况等基于地理位置的实时信息					
22	产品可以提供广告宣传、公共信息发布					
	产品无法提供广告宣传、公共信息发布					
23	产品可以收集垃圾、烟灰等废弃物品					
	产品无法收集垃圾、烟灰等废弃物品					
24	产品充满生气，富于艺术感					
	产品老气横秋，不具艺术感					
25	产品简洁、大方、美观					
	产品繁杂、小气、丑陋					
26	产品风格、造型、材料、色彩等隐喻传达当地的历史文化与民俗风情					
	产品风格、造型、材料、色彩等不能隐喻传达当地的历史文化与民俗风情					
27	产品风格、造型、色彩等可以配合空间整体氛围的营造					
	产品风格、造型、色彩等无法配合空间整体氛围的营造					
28	产品比例、体量与空间协调					
	产品比例、体量与空间不协调					

序号	产品可满足的用户需求描述	不喜欢	可以接受	无所谓	理所应当	非常喜欢
29	产品结合植物、绿化等自然要素，渲染一种宜人的空间氛围					
	产品不能结合植物、绿化等自然要素，不能渲染一种宜人的空间氛围					
30	产品可以为电子产品提供有线网络					
	产品无法为电子产品提供有线网络					
31	产品可以降低海风对使用舒适性的影响					
	产品无法降低海风对使用舒适性的影响					
32	产品可以降低日晒对使用舒适性的影响					
	产品无法降低日晒对使用舒适性的影响					
33	使用者可以根据自己的需要，调整位置以灵活多变的形式满足小坐、观望、聊天等不同休闲活动的行为需求					
	使用者无法根据自己的需要，调整位置以灵活多变的形式满足小坐、观望、聊天等不同休闲活动的行为需求					
34	产品具有趣味性和公众参与性，可以引导使用者进行各种户外休闲活动					
	产品不具有趣味性和公众参与性，无法引导使用者进行各种户外休闲活动					

此外，在城市家具公共休闲产品的使用过程中您是否还存在其他什么需求？

_____

_____

_____

调查到此结束，再次感谢您的支持与配合！